河南省"十四五"普通高等教育规划教材

计算机类技能型理实一体化新形态系列

U0723012

C语言程序设计

项目化教程

（微课版）

主　编　李为华　柳春华
　　　　孙彦武
副主编　徐　良　吴海燕
　　　　王　雷

清华大学出版社
北京

内 容 简 介

本书在参照国家专业教学标准、人才培养职业能力目标基础上，以工程实践和编程能力训练为主旨，以应用为背景，体现"以终为始、结果导向"与"教、学、做"一体化的教学理念和实践特点，涵盖了 C 语言的基本知识和结构化程序设计方法。读者能够通过项目案例完成相关知识的学习和技能的训练。项目案例均来自企业工程实践，兼具典型性、实用性、趣味性和可操作性。

本书无论是作为高校教材还是自学参考书，都能够帮助读者快速掌握 C 语言编程技能，为其编程之旅奠定基础。

图书在版编目（CIP）数据

C 语言程序设计项目化教程：微课版 / 李为华，柳春华，孙彦武主编 . -- 北京：清华大学出版社，2025. 8. -- （计算机类技能型理实一体化新形态系列）. -- ISBN 978-7-302-69806-7

Ⅰ. TP312.8

中国国家版本馆 CIP 数据核字第 2025ZT5569 号

责任编辑：张龙卿　李慧恬
封面设计：刘代书　陈昊靓
责任校对：刘　静
责任印制：刘　菲

出版发行：清华大学出版社
　　　网　　　址：https://www.tup.com.cn，https://www.wqxuetang.com
　　　地　　　址：北京清华大学学研大厦 A 座　　　　　邮　　编：100084
　　　社 总 机：010-83470000　　　　　　　　　　　邮　　购：010-62786544
　　　投稿与读者服务：010-62776969, c-service@tup.tsinghua.edu.cn
　　　质量反馈：010-62772015, zhiliang@tup.tsinghua.edu.cn
　　　课件下载：https://www.tup.com.cn, 010-83470410

印 装 者：大厂回族自治县彩虹印刷有限公司
经　　销：全国新华书店
开　　本：185mm×260mm　　　印　　张：19　　　字　　数：457 千字
版　　次：2025 年 8 月第 1 版　　　　　　　　　　印　　次：2025 年 8 月第 1 次印刷
定　　价：59.00 元

产品编号：110989-01

前　言

无论是过去、现在还是将来，C语言都是应用广泛且极具影响力的程序设计语言之一。C语言生成的目标程序执行效率高，具有良好的可移植性，是一种理想的结构化程序设计语言，多年来深受广大用户的喜爱。

为了全面贯彻党的教育方针，落实立德树人根本任务，及时反映新时代课程教学改革的成果，本书根据高等教育的特点，采用实例导入和案例教学法，分散难点，突出重点，充分体现算法设计和结构化程序设计思想，以C99标准（ISO 9899:1999）为基础，程序调试和运行环境为Windows平台下的Visual Studio 2022。本书具体内容包括基础语法知识、函数与模块化设计、数组与字符串、指针、文件操作等。本书具有以下特点。

1. 落实立德树人根本任务

本书采用全面育人理念下的项目案例驱动编写模式，旨在全方位提升学生的实践能力和综合素养，致力于激发学生内在潜力和学习动力，培养具有批判性思维、创新精神和家国情怀的高素质专门人才。

2. 案例引领，阶梯赋能

本书以课程建设为核心，全面反映新时代产教融合、校企合作、创新创业教育等方面的教学改革成果。以项目为背景，将知识融入具体项目中，让学生在完成项目的过程中学习和应用知识。全书内容由浅入深、循序渐进，有助于学生逐步提升编程技能，明确学习目标和重点，增强学习的主动性和积极性。

3. 融合软件工程思想，注重实践能力培养

本书紧跟产业发展趋势和行业人才需求，反映典型岗位（群）职业能力要求。项目设计遵循软件工程的思想，让学生体验程序开发的完整过程，包括需求分析、系统设计、详细设计、编码实现、测试调试等环节，培养学生的工程意识和规范化编程习惯，提高软件项目开发的综合素质。

4. 编写体例、形式和内容适合应用型人才培养特点

本书知识层次清晰，所涉及的知识点由浅入深，每一个项目案例再明确若干操作任务。教学内容安排由易到难、由简单到复杂，层层推进，循序渐进。学生可通过项目学习掌握知识并训练技能，构建完整的C语言知识体系。

5. 作为新形态一体化教材，实现教学资源共建共享

发挥"互联网＋"教材的优势，本书配备二维码学习资源，实现了"纸质教材＋数字资源"的结合，体现"互联网＋"新形态一体化教材理念。学生通过扫描书中二维码可观看相应资源，随扫随学，便于学生即时学习和个性化学习，有助于教师借此创新教学模式。

本书配备了 PPT 课件、电子教案、练习素材文件、习题答案等教学资源，读者可以在清华大学出版社网站免费下载。

本书项目 1、项目 2、项目 4 由李为华编写，项目 3、项目 5 由柳春华编写，项目 6、项目 10 由孙彦武编写，项目 7~项目 9 由徐良、吴海燕和王雷编写。

在本书的编写过程中，参阅了大量的网上资源和其他参考文献，得到了企业专家的大力支持和指导，他们提供了丰富的实践经验和行业案例，使本书更具实用性和针对性，在此对其作者和提供者一并表示感谢。

由于计算机科学技术发展迅速，程序设计的教学内容、方法和手段日新月异，且编者水平有限，书中难免有不足之处，敬请读者批评、指正，以便再版时修改完善。

编　者

2025 年 2 月

目　录

项目1 C语言程序设计概述

在学习任何程序设计之前，需要先了解一些基础性的知识。对于初学者，本项目可作为快速入门内容；对于有程序设计基础者，可以略过本项目，进而学习后续内容。本项目主要包括：程序设计的基本知识；计算机程序与计算机语言；程序设计的步骤和方法；C语言的发展及其特性；通过简单的C语言例子，介绍了C语言程序的组成结构；详细介绍用Visual Studio 2022运行C语言程序的步骤与方法；给出学习C语言的建议和方法。

1.1 计算机程序

人与计算机不能直接互动和交流，如果想操纵计算机，就必须提前安排好各项任务并把任务转化成它能识别的东西，只有这样计算机才会自动进行所有的工作。其实，计算机的每一个操作都是根据人们事先指定的指令进行的。

计算机程序就是一组计算机能识别和执行的指令。每一条指令使计算机执行特定的操作，完成相应的工作。只要让计算机执行这个程序，计算机就会"自动"地执行各条指令，有条不紊地进行工作。为了使计算机系统能实现各种功能，需要成千上万个程序。这些程序大多数是由计算机软件设计人员根据需要设计好的，作为计算机软件系统的一部分提供给用户使用。此外，用户还可以根据自己的实际需要设计一些应用程序，如学生成绩管理程序、财务管理程序、工程中的计算程序等。

总之，计算机的一切操作都是由程序控制的，离开程序，计算机将一事无成。所以，计算机的本质是程序的机器，程序和指令是计算机系统中最基本的概念。只有懂得程序设计，才能真正了解计算机是怎样工作的，才能更深入地使用计算机。

1.2 计算机语言

在世界各国的交流中，不同国家的人使用不同的语言，如果他们之间想交流就需要"翻译"。"翻译"的职能就是懂得双方的语言，起到信息相互沟通的作用。人与计算机之间想进行交流，也需要"翻译"，即人与计算机都能识别的语言，这就是计算机语言。计算机语言一般分为4类：低级语言（机器语言、汇编语言）、高级语言（C、C++、Java等）、专用语言（如CAD系统中的绘图语言和DBMS中的数据库查询语言）和脚本语言（如JavaScript、Ruby、Python等），本书只重点介绍前两类。计算机语言经历了以下几个发展阶段。

1. 机器语言

机器指令就是计算机能直接识别和接受的二进制代码（即 0 和 1 序列）。机器指令的集合就是该计算机的机器语言，它是计算机唯一能够直接识别和执行的语言。

因此，用机器语言编写的程序就是一个个二进制文件。一条机器语言称为一条指令，指令是不可分割的最小功能单元。而且，由于每台计算机的指令系统往往各不相同，所以，在不同计算机上执行同一程序，就必须编写不同版本，这样就造成了重复工作。但由于使用的是针对特定型号计算机的语言，故而运算效率是所有语言中最高的。机器语言是第一代计算机语言。

2. 汇编语言

汇编语言是人们用一些英文字母和数字表示一条指令。例如，用 ADD 代表加法，MOV 代表数据传递，等等。这样一来，人们很容易读懂并理解程序在干什么，纠错及维护都变得方便了。像这种计算机并不能直接识别和执行的符号语言的指令，需要用一种称为汇编程序的软件，把符号语言的指令转换为机器指令。机器指令转换的过程称为"代真"或"汇编"，因此，汇编语言又称为符号语言。

不同型号计算机的机器语言和汇编语言是互不通用的。用甲机器的机器语言编写的程序在乙机器上不能使用。机器语言和汇编语言是完全依赖具体机器特性的，其可读性和可移植性都很差，是面向机器的语言。由于它"贴近"计算机，或者说离计算机"很近"，称为计算机低级语言。

3. 高级语言

高级语言的出现，是为了克服低级语言的缺点，它很接近于人们习惯使用的自然语言和数学语言。程序中用到的语句和指令是用英文单词表示的，程序中所用的运算符、运算表达式和人们日常所用的数学式子差不多，很容易理解。这种语言功能很强，且不依赖具体机器，用它写出的程序对任何型号的计算机都适用（或只需做很少的修改），它与具体机器距离较远，故称为计算机高级语言。

当然，计算机也是不能直接识别高级语言程序的，要进行"翻译"。用一种称为编译程序的软件把用高级语言编写的程序（称为源程序，即 source program）转换为机器指令的程序（称为目标程序，即 object program），然后让计算机执行机器指令程序，最后得到结果。

高级语言经历了不同的发展阶段。

1954 年，第一个完全脱离机器硬件的高级语言 FORTRAN 问世；1969 年，提出了结构化程序设计方法；1970 年，第一个结构化程序设计语言 Pascal 出现，标志着结构化程序设计时期的开始。20 世纪 80 年代初开始，在软件设计思想上又产生了一次革命，其成果就是面向对象的程序设计。在此之前的高级语言几乎都是面向过程的，程序的执行像流水线似的，在一个模块被执行完成前，人们不能干别的事，也无法动态地改变程序的执行方向。像 C++、Java、Visual Basic、Delphi 等就是典型的面向对象程序设计语言的代表。

（1）非结构化的语言。初期的语言属于非结构化的语言，编程风格比较随意，只要符合语法规则即可，没有严格的规范要求，程序中的流程可以随意跳转。人们往往为了追求程序执行的效率而采用许多"小技巧"，使程序变得难以阅读和维护。早期的 BASIC、FORTRAN 和 ALGOL 等都属于非结构化的语言。

（2）结构化语言。为了解决以上问题，提出了"结构化程序设计方法"，规定程序必须由具有良好特性的基本结构（顺序结构、分支结构、循环结构）构成，程序中的流程不允许随意跳转，程序总是由上而下地顺序执行各个基本结构。这种程序结构清晰，易于编写、阅读和维护。QBASIC、FORTRAN 77 和 C 语言等属于结构化的语言，这些语言的特点是支持结构化程序设计方法。

以上两种语言都是基于过程的语言，在编写程序时需要具体指定每一个过程的细节。在编写规模较小的程序时，还能得心应手，但在编写规模较大的程序时，就显得捉襟见肘、力不从心了。

（3）面向对象的语言。在实践的发展中，人们又提出了面向对象的程序设计方法。程序面对的不是过程的细节，而是一个个对象，对象是由数据以及对数据进行的操作组成的。20 世纪 60 年代以来，在处理规模较大的问题时，开始使用面向对象的语言。C++、C#、Visual Basic 和 Java 等语言是支持面向对象程序设计方法的语言。

（4）面向应用的语言。面向应用的语言也是高级语言的下一个发展目标，也就是说，只需要告诉程序你要干什么，程序就能自动生成算法，自动进行处理，这也是非过程化的程序语言。

进行程序设计时，必须要用到计算机语言，人们根据任务的需要选择合适的语言，编写出程序，然后运行程序得到结果。

1.3　程 序 设 计

1.3.1　程序设计的定义

对复杂程度较高的问题，想直接编写程序是不现实的，必须从问题描述入手，经过对解题算法的分析、设计直至程序的编写、调试和运行等一系列过程，最终得到能够解决问题的计算机应用程序，此过程称为程序设计，也称计算机编程。在程序设计中，程序员需要了解各种开发语言和开发平台的优缺点，并且懂得如何根据问题的大小和难易程度选择最合适的开发工具。由于现在的实用程序越来越大，在大多数情况下，单用一种开发语言和开发平台已不能解决问题，需要多种开发工具的通力协作。

1.3.2　程序设计的基本步骤

简单程序设计的具体步骤如下。

（1）问题分析与方案确定。程序将以数据处理的方式解决客观世界中的问题，因此在程序设计之初，首先应该将实际问题用数学语言描述出来，形成一个抽象的、具有一般性的数学问题，从而给出问题的抽象数学模型，然后确定解决该模型所代表数学问题的算法。数学模型精确地阐述了模型本身所涉及的各种概念、已知条件、所求结果，以及已知条件与所求结果之间的联系等各方面的信息。数学模型是进一步确定解决所代表数学问题的算法的基础。数学模型和算法的结合将给出问题的解决方案。

（2）算法描述。具体的解决方案确定后，需要对所采用的算法进行描述，算法的初步描述可以采用自然语言方式，然后逐步将其转化为程序流程图或其他直观方式。这些描述方式比较简单明确，能够比较明显地展示程序设计思想，是进行程序调试的重要参考。

（3）编写程序。使用计算机系统提供的某种程序设计语言，根据上述算法进行描述，将已设计好的算法表达出来。使得非形式化的算法转变为形式化的由程序设计语言表达的算法，这个过程称为程序编制（编码）。需要反复调试才能得到可以运行且结果"正确"的程序。

（4）程序测试。程序编写完成后必须经过科学的、严格的运行和测试，才能最大限度地保证程序的正确性。同时，通过测试可以对程序的性能作出评估。

（5）编写文档。程序文档一般包括程序名称、功能、运行环境、程序的装入和启动、需要输入的数据，以及使用的注意事项等。软件是计算机程序和程序文档的总称。

通过上述过程可以看到，程序设计过程是算法、数据结构和程序设计语言相统一的过程。问题和算法的最初描述，无论是在描述形式上还是在内容上，离最终以计算机语言描述的算法（程序）还有相当大的差距。对于一个规模不是很大的问题，程序设计的核心是算法设计和数据结构设计，只要成功地构造出解决问题的高效算法和数据结构，则完成剩下的任务就不存在太大困难。

1.3.3　C 语言程序设计的开发过程

1. 设计算法

针对具体的问题，分析、建立解决问题的物理或数学模型，并将解决方法采用某种方式描述出来，为进行 C 语言实际编程打下良好基础。

2. 编辑

使用一个文本编辑器编辑 C 语言源程序，并将其保存为文件扩展名为 .c 的文件。

3. 编译

编译就是将编辑好的 C 语言源程序翻译成二进制目标代码的过程。编译过程由 C 语言编译系统自动完成。编译时首先检查源程序的每一条语句的语法错误，当发现错误时，就在屏幕上显示错误的位置和错误类型信息。此时，要再次调用编辑器进行查错并修改，然后进行编译，直到排除所有的语言和语义错误。正确的源程序文件经过编译后，在磁盘上生成同名的目标文件（.obj）。

4. 链接

将目标文件和库函数等链接在一起形成一个扩展名为 .exe 的可执行文件。如果函数名称写错或漏写包含库函数的头文件，则可能提示错误信息，从而得到程序错误数据。

5. 运行

可以脱离 C 语言编译系统，直接在操作系统下运行。若运行程序后达到预期的目的，则 C 语言程序的开发工作到此完成，否则要进一步修改源程序，重复编辑—编译—链接—

运行的过程，直到取得正确结果为止。C 语言程序上机过程如图 1-1 所示。

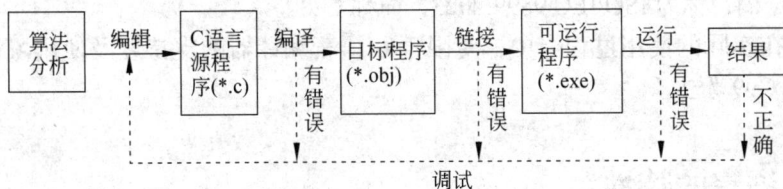

图 1-1　C 语言程序上机过程

1.4　C 语言的发展及其特性

1.4.1　C 语言的发展过程

1967 年，英国剑桥大学的马丁·理查兹（Martin Richards）推出了没有类型的 BCPL（basic combined programming language），被称为 C 语言的祖先。1970 年，美国 AT&T 贝尔实验室的肯·汤普森（Ken Thompson）以 BCPL 为基础，设计出了很简单且很接近硬件的 B 语言（取 BCPL 的第一个字母）。1972—1973 年，美国贝尔实验室的 D. M. 里奇（D. M. Ritchie）在 B 语言的基础上设计出了 C 语言。最初的 C 语言只是为给描述和实现 UNIX 操作系统提供一种工作语言而设计的。1973 年，肯·汤普森和 D. M. 里奇合作把 UNIX 90% 以上的源代码用 C 语言改写，即 UNIX 第 5 版（原来的 UNIX 操作系统是 1969 年由美国贝尔实验室的肯·汤普森和 D. M. 里奇成功开发的，是用汇编语言编写的）。随着 UNIX 的日益广泛应用，C 语言也迅速得到推广。1978 年以后，C 语言先后移植到大、中、小和微型计算机上，C 语言便很快风靡全世界，成为世界上应用最广泛的程序设计高级语言之一。

1989 年，ANSI 公布了一个完整的 C 语言标准 ANSI X3. 159—1989（常称 ANSI C 或 C89）。1990 年，国际标准化组织（International Standard Organization，ISO）接受 C89 作为国际标准 ISO/IEC 9899：1990，它和 ANSI 的 C89 基本上是相同的。

1995 年，ISO 对 C90 做了一些修订，即 1995 基准增补 1（ISO/IEC 9899/AMDI:1995）。1999 年，ISO 又对 C 语言标准进行修订，在基本保留原来 C 语言特征的基础上，针对应用的需要增加了一些功能，尤其是 C++ 中的一些功能，命名为 ISO/IEC 9899:1999。2001 年和 2004 年先后进行了两次技术修正，即 2001 年的 TC1 和 2004 年的 TC2。ISO/IEC 9899:1999 及其技术修正被称为 C99，C99 是 C89（及 1995 基准增补 1）的扩充。

2011 年 12 月 8 日，国际标准化组织和国际电工委员会再次发布了 C 语言的新标准 ISO/IEC 9899:2011，简称 C11 标准，这是 C 语言的第三个官方标准。C11 标准提高了对 C++ 的兼容性，并增加了一些新的特性。因为 C11 和 C99 区别并不大，而 C99 的影响更深远，所以业内交流通常只会提 C99。

2018 年 6 月，国际标准化组织正式发布了 C 语言的新标准 ISO/IEC 9899:2018，即 C18。C18 没有引入新的语言特性，只对 C11 进行了补充和修正。

2022 年 9 月 3 日，ISO 于 Open Standards（计算机标准开放组织）网站上发布了新的 C 语言标准定稿，称为 ISO/IEC 9899:2023，简称 C23。

目前，在实际的使用过程当中，受限于 C 语言编译器的支持度及使用习惯，业界依然以 C89 和 C99 为主。

1.4.2　C 语言的特性

C 语言经历了不断的发展和完善，成为当今计算机界公认的一种优秀程序设计语言，有着其他语言不可比拟的特点。

（1）生成目标代码质量高，程序执行效率高，适合开发系统软件。C 语言最初是为了编写 UNIX 操作系统，它既具有高级语言的易学、易用、可移植性强的特点，又具有低级语言执行效率高、可对硬件进行操作等优点。既可以开发应用软件，也可以开发系统软件。许多以前只能用汇编语言处理的问题，后来可以改用 C 语言来处理。目前，C 语言的主要用途之一是编写嵌入式系统程序。由于具有上述优点，C 语言应用面十分广泛，许多应用软件也用 C 语言编写。

（2）结构化的程序设计语言。C 语言是一种结构化语言，它提供了编写结构化程序的基本控制语句，并以具有独立功能的函数作为模块化程序设计的基本单位。有利于以模块化方式进行设计、编码、调试和维护。

（3）丰富的数据类型和表达式。C 语言不仅本身提供了大量的数据类型，如整型、实型、字符型等，还可以由用户根据自己设计需要定义特殊的数据类型。同时还允许大多数数据类型之间进行转换。运算符和表达式的类型丰富多样，包括赋值、条件、计算、逗号等 30 余种。这使得 C 语言具有极强的表现能力和处理能力，几乎可以完成所有的事务描述。

（4）可移植性好。由于 C 语言程序本身并不依赖机器硬件，且 UNIX、Windows 等主要的操作系统都支持 C 语言编译器，因此 C 程序可以被广泛地移植到各种类型的计算机上。

（5）语句简洁、功能强。C 语言中只提供了 30 余个关键字、9 种控制语句，编程风格灵活，语法限制少，它的表达式可以组成语句以及将其他高级语言中不必要的表示去掉。对于相同的操作，C 语言较之简单、灵活，易于阅读和维护。

（6）具有预处理功能和丰富的库函数。预处理的使用为程序的修改、阅读、移植和调试提供了方便。同样大量的库函数可供程序设计人员直接调用，省去了重复编写这些函数的时间和精力，大幅提高了程序设计的效率并保证了程序设计的质量。

（7）C 语言允许直接访问物理地址。C 语言能进行位（bit）操作，能实现汇编语言的大部分功能，可以直接对硬件进行操作。因此 C 语言既具有高级语言的功能，又具有低级语言的许多功能，可用来编写系统软件。C 语言的这种双重性，使它既是成功的系统描述语言，又是通用的程序设计语言。

1.5　C 语言程序的组成结构

下面通过一个简单的例子说明一般 C 语言程序的组成结构。

1.5.1　C 语言程序举例

【例 1-1】　要求在屏幕上输出以下一行信息。

```
This is a C program.
```

分析：在主函数中用 printf( ) 函数原样输出以上文字。

```
#include <stdio.h>                      // 编译预处理指令
int main()                              // 定义主函数
{                                       // 函数开始的标志
  printf("This is a C program. \n");    // 输出所指定的一行信息
  return 0;                             // 函数执行完毕时返回函数值 0
}                                       // 函数结束的标志
```

程序运行结果为

```
This is a C program.
```

程序分析：

（1）程序第 2 行中的 main( ) 是"主函数"，int 表示此函数的类型是整型类型，它规定在执行主函数后会得到一个整型值（即函数值）。

（2）程序第 4 行中 printf( ) 函数的作用是将双撇号内的字符串 "This is a C program." 输出到屏幕上，\n 是光标换行。

（3）程序第 5 行中的 return 语句将 0 作为函数的返回值。

说明：

（1）每一个 C 语言程序都必须有一个 main( ) 函数，函数体由大括号 {} 括起来。

（2）stdio.h 是系统提供的一个文件名，文件扩展名 .h 的意思是头文件（header file），因为这些文件都是放在程序各文件模块的开头的。输入 / 输出函数的相关信息已事先放在 stdio.h 文件中。现在，用 #include 指令把这些信息调入以供使用。对于编译预处理指令 #include，在此读者可先不必深究，只要记住：在程序中如要用到标准函数库中的输入 / 输出函数，应该在本文件模块的开头写上下面一行。

```
#include <stdio.h>
```

（3）"//" 则表示从此处开始到本行结束是"注释"，用来对程序有关部分进行必要的说明。在编译时注释部分不产生目标代码，注释对运行不起作用。注释只用来进行说明，计算机是不会执行的。

C 语言允许用两种注释方式：以 "//" 开始的单行注释，注释的范围从 "//" 开始，以换行符结束，即这种注释不能跨行；以 "/*" 开始、以 "*/" 结束的块式注释，注释可以包含多行内容。

（4）C99 建议把 main( ) 函数指定为 int 型（整型），它要求函数返回一个整数值。在 main( ) 函数中，在执行的最后设置一个 "return 0;" 语句。当主函数正常结束时，得到的函数值为 0；当执行 main( ) 函数过程中出现异常或错误时，函数值为一个非 0 的整数。

求两个整数中的较大者

【例 1-2】 求两个整数中的较大者。

分析：用一个函数来实现求两个整数中的较大数，然后在主函数中调用该函数并输出结果。

```
#include<stdio.h>         // 编译预处理指令
int main()                // 定义主函数
{                         // 函数开始
  int max(int x,int y);   // 对被调用函数 max() 的声明
  int a,b,c;              // 定义变量 a、b、c
  scanf("%d,%d",&a,&b);   // 输入变量 a 和 b 的值
  c=max(a,b);            // 调用 max() 函数，将得到的值赋给 c
  printf("max=%d\n",c);   // 输出 c 的值
  return 0;               // 返回函数值为 0
}                         // 主函数体结束
int max(int x,int y)      // 定义 max() 函数，函数值为整型，形式参数 x 和 y 为整型
{
  int z;                 // 定义变量 z
  if (x>y)z=x;           // 若 x>y 成立，将 x 的值赋给变量 z
  else z=y;              // 否则（即 x>y 不成立），将 y 的值赋给变量 z
  return(z);             // 将 z 的值作为 max() 函数值，返回到调用 max() 函数的位置
}
```

程序运行结果为

```
8,5↙
max=8
```

程序分析：

（1）本程序包括 2 个函数，即主函数 main() 和被调用的函数 max()。

（2）函数的功能。max() 函数的作用是将 x 和 y 中较大者的值赋给变量 z，并用 return 语句把 z 的值作为 max() 函数值，返回到调用 max() 函数的位置。

（3）对被调用函数的声明。为什么要作 max() 函数声明呢？因为在主函数中要调用 max() 函数时，max() 函数的定义却在 main() 函数之后，对程序的编译是自上而下进行的，如果没有声明，在对程序 "c=max(a,b);" 进行编译时，编译系统无法知道 max 是什么，因而无法把它作为函数进行调用处理。

（4）变量的输入函数。程序中 scanf 是输入函数的名字，该 scanf() 函数的作用是输入变量 a 和 b 的值。scanf 后面括号中包括两部分内容：一是双撇号中的内容，它指定输入的数据按什么格式输入。"%d" 的含义是以十进制整数形式；二是输入的数据准备放到哪里，即赋给变量 a 和 b。在 C 语言中 "&" 是地址符，&a 的含义是 "变量 a 的地址"。执行 scanf() 函数，从键盘读两个整数，送到变量 a 和 b 的地址，然后把这两个整数分别赋给变量 a 和 b。

小提示： 在使用 Visual Studio 2022 调用 scanf() 函数时，会提示 scanf() 函数不安全，此时需要关闭安全检查。要关闭安全检查，需要在源代码文件顶部添加 #define_CRT_SECURE_NO_WARNINGS。

（5）函数的调用。程序用 max(a,b) 调用 max() 函数，在调用时将 a 和 b 作为 max() 函数的参数（称为实际参数）的值传送给 max() 函数中的参数 x 和 y（称为形式参数），

然后执行 max( ) 函数的函数体，使 max( ) 函数中的变量 z 得到一个值（即 x 和 y 中较大者的值），return(z) 的作用是把 z 的值作为 max( ) 函数值返回到程序第 7 行的右侧 [主函数调用 max( ) 函数的位置]，取代 max(a,b)，然后把这个值赋给变量 c。

（6）结果输出。在执行 printf( ) 函数时，对双撇号括起来的 max= %d\n 是这样处理的：将 "max=" 原样输出，%d 由变量 c 的值取代之，\n 执行换行。

本例用到了函数调用、实际参数和形式参数等概念，只作了简单的解释。读者如对此不太理解，可以先不予深究，在以后学到有关内容时自然迎刃而解。

1.5.2　C 语言程序的结构特点

通过以上两个程序例子，可以看到一个 C 语言程序的结构有以下特点。

（1）一个 C 语言程序是由一个或多个函数组成的，其中必须包含一个 main( ) 函数 [且只能有一个 main( ) 函数]。并且，无论 main( ) 函数在程序中处于什么位置，程序的执行总是从 main( ) 函数开始。

一个函数由函数首部和函数体两部分组成。函数首部即函数的第 1 行，包括函数名、函数类型、函数参数名、参数类型。函数体，即函数首部下面的大括号内的部分。如果在一个函数中包括有多层大括号，则最外层的一对大括号是函数体的范围。函数体一般包括以下两部分：声明部分，定义在本函数中所用到的变量，对本函数所调用函数进行声明。执行部分，由若干个语句组成，指定在函数中所进行的操作。

（2）分号是 C 语言语句的必要组成部分，在每个数据声明和语句的最后必须有一个分号。

（3）程序中的 #include<stdio.h> 通常称为预处理命令，预处理命令必须用 "#" 开头，行尾不能加 ";"，它不是 C 语言程序的语句。

（4）程序应当包含注释，分为两种，即行注释 "//" 和块注释 "/* 注释内容 */"。一个好的、有使用价值的源程序都应当加上必要的注释，以增加程序的可读性。

（5）C 语言本身不提供输入和输出语句。输入和输出的操作是由库函数 scanf( ) 和 printf( ) 等函数来完成的。

（6）一个程序由一个或多个源程序文件组成。一个规模较小的程序，往往只包括一个源程序文件。在一个源程序文件中可以包括 3 个部分：①预处理指令，如 # include <stdio. h>（还有一些其他预处理指令，如 #define 等）；②全局声明，即在函数之外进行的数据声明；③函数定义。

1.5.3　C 语言字符集

任何一门西方语言都有其固定的字母，整个语言就是由这些字母（要素）构成的。C 语言表达一个程序同样需要定义一些基本的要素，这些要素称为字符集（character-set）。

C 语言基本字符集包括英文字母、阿拉伯数字以及一些特殊符号。很多特殊符号具有多重含义，在后续内容中将会逐步介绍，这里向大家介绍常规分类如下。

（1）英文字符（52 个）：a~z 和 A~Z。

（2）阿拉伯数字（10个）：0、1、2、3、4、5、6、7、8、9。

（3）其他特殊符号如下。

① 下画线（1个）：_。

② 括号（6个）：(、)、[、]、{、}。

③ 四则运算符号（7个）：+、-、*、/、%、++、--。

④ 关系运算符号（6个）：<、>、==、!=、>=、<=。

⑤ 逻辑运算符号（7个）：!、||、&&、^、~、|、&。

⑥ 移位符号（2个）：<<、>>。

⑦ 转义符号（1个）：\。

⑧ 条件表达符号（2个）：?、:。

⑨ 界定符号（4个）："、'、,、;。

⑩ 成员运算符号（2个）：.、→。

1.5.4　C语言标识符

1. 标识符的定义

用来对变量、符号常量名、函数、数组、类型等命名的有效字符序列统称为标识符。也可以说，标识符就是一个对象的名字。标识符命名规则是：标识符可以由字母、数字和下画线组成，并且第一个字符必须为字母或下画线。C语言规定，在命名标识符时，必须遵循以上规则。area、IP、_ini、a_array、s243是合法的标识符；456P、cade -、a&b是非法的标识符。

说明：

（1）标识符必须以字母或下画线开头。

（2）标识符除首字符外，其余字符可以是字母、数字、下画线。

（3）大小写被认为是不同的字符。

（4）标识符不能与关键字（key words）重名。

对于标识符的长度，不同的编译程序有不同的规定，Visual Studio 2022开发环境中没有限制。读者在命名标识符时，应注意自己所用系统对标识符长度的规定。对于初学者，建议在程序中对标识符的命名不要太长，要尽量做到见名知义，以提高程序的可读性。

2. 标识符分类

C语言标识符可以分为以下3类。

（1）关键字。在C语言中已经预先规定了一批标识符，它们在程序中都代表着固定的含义，不能另作他用，这一类标识符叫作关键字。在程序中，用户不能再用它们来定义新的函数、变量等，或者说，用户所定义的标识符不能和关键字重名。根据 ANSI（American National Standard Institute）标准，C语言共有32个关键字：

auto	break	case	char	const	continue	default	do
double	else	enum	extern	float	for	goto	if
int	long	register	return	short	signed	sizeof	static
struct	switch	typedef	union	unsigned	void	volatile	while

（2）预定义标识符。在 C 语言中预先定义具有特定含义的标识符，如 C 语言提供的库函数的名字（如 printf、scanf 等）和预编译处理命令（如 define）等。这类标识符允许重新定义，但这将使这些标识符失去预先定义的原义，原则上不要另作他用。

（3）用户自定义标识符。由用户根据需要定义的标识符称为用户自定义标识符，一般用来给变量、函数、数组等命名。

1.6　用 Visual Studio 2022 运行 C 语言程序的方法

1.6.1　Visual Studio 2022 的安装和启动

如果计算机中未安装 Visual Studio 2022，则应先进行安装。Visual Studio 2022 可从微软官网下载安装程序，执行后按照提示进行安装即可。在安装过程中应选中"使用 C++ 的桌面开发"（desktop development with C++）工作负载，以便支持 C/C++ 程序的编写与编译。

安装结束后，在 Windows 的"开始"菜单中可以找到 Visual Studio 2022 的启动项。在需要使用 Visual Studio 2022 时，只需从桌面上选择"开始"→ Visual Studio 2022 命令即可启动。

在 Visual Studio 2022 主窗口顶部是主菜单栏，包含多个菜单项，即 File（文件）、Edit（编辑）、View（视图）、Project（项目）、Build（生成）、Debug（调试）、Tools（工具）、Window（窗口）、Help（帮助）等。

主界面中间是代码编辑窗口，左侧可切换为 Solution Explorer（解决方案资源管理器）视图，用于管理项目和文件。

下面先介绍最简单的情况，即程序只由一个源程序文件组成，即单文件程序（有关对多文件程序的操作在稍后介绍）。

1.6.2　建立和运行一个文件的程序

如果要新建一个 C 语言源程序，可采取以下步骤。

1. 启动 Visual Studio 2022

可以通过"开始"菜单，也可以通过桌面快捷方式等方式启动。Visual Studio 2022 与大多数 Windows 应用程序界面类似，最上方为菜单栏和工具栏，左边是"解决方案资源管理器"，中间是主编辑区域，最下方是输出窗口和调试控制台。

2. 创建一个项目

在 Visual Studio 2022 中，一个源程序文件必须属于一个项目，所以应首先创建一个项目。方法是选择"文件"→"新建"→"项目"命令。在弹出的"新建项目"窗口中，可以创建许多种类型的项目，并且可以指定项目的名字和存储位置。我们准备开发简单的 C 语言程序，所以只需要创建一种项目，即 C++ 空项目。具体设置如图 1-2 所示。操作过程如下。

（1）项目类型选择 C++ 空项目。

（2）"项目名称"中输入 C1，然后 Location（位置）部分将在原来路径的后面自动加入项目名称。

（3）"位置"以 D:\CTEST 作为例子，选择该文件夹。

（4）完成后单击"创建"按钮。

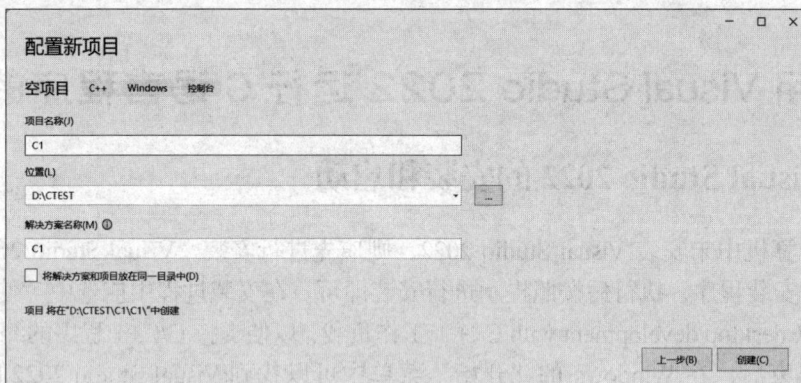

图 1-2　创建项目 C1 选项

3. 修改新项目的配置

作为 C++ 空项目类型的程序，只有一个配置界面。如果选择其他类型的应用程序，可能会有多个配置界面。在此选择第一个选项，也就是默认选项"An empty project."（一个空的项目），然后单击 Finish 按钮创建一个空的项目。

4. 确认创建新项目

下一步的窗口将显示出此前所做的配置，以供做最后的检查。如果确认无误，该项目就将被创建。如果确认该页面显示的内容都是正确的，单击 OK 按钮，创建该项目。

5. 创建新项目完毕

Visual Studio 2022 会根据所填写的配置创建相关的文件夹，创建完成后会显示创建的结果，如图 1-3 所示。

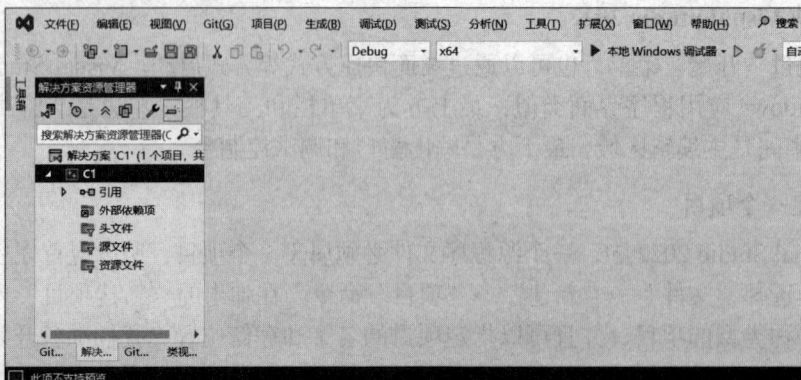

图 1-3　工作区 C1 中的项目文件

在窗口的左半部分是 Visual Studio 2022 的解决方案资源管理器（solution explorer），这是用于管理项目和文件的主要界面。在该窗口中可以看到已创建的项目 C1 及其组成。

（1）项目（project）：在 Visual Studio 2022 中创建了一个名为 C1 的项目。左侧树形结构中的 C1 节点代表该工程的根节点。

（2）文件与逻辑文件夹（folders）：该项目默认包含以下 3 个逻辑文件夹，分别是头文件夹、源文件夹和资源文件夹。在每一个文件夹下面都没有文件，这是因为此前选择的是创建一个空的项目。这 3 个文件夹是 Visual Studio 2022 预先定义的，就编写简单的单一源文件的 C 语言程序而言，只需要使用源文件就够了。

（3）解决方案（solution）：在创建 C1 Project 的同时，Visual Studio 2022 也创建了一个叫作 C1 的解决方案，并且该工作空间只包含一个项目，如"解决方案'C1'"。为此，也可以了解以下几个问题：Visual Studio 2022 是以"解决方案（solution）"为管理单元；每次打开的 Visual Studio 项目，实际上是一个解决方案；一个解决方案中可以包含一个或多个项目；一个项目可以包含多个逻辑文件夹；每个文件夹可以包含零个或多个实际代码文件；编译运行程序至少需要包含一个 .c 或 .cpp 源文件。

因此，当新建项目时，同名的解决方案会自动被创建，并默认包含一个项目，即刚刚创建的这个 C1 项目。

6. 创建新的 .c 源文件

在解决方案资源管理器中，右击"源文件"，选择"添加"→"新建项"命令。

在弹出的窗口中选择"C++ 文件（.cpp）"，如图 1-4 所示，手动将文件名改为 C1_1.c（注意扩展名为 .c，以确保是 C 语言），单击"添加"按钮。

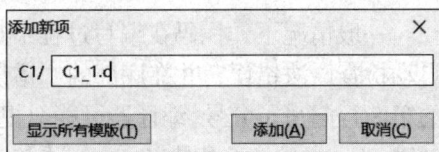

图 1-4　新建 C++ 源文件

7. 编写源代码

例如，想在屏幕上输出"Hello World!"字样，可输入如下程序：

```
#include <stdio.h>
int main()
{
  printf("Hello World!")
  return 0;
}
```

8. 编译

一般可以通过菜单或工具栏按钮进行编译。如果使用菜单，可以选择"生成"→"生成解决方案"命令，或者直接按快捷键 Ctrl+Shift+B 进行编译，如图 1-5 所示。此外，也可以选择"生成"→"重新生成解决方案"来从头编译全部内容。如果编译完全成功，底部的"输出"窗口中会显示类似"生成成功 - 0 个错误，0 个警告"的信息。需要注意的是，即使出现一些警告，程序也有可能编译成功。警告通常表示代码可能存在潜在问题或不规范用法，但一般不会阻止程序的正常运行，编译器只是提示开发者注意修改。

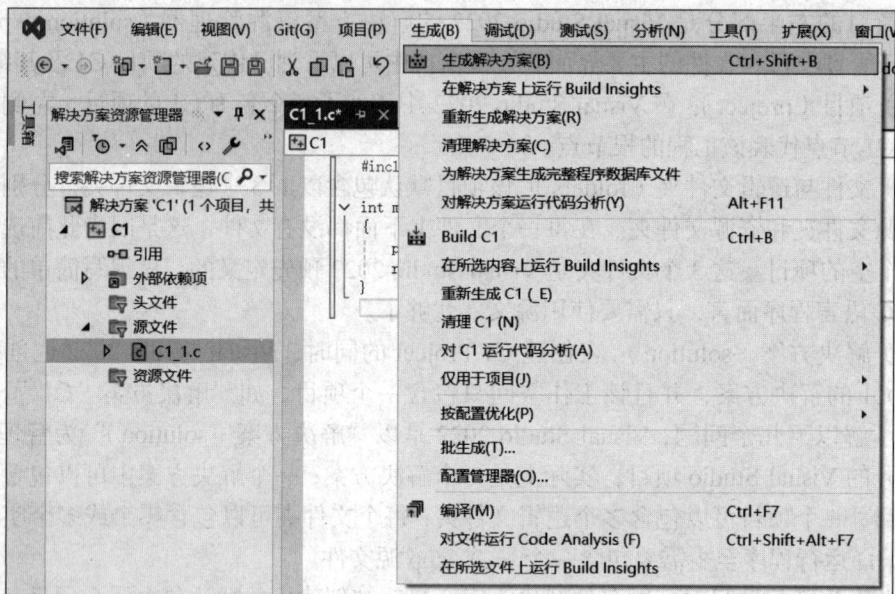

图 1-5　编译

9. 除错

一般情况下，代码在编写过程中难免会出现各种错误。Visual Studio 2022 的编译器会自动检查语法错误，并在底部的"错误列表"窗口中列出错误信息。例如，如果在 C1_1.c 的第 8 行漏写了分号，编译器可能会提示如下错误信息 "error C2143: syntax error: missing ';' before 'return'"。意思是在 return 语句前缺少分号。这种情况下，只需根据提示回到源代码中相应的位置，将错误修正即可。单击"错误列表"中的错误项，光标会自动跳转到出错的代码行，方便快速定位和修改问题。修改后重新编译即可验证是否修正成功。

10. 链接

在 Visual Studio 2022 中，链接过程会在执行"生成解决方案"命令时自动完成。也就是说，只要你选择了"生成"→"生成解决方案"命令，或者按下快捷键 Ctrl+Shift+B，系统会自动完成从编译到链接的整个过程。

11. 运行及显示结果

在 Visual Studio 2022 中，可以单击工具栏中的绿色按钮，即"本地 Windows 调试器"按钮来运行程序。如果希望跳过调试器而直接运行程序并保留输出窗口不自动关闭，可以按快捷键 Ctrl+F5。程序会在一个新弹出的命令行窗口中运行，输出执行结果。

除了使用 IDE 的图形界面操作，也可以通过命令行直接运行程序。具体操作步骤如下。

（1）打开 Windows 命令提示符（cmd）或 PowerShel。

（2）使用 cd 命令切换到编译生成的程序所在目录，即 cd D:\CTEST。

（3）在命令行中输入可执行文件名运行程序，即 C1_1。

两种方式运行结果相同，都会显示：

```
Hello World!
```

如果程序在上次编译之后有所修改，Visual Studio 2022 会自动重新编译最新代码，然后运行生成的可执行文件。程序会在一个新弹出的命令行窗口中运行，输出执行结果。

1.7　怎样学习 C 语言程序设计

1.7.1　学习 C 语言的意义

计算机的本质是"程序的机器"，程序设计是软件开发人员的基本功。只有懂得程序设计，才能进一步懂得计算机，真正了解计算机是怎样工作的。通过学习程序设计，可进一步了解计算机的工作原理，更好地理解和应用计算机，掌握用计算机处理问题的方法，培养分析问题和解决问题的能力，具有编制程序的初步能力。即使将来不是计算机专业人员，由于学过程序设计，理解软件生产的特点和生产过程，也能与程序开发人员更好地沟通与合作，开展本领域中的计算机应用，开发与本领域有关的应用程序。

因此，无论是计算机专业的学生还是非计算机专业的学生，都应当学习程序设计知识，并且把它作为进一步学习与应用计算机的基础。

学习 C 语言主要考虑两个主要因素：①这门语言不为程序员设置障碍，通过使用正确的 C 语言指令几乎可以完成任何任务。②可移植的 C 编译系统简洁方便，使人们可以轻而易举地给计算机安装 C 编译器。它也是全世界所有程序员的通用语言。另外，C 语言功能丰富、表达能力强、使用灵活方便、应用面广、目标程序效率高、可移植性好，既具有高级语言的优点，又具有低级语言的许多特点，既适于编写系统软件，又能方便地用来编写应用软件。用 C 语言适合编写更为基本的程序，C++ 语言则适合处理为较大规模的程序开发而研制的大型语言，它比 C 语言复杂得多，难学得多，并不是每个人都需要用 C++ 编制大型程序，因此我们选择 C 语言作为基础进行程序设计的学习。

1.7.2　学习 C 语言程序设计的方法

在进行程序设计时，最关键的问题就是算法的提出。因为它直接关系到编写出来的程序的质量。与之相对应的具体语言（如 C 语言）则是一个工具，是算法的一个具体实现。所以，在学习高级语言时，一方面应该熟练掌握该种语言的语法规则，因为它是算法实现的基础；另一方面必须认识到算法的重要性，加强提高分析问题能力训练，以写出高质量的程序。下面就学习 C 语言提出几点建议。

（1）从上机实践出发，培养多方面能力，并把重视实践环节放在第一位。C 语言程序设计是一门应用的课程，应当注意培养分析问题、构造算法、编程和调试程序等多方面的能力。仅靠听课和看书是学不会程序设计的，学习本课程既要掌握概念，又必须动手编程，还要亲自上机调试运行。读者一定要重视实践环节，包括编程和上机。既会编写程序，又会调试程序。学得好与坏，不是看"知不知道"，而是看"会不会干"。考核方法应当是编写程序和调试程序，而不应该只采用是非题和选择题。

（2）轻语法规则，重解题思路。利用计算机上机实践，通过大量的例题学习怎样设计一个算法，构造一个程序。初学时不要在语法细节上死背死扣，一味地大量记忆语法会使学习兴趣丢失。从上第一节课开始，就要学会看懂程序，编写简单的程序，并上机练习，然后逐步深入。语法细节是需要通过较长期的实践才能熟练掌握的。有些不懂的语法，用到时照抄照搬就行，如刚开始不理解 #include<stdio.h>，且每个程序都用，原样抄过来就可以。

（3）掌握基本的解题思路，理解常规算法，举一反三。学习程序设计，主要是掌握程序设计的思路和方法。学会使用一种计算机语言编程，在需要时改用另一种语言应当不会太困难。但是，无论用哪一种语言进行程序设计，其基本规律都是一样的。在学习时一定要学活用活，举一反三，掌握规律，在以后需要时能很快地掌握其他新的语言。

（4）积极参加各类专业竞赛和培养创新精神。教师和学生都不应当局限于教材中的内容，应该启发学生的学习兴趣和创新意识。能够在教材程序的基础上，思考更多的问题，编写难度更大的程序。多参加一些专业竞赛，如 ACM/ICPC、TOPCODE 等程序设计竞赛，提高兴趣，检验学习效果。

小　　结

本项目向大家介绍了开始学习 C 语言的准备知识，内容包括程序设计的基本概念；计算机程序与计算机语言；程序设计的步骤和方法；C 语言的发展及其特性；通过简单 C 语言的例子，介绍了 C 语言程序组成结构；详细介绍了用 Visual Studio 2022 运行 C 语言程序的步骤与方法；还给出学习 C 语言的建议和方法。

通过本项目学习，读者应该掌握计算机程序设计语言的概念、C 语言程序的组成及标识符命名规则、C 语言编程环境的基本使用方法等。重点了解以下知识点。

（1）计算机程序就是一组计算机能识别和执行的指令。

（2）计算机语言发展经过机器语言、符号语言（汇编语言）、高级语言，正向面向应用语言发展。

（3）将程序设计简单理解为计算机编程，基本步骤有：问题分析与方案确定、算法描述、编写程序、程序测试、编写文档。介绍了一般 C 语言程序的开发过程是设计算法、编辑、编译、链接和运行，其中，编译就是将编辑好的 C 语言源程序翻译成二进制目标代码的过程，链接是将目标文件和库函数等链接在一起形成一个扩展名为 .exe 的可执行文件的过程。

（4）一个 C 语言程序是由一个或多个函数组成的，其中必须包含一个 main( ) 函数且只能有一个 main( ) 函数，并且无论 main( ) 函数在程序中处于什么位置，程序的执行总是从 main( ) 函数开始；分号是 C 语言语句的必要组成部分；预处理命令必须用"#"开头，行尾不能加";"号，它不是 C 语言程序的语句；程序中包含行注释和块注释；一个程序由一个或多个源程序文件组成。

（5）标识符命名规则是：标识符可以由字母、数字和下画线组成，并且第一字符必须为字母或下画线。

（6）用 Visual Studio 2022 运行 C 语言程序的环境。

习　题

一、选择题

1. 下列叙述中错误的是（　　　）。

    A. 计算机不能直接执行用 C 语言编写的源程序

    B. C 语言程序经 C 语言编译程序编译后，生成扩展名为 .obj 的文件是一个二进制文件

    C. 扩展名为 .obj 的文件，经链接程序生成扩展名为 .exe 的文件是一个二进制文件

    D. 扩展名为 .obj 和 .exe 的二进制文件都可以直接运行

2. 以下叙述中正确的是（　　）。

    A. 程序设计的任务就是编写程序代码并上机调试

    B. 程序设计的任务就是确定所用数据结构

    C. 程序设计的任务就是确定所用算法

    D. 以上 3 种说法都不完整

3. 以下叙述中正确的是（　　）。

    A. C 语言程序是由过程和函数组成的

    B. C 语言函数可以嵌套调用，如 fun(fun(x))

    C. C 语言函数不可以单独编译

    D. C 语言中除了 main( ) 函数，其他函数不可作为单独文件形式存在

4. 以下说法中正确的是（　　）。

    A. C 语言程序总是从第一个定义的函数开始执行

    B. 在 C 语言程序中，要调用的函数必须在 main( ) 函数中定义

    C. C 语言程序总是从 main( ) 函数开始执行

    D. C 语言程序中的 main( ) 函数必须放在程序的开始部分

5. C 语言源程序名的扩展名是（　　）。

    A. .exe　　　　　　　B. .C　　　　　　　C. .obj　　　　　　　D. .c

6. 以下叙述中正确的是（　　）。

    A. C 程序中的注释只能出现在程序的开始位置和语句的后面

    B. C 程序书写格式严格，要求一行内只能写一个语句

    C. C 程序书写格式自由，一个语句可以写在多行上

    D. 用 C 语言编写的程序只能放在一个程序文件中

7. C 语言中的标识符只能由字母、数字和下画线组成，且第一个字符（　　　）。

    A. 必须为字母　　　　　　　　　　B. 必须为下画线

    C. 必须为字母或下画线　　　　　　D. 可以是字母、数字或下画线中任一种

二、问答题

1. 下列哪些单词是 C 语言合法的标记符，哪些不是？为什么？

begarray[10]	for	_312	2nd	file_name
end	struct student.number	Yes?	_while	_class_
No3.5	sNamE	printf	-20s	G.W.Bush	c-21st

2. 什么是计算机程序？

3. 计算机语言的作用是什么？

4. 计算机程序设计的基本步骤及 C 语言程序设计的一般开发过程是什么？

5. 正确理解下面的基本概念。

（1）源程序、目标程序和可执行程序；

（2）程序的编辑、编译、链接和运行。

6. C 语言程序组成结构一般包括哪些？

7. 用 printf( ) 函数输出下面的图案。

```
        *
      *   *
    *       *
      *   *
        *
```

项目2 数据类型与简单输入/输出

数据是程序处理的对象，程序的主要任务就是对数据进行加工、处理，而计算机中的数据包括数值型数据和非数值型数据。例如，在数学中的整数、实数就是数值型的数据，计算机能够处理的文字、声音、图像等就是非数值型数据。

数据类型是按照被说明量的性质、表示形式和占据存储空间的多少以及构造特点来划分的。C语言主要有基本数据类型、构造数据类型、指针类型和空类型四大数据类型。本项目主要讨论基本数据类型以及简单的输入/输出函数。

2.1 C语言基本数据类型

一般来说，ANSI C（C89）语言基本数据类型包括4种：整型（short、int、long）、实型（float、double）、字符类型（char）、枚举类型（enum）。

基本数据类型的主要特点是它的值不可以再分解为其他类型，并且基本数据类型是系统说明的。下面从C语言数据类型概述、整型、实型和字符型等方面进行介绍。

2.1.1 数据类型概述

在程序设计中，为什么要把数据划分为不同的类型？

首先，在计算机存储器中，不同类型的数据占用的存储空间的长度不同，同一类型的数据也因计算机字长的不同，占用的长度也不一定相同。例如，整数类型的数据存储在16位计算机中一般占2字节（B），而在32位计算机中则要占4字节；字符类型的数据在计算机中一般占1字节。

其次，针对不同类型的数据有不同的处理方法，例如，整数和实数可以进行算术运算；字符串能够进行字符串连接；逻辑数据可以进行"与""或""非"逻辑运算。

最后，由于不同数据类型占的存储长度不同，因此其数据的取值范围不同。例如，字符型的数据占1字节，其取值范围为−128~127；整型的数据如果占2字节，其取值范围为−32768~−32767。

因此，在程序设计中不管是常量还是变量，都是有类型的，必须注意数据类型的匹配。例如，计算机进行'B'+20的运算，因为'B'和20的数据类型不同，必须转换为同一类型才可以运算。

数据类型的丰富程度，直接表现出了程序设计语言处理数据的能力。C语言的一个重要的特点就是它有丰富的数据类型，因此，C 语言程序具有很强的数据处理功能。ANSI C 语言的数据类型如图 2-1 所示。

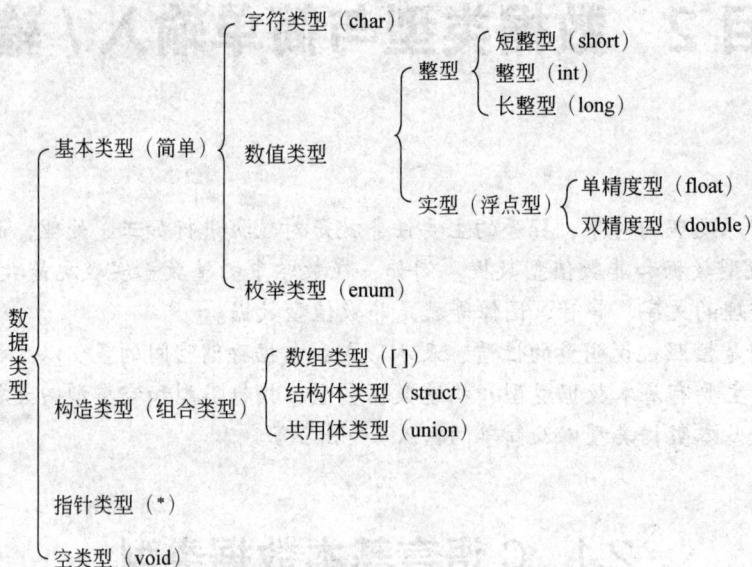

图 2-1　ANSI C 语言的数据类型

在 ANSI 标准化后，C 语言的标准在一段相当的时间内都保持不变，标准在 20 世纪 90 年代才经历了改进，也就是 ISO 9899:1999。这个版本就是通常提及的 C99。它被 ANSI 于 2000 年 3 月采用。

C99 是在 C89 的基础上发展起来的，增加了基本数据类型、关键字和一些系统函数等。在 C99 标准中，数据类型有 5 类，分别是基本数据类型、构造数据类型、指针类型、空类型及新增加的数据类型 _Bool 类型（本质上是一个宏，值为整型数据），_Bool 类型的值是 0 或 1。其中，基本数据类型、构造数据类型、指针类型和空类型与 ANSI C（C89）标准一样，只不过基本类型的整型又增加了 long long int 型，实型中又增加了 long double 型。

2.1.2　整数类型

整数类型数据简称整型数据，整型数据没有小数部分的数值。

整型数据可分为以下 5 种。

（1）一般整型：用 int 表示。

（2）短整型：用 short int 或 short 表示。

（3）长整型：用 long int 或 long 表示。

（4）长长整型：用 long long int 或 long long 表示。

（5）无符号整型：用 unsigned int 表示。

整型又可分为有符号类型和无符号类型，无符号类型在类型符号前面加上 unsigned 即可。例如，用 unsigned int 表示无符号整型，用 unsigned short 表示无符号短整型，用 unsigned long 表示无符号长整型。对于无符号型数据，存储单元中没有符号位，所有二进制位用来存放数据本身。

C 语言标准没有具体规定以上各类数据所占内存的字节数，不同计算机系统对基本数据类型的长度表示是有差异的，以 Visual Studio 2022 和 Dev C++ 环境为例，整型数据的字节数和取值范围如表 2-1 所示。

表 2-1　整型数据的字节数和取值范围

关　键　字	说　　明	字节数	取　值　范　围
short [int]	短整型	2	−32768～32767
unsigned short [int]	无符号短整型	2	0～65535
int	整型	4	−2147483648～2147483647
unsigned int	无符号整型	4	0～4294967295
long [int]	长整型	4	−2147483648～2147483647
unsigned long [int]	无符号长整型	4	0～4294967295
long long [int]	长长整型	8	−9223372036854775808～9223372036854775807
unsigned long long [int]	无符号长长整型	8	0～18446744073709551615

注：用 [] 括起来的关键字在程序中可以省略。

2.1.3　实数类型

实数类型的数据简称实型数据，又称为浮点型数据，实型可分为单精度型（用 float 表示）和双精度型（用 double 表示）两种。

在 C99 中增加了长双精度实型，用 long double 表示，同整型数据一样，不同计算机系统对基本数据类型的长度表示是有差异的，Visual Studio 2022 和 Dev-C++ 环境所支持的实型数据的字节数、取值范围与精度如表 2-2 所示。

表 2-2　实型数据的字节数、取值范围与精度

关　键　字	说　　明	字节数	取　值　范　围	精度 / 位
float	单精度实型	4	约 $-3.4 \times 10^{-38} \sim 3.4 \times 10^{38}$	7
double	双精度实型	8	约 $-1.7 \times 10^{-308} \sim 1.7 \times 10^{308}$	15
long double	长双精度实型	16	约 $-1.2 \times 10^{-4932} \sim 1.2 \times 10^{4932}$	18

特别注意的是精度问题，如单精度实数提供 7 位精度，即精确到小数点后第 7 位；双精度实数的精度是 15 位，即精确到小数点后第 15 位。

2.1.4　字符类型

字符类型的数据简称字符型数据，字符型数据类型标识符用 char 表示，不管在任何

计算机系统中，它都只占内存中的 1 字节（8 位），如表 2-3 所示。

表 2-3　字符型数据的字节数与取值范围

关 键 字	说　　明	字节数	取值范围
char	字符型	1	−128~127
unsigned char	无符号字符型	1	0~255

字符 ASCII 码值为 0~127，其中，32~126 是可打印字符，其余的是不可打印字符，而且许多是控制字符，如字符 'A' 的 ASCII 码值为 65，字符 'a' 的 ASCII 码值为 97。

注意：如果要获取特定系统数据的长度，可以用 sizeof 运算符，如 sizeof(int)，获取整型数据的长度。sizeof( ) 是 C 语言的关键字，不是函数，它是 C 语言提供的专门用于计算指定数据类型字节数的运算符。

2.2　常量与变量

程序所处理的数据不仅分为不同类型，而且每种类型的数据还有常量与变量之分，下面将详细介绍各种基本类型的数据。

2.2.1　常量

常量是指在程序运行的整个过程中，其值始终保持不变的量。常量可以有不同的类型，又可分为直接常量和符号常量。直接常量也就是日常所说的常数，包括数值常量和字符型常量两种。其中，数值常量又包括整型常量和实型常量；字符型常量可分为字符常量和字符串常量；符号常量则是指用标识符声明的常量，从字面上不能直接看出其类型和值，如图 2-2 所示。

1. 整型常量

在 C 语言中，整型常量有十进制、八进制和十六进制 3 种表示形式，说明如下。

（1）十进制整型常量。十进制整型常量的表示与数学上的整数表示相同，十进制整型常量没有前缀，其数码为 0~9。

图 2-2　C 语言的常量

以下各数是合法的十进制常量：

256　−568　0

以下各数是非法的十进制常量：

024（不能有前导 0）　25D（含有非十进制数码）

（2）八进制整型常量。八进制整型常量的表示以数字 0 开头，即以 0 作为八进制数的前缀，数码取值为 0~7，八进制数通常是无符号数。

以下各数是合法的八进制常量：

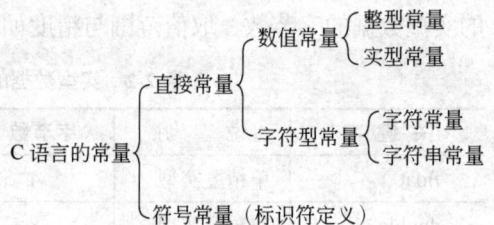

015（十进制为 13）　0101（十进制为 65）　0234（十进制为 156）

以下各数是非法的八进制常量：

156（无前缀 0）　03B2（包含了非八进制数码）　-0125（出现了负号）

（3）十六进制整型常量。十六进制常量的表示以 0X 或 0x 开头，即以 0X 或 0x 为前缀（注意：十六进制数前导字符为 0x，x 前面是数字 0 而不是字母 O），其数码取值为 0~9、A~F 或 a~f。

以下各数是合法的十六进制常量：

0X2B（十进制为 43）　0XA1（十进制为 161）　0XFFFF（十进制为 65535）

以下各数是非法的十六进制常量：

5B（无前缀 0X）　0X4H（含有非十六进制数码）

在程序中是根据前缀来区分各种进制数的，因此在书写整型常量时不要把前缀弄错以造成结果不正确。整型常数在 16 位字长的机器上，表示数的范围也是有限定的。例如，十进制无符号整常数的范围为 0~65535，有符号数的范围为 -32768~+32767。八进制无符号数的表示范围为 0~0177777。十六进制无符号数的表示范围为 0X0~0XFFFF 或 0x0~0xFFFF。如果使用的数超过了上述范围，就必须用长整型数来表示。长整型数是用后缀 L 或 l 来表示的。

十进制长整数：

158L（十进制为 158）　358000L（十进制为 358000）

八进制长整数：

012L（十进制为 10）　077L（十进制为 63）　0200000L（十进制为 65536）

十六进制长整数：

0X15L（十进制为 21）　0XA5L（十进制为 165）　0X10000L（十进制为 65536）

长整数 158L 和整数 158 在数值上并无区别。但对 158L，因为是长整型量，C 语言编译系统将为其分配 4 字节存储空间。而对 158，因为是基本整型，只分配 2 字节的存储空间。因此，在运算和输出格式上要予以注意，避免出错。

无符号数也可用后缀表示，整型常数的无符号数的后缀为 U 或 u。例如，358u、0x38Au、235Lu 均为无符号数。

前后缀可同时使用以表示各种类型的数。例如，0XA5Lu 表示十六进制无符号长整数 A5，其十进制为 165。

2. 实型常量

在 C 语言中，实型常量只能用十进制形式表示，不能用八进制和十六进制形式表示。它有两种形式，即一般形式和指数形式。

（1）一般形式。由数码 0~9 和小数点组成，如 0.1、.26、6.78、5.0、300.、-267.8270 等均为合法的实数。

（2）指数形式。由十进制数加阶码标志 e 或 E 以及阶码组成。其一般形式为

a　E　n

其中，a 为十进制数，n 为十进制整数，可以带符号，其值为 $a \times 10^n$。

以下是合法的实数：

2.1E5（等于 2.1×10^5） 3.7E−2（等于 3.7×10^{-2}） 2.34E+8（等于 $2.34 \times 10^{+8}$）

以下是非法的实数：

345（无小数点） E−7（阶码标志 E 之前无数字） −5（无阶码标志）

53.−E3（负号位置不对） 2.7E（无阶码） 6.4E+4.8（阶码为小数）

标准 C 语言允许浮点数使用后缀，后缀为 f 或 F 即表示该数为浮点数，如 256f 和 256F 是等价的。

3. 字符常量

字符常量是用单撇号括起来的一个字符。例如，'A'、'B'、'='、'+'、'*' 都是合法字符常量。注意，'e' 和 'E' 是不同的字符常量。

用反斜线开头"\"引导的一个或几个字符也可表示字符常量。反斜线引导的字符称为转义字符，转义字符是一种特殊的字符常量，具有特定的含义，不同于字符原有的意义，故称"转义"字符。如 '\n' 中的 n 不代表字母 n，而作为"换行"符。常用的转义字符如表 2-4 所示。

表 2-4 常用的转义字符

字符形式	功　能	字符形式	功　能
\n	换行	\\	反斜线字符
\t	横向跳格（跳到下一个输出区）	\'	单撇号字符
\v	竖向跳格	\"	双撇号字符
\b	退格	\a	鸣铃
\r	回车	\ddd	1~3 位八进制数所代表的字符
\f	走纸换页	\xhh	1~2 位十六进制数所代表的字符

C 语言字符集中的任何一个字符均可用转义字符来表示，表 2-4 中的"\ddd"和"\xhh"正是为此而提出的，ddd 和 hh 分别为对应字符的八进制和十六进制的 ASCII 码。

例如：

- '\101' 代表字符 'A'（八进制的 ASCII 码）；
- '\x41' 也代表字符 'A'（十六进制的 ASCII 码）；
- '\012' 代表"换行"；
- '\134' 表示反斜线；
- '\XOA' 表示换行等。

注意：

（1）字符常量只能用单撇号括起来，不能用双撇号或其他括号。

（2）字符常量只能是单个字符，不能是字符串。

（3）字符可以是字符集中任意字符，但数字被声明为字符型之后就不能直接参与数值运算了。例如，'6' 和 6 是不同的，'6' 是字符常量，6 是整型常量。

4. 字符串常量

在 C 语言中，字符串常量是由一对双撇号括起的字符序列。

例如，以下是合法的字符串常量：

"CHINA"　"C program"　"$12.5"　"changsha"　"123"

"centraql south university"　"+++\\ ？　ab"

'ab' 既不是字符常量，也不是字符串常量。

字符串常量在存储的时候，要增加 1 字节存放字符串结束标志字符 '\0'（ASCII 码值为 0）。例如，字符串 "C program" 的长度为 9（即字符的个数），但在内存中所占的字节数为 10，即存放 C program\0。

字符串常量和字符常量是不同的常量，它们之间主要有以下区别。

（1）字符常量由单撇号括起来，字符串常量由双撇号括起来。

（2）字符常量只能是单个字符或者转义字符，字符串常量则可以含一个或多个字符。

（3）可以把一个字符常量赋值给一个字符变量，但不能把一个字符串常量赋予一个字符变量。

（4）在 C 语言中没有相应的字符串变量，但是可以用一个字符数组来存放一个字符串常量。

（5）字符常量占 1 字节的内存空间，字符串常量占的内存字节数等于字符串长度加 1。例如，字符常量 'a' 和字符串常量 "a" 虽然都只有一个字符，但在内存中的情况是不同的，'a' 在内存中占 1 字节，"a" 在内存中占 2 字节。

5. 符号常量

在 C 语言中可以用标识符声明一个直接常量，称为符号常量，其一般声明格式如下：

#define　标识符　直接常量

例如：

```
#define   MAX   100
#define   MIX   10
#define   PI    3.1415926
#define   END   '$'
```

其中，#define 是一条预处理命令，称为宏定义命令（在后续内容中介绍），其功能是将该标识符声明为其后的常量值。一经声明，以后在处理程序时，凡是碰到了该标识符，都将替换成相对应的常量值。

注意：

（1）符号常量在使用之前必须先声明。

（2）习惯上符号常量的标识符用大写字母，变量标识符用小写字母，以示区别。

2.2.2　变量

1. 变量的概念

变量

所谓变量，是指在程序执行过程中其值可以改变的量。变量可以按数据类型进行分类，如整型变量、浮点型变量、字符型变量等。

每个变量都有一个名字，这个名字称为变量名，变量名必须是合法的 C 语言标识符，它代表了某个存储空间及其所存储的数据，这个空间所存储的数据称为该变量的值。

在 C 语言程序中，常量是可以不经声明而直接引用的，而变量则必须先声明后使用。

2. 变量的声明

变量声明的一般格式为

类型标识符　　变量名 1[, 变量名 2, 变量名 3...];

说明：[ ] 表示可选项。

例如：

```
int    a;              /*声明 1 个整型变量 a*/
long x,y;              /*声明两个长整型变量 x、y*/
unsigned p,q;          /*声明两个无符号整型变量 p、q*/
float x,y,z;           /*声明 3 个单精度实型变量 x、y、z*/
double a,b,c;          /*声明 3 个双精度实型变量 a、b、c*/
char ch1,ch2;          /*声明两个字符型变量 ch1、ch2*/
```

进行变量声明时，应注意以下几点。

（1）允许在一个类型标识符后声明多个相同类型的变量，各变量名之间用逗号隔开。

（2）类型标识符与变量名之间至少用一个空格隔开。

（3）最后一个变量名之后必须以 ";" 结尾。

（4）变量声明必须放在变量使用之前，一般放在函数体的开头部分。

3. 变量的初始化

变量在声明时可以赋初值，称为初始化。

例如：

```
int a=3;               /*指定 a 为整型变量，初值为 3*/
float   f=3.56;        /*指定 f 为浮点型变量，初值为 3.56*/
char c='a';            /*指定 c 为字符型变量，初值为 'a'*/
```

注意：

（1）在变量初始化中不允许对多个未声明的同类型变量连续初始化，如"int a=b=c=5;"是不合法的。

（2）在同一程序中变量不允许重复声明，例如：

```
int x,y,z;
float a,b,x;           /*变量 x 被重复声明，不允许*/
```

（3）变量使用"="赋初值，一般情况下必须保证"="右边的常量表达式与"="左边的变量类型一致。

4. 变量的赋值

在 C 语言中，可以用赋值运算符"="将一个表达式的值赋给一个变量。

例如：

```
float a,b;                      /*声明 a、b 两个变量为 float 型变量*/
```

变量的
初始化
与赋值

```
a=2.0;                      /* 把 2.0 赋给 a*/
a=a+1;                      /* 把 a 的值加 1 后，再赋给 a，a 的值为 3.0*/
b=a;                        /* 把 a 的值赋给 b，b 的值为 3.0*/
```

【例 2-1】 变量赋值示例 1。

```
#include<stdio.h>
int main()
{
    int x,y,z=10;           /* 声明 x、y、z 为整型变量，且给 z 赋初值 10*/
    unsigned int w;         /* 声明 w 为无符号整型变量 */
    x=10;y=-20;w=20;
    z=x+w;w=x+y;            /* 不同类型的整型变量 x、w 可以参与运算 */
    printf("x+w=%d,x+y=%d\n",z,w);
    return 0;
}
```

运行结果：

```
x+w=30,x+y=-10
```

【例 2-2】 变量赋值示例 2。

```
#include<stdio.h>
int main()
{
    char ch1,ch2;           /* 声明字符型变量 ch1、ch2*/
    ch1='a';ch2='b';        /* 给 ch1、ch2 赋值 */
    ch1=ch1-32;ch2=ch2-32; /* ASCII 码值相减，ch1 的 ASCII 码值为 97，ch2 的 ASCII
                               码值为 98*/
    printf("ch1=%c,ch2=%c\n",ch1,ch2);
    return 0;
}
```

运行结果：

```
ch1=A,ch2=B
```

2.3　数据的输出与输入

对数据的一种重要操作是输入与输出（I/O 操作），没有输入与输出的程序是没有多大价值的。C 语言本身没有提供输入与输出语句，它的输入与输出功能由函数来实现，它提供了多种输入 / 输出函数，使输入与输出操作灵活、多样，且功能强。由于输入与输出函数很多，本节只介绍广泛应用的 putchar( )、printf( )、getchar( ) 和 scanf( )，这些函数对应的头文件为 stdio.h。使用标准 I/O 函数库中的 I/O 函数时，一般要在程序开头先写上预编译命令 #include<stdio.h>，其详细内容将在后续内容中介绍。

2.3.1　数据的输出

数据输出主要介绍用于显示器输出的字符输出函数 putchar( ) 和格式输出函数 printf( )。

1. 字符输出函数

格式如下：

```
putchar(c);
```

参数：c 为字符常量、变量或表达式。

功能：把字符 c 输出到标准输出设备上（一般指显示器）。

返回值：正常，返回 ASCII 码值；出错，则返回 −1。

【**例 2-3**】　字符输出函数示例。

```
#include <stdio.h>
int main()
{
    char a='B',b='O',c='Y';           /*定义 3 个字符变量并初始化*/
    putchar(a);                        /*显示器输出字符 B*/
    putchar(b);                        /*显示器输出字符 O*/
    putchar(c);                        /*显示器输出字符 Y*/
    putchar('\n');                     /*显示器输出一个换行符*/
    return 0;
}
```

运行结果：

```
BOY
```

可以看出，用 putchar( ) 函数既可以输出能在显示器上显示的字符，也可以输出屏幕控制字符，"putchar('\n');" 的作用是输出一个换行符，使输出的当前位置移到下一行的开头。

可以用 putchar( ) 函数输出转义字符，例如：

```
putchar('\101');    /*输出字符 A*/
putchar('\'');      /*括号中的 \' 是转义字符，代表单撇号，输出单撇号字符 */
putchar('\015');    /*八进制数 15 等于十进制数 13，13 是回车符的 ASCII 码值，因此输
                      出回车不换行，使得当前输出位置移到本行开头 */
```

2. 格式输出函数

printf( ) 函数称为格式输出函数，即按用户指定的格式，把指定的数据显示到显示器屏幕上。

格式如下：

```
printf(" 格式控制 ",输出项列表);
```

功能：按指定格式向输出设备（一般为显示器）输出数据。

返回值：正常，返回实际输出的字符数；出错，则返回 −1。

语句中"输出项列表"列出要输出的表达式（如常量、变量、运算符、表达式、函数返回值等），即要输出的数据，它可以是零个或者多个，每个输出项之间用逗号分隔。输出的数据可以是整数、实数、字符和字符串。

"格式控制"必须用英文的双撇号括起来，其作用是控制输出项的格式和输出一些提示信息。格式控制字符串包含两种信息。

（1）格式说明：格式说明部分由"% 格式字符串"组成，它表示按指定的格式输出数据，一般形式为

%［修饰符］格式字符

（2）普通字符或转义字符：普通字符原样输出，转义字符表示特定的含义，如 '\n' 表示换行，'\t' 表示水平制表等。

以下对格式字符和修饰符进行详细说明。

（1）格式字符。C 语言格式字符及举例如表 2-5 所示。

表 2-5　C 语言格式字符及举例

格式字符	输 出 形 式	举　　例	输出结果
d（或 i）	十进制整数	int a=567;printf("%d",a);	567
o	八进制整数	int a=65;printf("%o",a);	101
x（或 X）	十六进制整数	int a=255;printf("%x",a);	ff
u	无符号十进制整数	int a=567;printf("%u",a);	567
c	输出一个字符	char a =65;printf("%c",a);	A
s	输出字符串	printf("%s","ABC");	ABC
f	小数形式的浮点数	float a=567.789;printf("%f",a);	567.789000
e（或 E）	指数形式的浮点数	float a=567.789;printf("%e",a);	5.677890e+02
g（或 G）	e 和 f 中较短的一种	float a=567.789;printf("%g",a);	567.789
%	输出百分号	printf("%%");	%

【例 2-4】　格式输出函数示例 1。

```c
#include<stdio.h>
int main()
{
    int i=3;
    char c='A';
    printf("i=%d,c=%c\n",i,c);
    return 0;
}
```

运行结果：

i=3,c=A

语句"printf("i=%d , c=%c\n",i,c);"的格式控制字符"a="和"c="是普通字符，照原样输出，两个输出项 a 和 c 的格式分别由"%d"和"%c"控制，一个输出数字 3，另一个输出字符 A。

【例 2-5】 格式输出函数示例 2。

```
#include<stdio.h>
int main()
{
    double a=1.0;
    printf("%f\n",a/3);
    return 0;
}
```

运行结果：

0.333333

语句"printf("%f\n",a/3);"中 a 是双精度实型，a/3 的结果也是双精度实型，但是用 %f
的格式声明只能输出 6 位小数。如果想要输出双精度变量 a 的 15 位小数，可以使用修饰符。

（2）修饰符。附加格式说明符也就是修饰符，它具有指定输出域宽及精度、指定输出
对齐方式、指定空位填充字符、修正输出长度等功能，这些修饰符可以联合使用，其一般
形式为

```
%[flag][[m][.n]|h|1]type
```

各部分说明：

① [] 表示该项为可选项，即可有可无。

② flag 为可选择的标志字符，常用标志字符如下。

· -：左对齐输出，默认为右对齐输出。

· +：正数输出加号"+"，负数输出减号"−"。

· 空格：正数输出空格代替加号"+"，负数输出减号"−"。

③ m 为数据域宽。用十进制正整数表示，用来设置输出值的最少字符个数，不足则
补空格，超出则按原样输出，默认按实际输出。

④ n 为数据的精度指示符。用"小数点"加"十进制正整数"表示。对"整数"输出，
表示至少要输出的数字个数，不足则补数字 0，多则原样输出；对"实数"输出，表示小
数点后最多输出的数字个数，不足则补数字 0，多则四舍五入处理；对"字符串"输出，
表示最多输出的字符个数，不足则补空格，多则丢弃。

⑤ h|l 为输出长度修饰符，其功能如下。

· l：输出长整型或双精度实型数据的值。

· h：输出短整型数据的值。

⑥ type 为格式字符。

printf( ) 函数修饰符如表 2-6 所示。

表 2-6 printf( ) 函数修饰符

修饰符	功　　能
m	输出数据域宽，如数据长度 <m，则左补空格；否则按实际输出
.n	对实数，指定小数点后位数，多则舍入； 对字符串，指定实际输出位数
−	输出数据在域内左对齐，默认为右对齐

修饰符	功　能
+	指定在有符号数的正数前显示正号 "+"
0	输出数值时指定左面不使用的空位置自动添 0
#	在八进制和十六进制数前显示前导 0 或者 0x
l	在 d、o、x、u 前,指定输出精度为 long 型; 在 e、f、g 前,指定输出精度为 double 型
h	输出短整型数据的值

【例 2-6】 修饰符 m、.n 示例 1。

修改例 2-5 的输出:

```
#include<stdio.h>
int main()
{
  double a=1.0;
  printf("%20.15f\n",a/3);
  return 0;
}
```

运行结果:

```
    0.333333333333333
```

语句 "printf("%20.15f\n",a/3);" 表示在 0 的前面有 3 个空格,这时输出了 15 位小数。注意一个双精度数只能保证 15 位有效数字的精确度。

【例 2-7】 修饰符 m、.n 示例 2。

```
#include<stdio.h>
int main()
{
  int a=4321;
  float f=123.456;
  char ch='a';
  printf("%8d,%2d\n",a,a);
  printf("%f,%8f,%8.1f,%.2f,%.2e\n",f,f,f,f,f);
  printf("%3c\n",ch);
  return 0;
}
```

运行结果:

```
    4321,4321
123.456001,123.456001,    123.5,123.46,1.23e+002
  a
```

【例 2-8】 修饰符 -、+、0 示例。

```
#include<stdio.h>
int main()
{
  int a=4321;
```

```
    float f=123.456;
    static char c[]="Hello,world!";
    printf("8d,%-8d,%08d \n",a,a,a);
    printf("%10.2f,%-10.1f,%010.2f \n",f,f,f);
    printf("%10.5s,%-10.3s\n",c,c);
    return 0;
}
```

运行结果：

```
    4321,4321    ,00004321
    123.46,123.5        ,0000123.46
     Hello,Hel
```

【例 2-9】 修饰符 # 示例。

```
#include<stdio.h>
int main()
{
  int a=321;
  printf("%o,%#o,%X,%#X\n",a,a,a,a);
  return 0;
}
```

运行结果：

```
501,0501,141,0X141
```

注意：

（1）格式字符一般要小写。

（2）格式字符与输出项个数应相同，按先后顺序一一对应。

（3）输出转换：当格式字符与输出项类型不一致时，自动按指定格式输出。

2.3.2　数据的输入

数据输入主要介绍用于键盘输入的字符输入函数 getchar( ) 和格式输入函数 scanf( )。

1. 字符输入函数

格式如下：

```
getchar();
```

功能：从输入设备（一般为键盘）上输入一个字符。

返回值：正常，返回值是该字符的 ASCII 码值；出错，则返回 -1。

字符输入函数每调用一次，就从标准输入设备上取一个字符。函数值可以赋给一个字符变量，也可以赋给一个整型变量。

【例 2-10】 字符输入函数示例。

```
#include <stdio.h>
int main()
{
```

```
    int ch;
    printf("Enter a character:");
    ch=getchar();              /* 从键盘输入字符，将该字符的 ASCII 码值赋给 ch*/
    putchar(ch);               /* 输出 ch 对应的字符 */
    printf("--->hex%x\n",ch);  /* 输出 ch 对应的十六进制的 ASCII 码值 */
    return 0;
}
```

运行结果：

```
Enter a character:A↙
A--->hex41
```

注意：

（1）执行 getchar( ) 输入字符时，输入字符后需要按 Enter 键，程序才会响应输入，继续执行后续语句。

（2）getchar( ) 也将 Enter 键作为一个回车符读入。因此，在用 getchar( ) 连续输入两个字符时要注意回车符。

（3）getchar( ) 只能接收单个字符，输入数字也按字符处理，输入多于一个字符时，只接收第一个字符。

（4）使用本函数前必须包含文件 stdio.h。

（5）在程序运行过程中遇到 getchar( ) 时，将进入黑屏状态，等待用户输入，输入完毕后程序继续向下运行。

2. 格式输入函数

scanf( ) 函数称为格式输入函数，即按用户指定的格式从键盘上把数据输入指定的变量之中。

格式如下：

```
scanf(" 格式控制 ",地址列表);
```

格式输入函数 scanf( )

功能：按指定格式从键盘读入数据，存入地址列表指定的存储单元中，并按 Enter 键结束。

返回值：正常，返回输入数据的个数；遇文件结束则返回 EOF；出错则返回 0。

（1）地址列表。语句中的地址列表是由若干个地址组成的列表，可以是变量的地址、字符串的首地址、指针变量等，各地址间以逗号间隔。

对于变量的地址，常用取地址运算符 &。例如，&a、&b 分别表示变量 a 和变量 b 的地址，是编译系统在内存中给 a、b 变量分配的地址。应该把变量的值和变量的地址这两个不同的概念区别开。牢记变量的地址是 C 语言编译系统分配的，用户不必关心具体的变量地址是多少。

格式输入函数的执行结果是将键盘输入的数据流按格式转换成数据，存入与格式相对应的地址指向的存储单元中。

（2）格式控制。格式控制字符串由格式控制字符和普通字符两部分构成。

格式控制字符有 d、i、o、x、u、c、s、f、e 几种。

格式控制字符串的一般形式为

%[*][m][h|l]type

各部分说明：

① [] 表示该项为可选项，即可有可无。

② *：输入赋值抑制字符，用以表示该输入项读入后不赋予相应的变量，即跳过该输入值，即在地址列表中没有对应的地址项。

③ m：宽度指示符，即用十进制整数指定输入的宽度（即字符数）。表示该输入项最多可输入的字符个数。如遇空格或不可转换的字符，读入的字符将减少。

④ [h|l]：长度格式符为 l 和 h，l 表示输入长整型数据（如 %ld）和双精度浮点数（如 %lf）；h 表示输入短整型数据。

⑤ type：表示输入数据的类型，也就是其格式符。

例如：

```
scanf("%d",&a);                    /* 按十进制整数输入 */
```

输入：

10✓

则 a=10。

```
scanf("%x",&a);                    /* 按十六进制整数输入 */
```

输入：

11✓

则 a=17。

其中，[*][m][h|l] 称为修饰符，具体功能如表 2-7 所示。

表 2-7　scanf( ) 修饰符

修饰符	功　　　能
h	在 d、o、x 前，指定输入为 short 型实数
l	在 d、o、x 前，指定输入为 long 型整数，或者指定输入为 double 型实数
m	指定输入数据宽度，遇空格或者不可转换字符则结束，默认为右对齐
*	抑制符，指定输入项读入后不赋给变量

例如：

```
scanf("%3c%2c ",&c1,&c2);
```

输入：

abcde✓

则 c1 的值为字符 a，c2 的值为字符 d。

```
scanf(" %2d %*3d %2d",&a,&b);
```

输入：

12 345 67✓

则 a 的值为 12，b 的值为 67。

```
scanf(" %3d%*4d%f",&k,&f);
```

输入：

```
12345678765.43↙
```

则 k 的值为 123，f 的值为 8765.43。

scanf( ) 指定输入数据所占的宽度时，将自动按指定宽度来截取数据。例如：

```
scanf("%4d%2d%2d ",&yy,&mm,&dd);
```

输入：

```
19991015↙
```

则 yy 的值为 1999，mm 的值为 10，dd 的值为 15。

scanf( ) 函数的格式控制字符串中除了以上讲到的格式字符和修饰符外，还有一类字符，就是普通字符，scanf( ) 的格式控制字符串中普通字符是不显示的，而是规定了输入时必须输入的字符。

例如：

```
scanf("a=%f,b=%f,c=%f",&a,&b,&c);
```

执行该语句时，应按下列格式输入：

```
a=1,b=3,c=2↙
```

（3）输入数据分隔处理。输入时，数据之间需要用分隔符，一般以空格键、Tab 键或 Enter 键作为分隔符。

例如：

```
scanf("%d%d",&a,&b);
```

可以用一个或多个空格分隔，也可以用 Enter 键分隔：

```
100  10↙
```

或

```
100↙
10↙
```

以上两种输入数据的方式都是正确的。

（4）使用 scanf( ) 函数时还必须注意以下几点。

① scanf( ) 函数中没有精度控制，如 %10.2f 是非法的。

② scanf( ) 中要求给出变量地址，如给出变量名则会出错。如 "scanf("%d",i);" 是非法的，应改为 "scanf("%d",&i);" 才是合法的。

③ 如果输入时类型不匹配，scanf( ) 函数将停止处理，其返回值为零。

例如：

```
int a,b;
char c;
scanf("%d%c%3d",&a,&c,&b);
```

若输入：

```
12 a 23↙
```

则函数将 12 存入地址 &a，空格作为字符存入地址 &c，字符 'a' 作为整数读入。因此，以上数据为非法输入数据，程序将被终止。

④ 用"%c"格式符时，空格和转义字符作为有效字符输入。

例如：

```
scanf("%c%c%c",&c1,&c2,&c3);
```

若输入：

```
a b c↙
```

则 c1 的值为 a，c2 的值为空格，c3 的值为 b。

⑤ 输入数据时，遇以下情况认为输入结束：

* 空格键、Tab 键或 Enter 键；
* 宽度结束；
* 非法输入。

例如：

```
scanf("%d%c%f",&a,&b,&c);
```

若输入：

```
1234a123o.26↙
```

则 a 的值为 1234，b 的值为字符 a，c 的值为 123。

⑥ 输入函数留下的"垃圾"。例如：

```
int x;
char ch;
scanf("%d",&x);
scanf("%c",&ch);
printf("x=%d,ch=%d\n",x,ch);
```

输入：

```
123↙
```

输出：

```
x=123,ch=10（"垃圾"）                  /*换行符的 ASCII 码值为 10，ch 将接收换行符 */
```

解决方法：

* 用 getchar( ) 清除；
* 用函数 fflush(stdin) 清除全部剩余内容；
* 用格式串中空格或"%*c"来"吃掉"。

例如：

```
int x;
char ch;
```

```
scanf("%d",&x);
scanf("%c",&ch);
```

可改写为

```
int x;
char ch;
scanf("%d",&x);
scanf("%*c%c",&ch);
```

小　　结

本项目主要介绍了 C 语言的基本数据类型、常量与变量以及简单数据的输入与输出。

C 语言的数据类型（C99）有基本类型、构造类型、指针类型和空类型（void）四大类。基本类型有整型、实型、字符型和枚举类型。

常量是指在程序运行的整个过程中其值始终保持不变的量，而在程序运行过程中其值可变的量称为变量。常量包括直接常量和符号常量，其中直接常量又包括数值常量和字符常量。

变量要先声明，后使用。变量名要符合 C 语言标识符的命名规则，变量可以在声明变量的同时赋初值，也可以进行赋值操作。

C 语言中没有提供专门的输入 / 输出语句，所有的输入 / 输出都是由调用标准库函数中的输入 / 输出函数来实现的。scanf( ) 和 getchar( ) 是输入函数，接收来自键盘输入的数据。其中，scanf( ) 是格式输入函数，可按指定的格式输入任意类型数据；getchar( ) 是字符输入函数，只能接收单个字符。printf( ) 和 putchar( ) 是输出函数，向显示器屏幕输出数据。其中，printf( ) 是格式输出函数，可按指定的格式显示任意类型的数据；putchar( ) 是字符显示函数，只能显示单个字符。

习　　题

一、选择题

1. 以下选项中不属于 C 语言类型的是（　　　）。
   A. signed short imt　　　　　　　　　B. unsigned long int
   C. unsigned int　　　　　　　　　　 D. long short
2. 以下选项中合法的实型常数是（　　　）。
   A. 5E2.0　　　　　　B. E-3　　　　　　C. 2E0　　　　　　D. 1.3E
3. 在 C 语言中，合法的长整型常数是（　　　）。
   A. OL　　　　　　　B. 4962710　　　　C. 324562　　　　　D. 216D
4. 以下选项中合法的字符常量是（　　　）。
   A. "B"　　　　　　 B. '\010'　　　　　C. 68　　　　　　　D. D
5. 以下选项中，非法的字符常量是（　　　）。

A. '\t'   B. '\17'   C. "n"   D. '\xaa'

6. 以下选项中合法的用户标识符是（   ）。

A. long   B. _2Test   C. 3Dmax   D. A.dat

7. 以下所列的 C 语言常量中，错误的是（   ）。

A. 0xFF   B. 1.2e0.5   C. 2L   D. '\72'

8. 下列选项中，合法的 C 语言关键字是（   ）。

A. VAR   B. cher   C. integer   D. default

9. 在 16 位 C 语言编译系统上，若声明"long a;"，则能给 a 赋 40000 的正确语句是（   ）。

A. a=20000+20000;   B. a=4000*10;

C. a=30000+10000;   D. a=4000L*10L;

10. 在宏定义 #define PI 3.14159 中，用宏名 PI 代替一个（   ）。

A. 单精度数   B. 双精度数   C. 常量   D. 字符串

11. 以下语句的输出结果是（   ）。

```
printf("%d\n",strlen("\t\"\065\xff\n"));
```

A. 5   B. 14

C. 8   D. 输出项不合法，无正常输出

12. 若变量已正确声明为 float 类型，要通过语句 "scanf("%f %f %f",&a,&b,&c);" 给 a 赋 10.0，给 b 赋 22.0，给 c 赋 33.0，不正确的输入形式是（   ）。

A. 10✓ 22✓ 33✓   B. 10.0,22.0,33.0✓

C. 10.0✓ 22.0 33.0✓   D. 10   22✓ 33✓

13. x、y、z 被声明为 int 型变量，若从键盘给 x、y、z 输入数据，正确的输入语句是（   ）。

A. INPUT x、y、z;   B. scanf("%d%d%d",&x,&y,&z);

C. scanf("%d%d%d",x,y,z);   D. read("%d%d%d",&x,&y,&z);

14. 对 x 有声明 "long x=−123456L;"，则以下能够正确输出变量 x 值的语句是（   ）。

A. printf("x=%d\n",x);   B. printf("x=%ld\n",x);

C. printf("x=%8dL\n",x);   D. printf("x=%LD\n",x);

二、填空题

1. 已知大写字母 A 的 ASCII 码值是 65，小写字母 a 的 ASCII 码值是 97，则用八进制表示的字符常量 '\101' 是_____。

2. 已知 i、j、k 声明为 int 型变量，若从键盘输入：1、2、3✓，使 i 的值为 1，j 的值为 2，k 的值为 3，正确的输入语句是_____。

3. 有以下程序段：

```
int m=0,n=0;
char c='a';
scanf("%d%c%d",&m,&c,&n);
printf("%d,%c,%d\n",m,c,n);
```

若从键盘上输入：10A10✓，则输出结果是_____。

三、程序分析题

1. 下列程序的输出结果是什么？

```c
#include <stdio.h>
int main()
{
    int a=2,c=5;
    printf("a=%%d,b=%%d\n",a,c);
    return 0;
}
```

2. 以下程序的输出结果是什么？

```c
#include<stdio.h>
int main()
{
    char c='z';
    printf("%c",c-25);
    return 0;
}
```

3. 若有以下程序段（给 n 所赋的是八进制数）：

```c
int m=32767,n=032767;
printf("%d,%o\n",m,n);
```

执行后的输出结果是什么？

4. 下面的程序编译时出现错误，分析出错的语句。

```c
#include<stdio.h>
int main()
{
    char a,b,c,d;
    a='\';b='\xbc';
    c='\0xab';d='A';
    printf("%c %c %c %c\n",a,b,c,d);
    return 0;
}
```

5. 写出下面程序的输出结果。

```c
#include"stdio.h"
int main()
{
    char a='2',b='a';
    int c;
    c=a+b;
    a=c;
    printf("%c %c %d \n",a,b,c);
    return 0;
}
```

项目 3　运算符与表达式

在解决问题时不仅要考虑需要哪些数据，还要考虑对数据的操作，以达到求解问题的目的，因此运算符和表达式也是程序设计中首先要考虑的基本问题。

本项目主要考虑基本运算符与表达式以及混合运算时数据类型之间的转换，至于其他运算符与表达式的知识，将在以后内容中介绍。

3.1　基本运算符及其表达式

一般来说，C 语言的基本运算符与表达式包括以下几种：算术运算符及其表达式、赋值运算符及其表达式、关系运算符及其表达式、逻辑运算符及其表达式、条件运算符及其表达式、逗号运算符、sizeof 运算符。

所谓表达式，就是变量、常量、函数等运算量按照一定规则和运算符连接而成的式子，下面介绍这几种运算符及其表达式。

3.1.1　C 语言运算符概述

运算是对数据的加工，被加工的数据称作运算量或者操作数，最基本的运算形式是由运算符记述的，运算符是一种向编译程序说明一个特定的数学或逻辑运算的符号。C 语言中运算符和表达式数量之多，在其他高级语言中是少见的。正是具有了丰富的运算符和表达式，才使 C 语言功能十分完善。这也是 C 语言的主要特点之一。

C 语言中，运算符的运算优先级非常重要。在表达式中，优先级较高的运算符先于优先级较低的进行运算，而在一个运算量两侧的运算符优先级相同时，则按运算符的结合性所规定的结合方向处理。

C 语言中各运算符的结合性分为两种，即左结合性（自左至右）和右结合性（自右至左）。例如，算术运算符的结合性是自左至右，即先左后右。例如，有表达式 "x+y−z"，则 y 应先与 "+" 号结合，执行 "x+y" 运算，然后执行 "−z" 的运算，这种自左至右的结合方向就称为 "左结合性"。而自右至左的结合方向称为 "右结合性"，最典型的右结合性运算符是赋值运算符。例如，对于表达式 x=y=z，由于 "=" 的右结合性，应先执行 y=z 再执行 x=(y=z) 的运算。C 语言运算符中有不少为右结合性，应予以注意。

在表达式中，各运算量参与运算的先后顺序不仅要遵守运算符优先级别的规定，还要受运算符结合性的制约，以便确定是自左向右进行运算还是自右向左进行运算。这种结合性也是其他高级语言的运算符所没有的，因此也增加了 C 语言的复杂性。

C 语言的运算符种类如图 3-1 所示。

学习运算符应注意以下几个问题。

（1）运算符的功能：如 +、-、*、/ 运算符的功能分别为加、减、乘、除。

（2）与运算量的关系如下。

① 运算量的个数：例如，有些运算符需要两个运算量参与运算（如 +、-、*、/），称为双目或双元运算符；而有些运算符只需一个运算量参与运算（如 ++、--和 +、- 作为正负号运算符），称为单目或一元运算符。

② 运算量的类型：如求余运算符"%"要求参加运算的两个运算量都是整型数据。

C 运算符 {
算术运算符：+、-、*、/、%、++、--
关系运算符：<、<=、==、>、>=、!=
逻辑运算符：!、&&、||
位运算符　：《、》、~、|、∧、&
赋值运算符：= 及其扩展赋值运算符
条件运算符：? :
逗号运算符：,
指针运算符：*和&
求字节数运算符：sizeof
强制类型转换：类型
分量运算符：.和->
下标运算符：[、]
其他：（）、-
}

图 3-1　C 语言的运算符种类

（3）运算符优先级别：因为 *、/ 运算符的级别高于 +、- 运算符，因此在表达式运算中先 *、/ 后 +、-，如表 3-1 所示。

表 3-1　运算符优先级

优先级	运算符	含　义	结合关系	举例	结　果
1	+	正号运算符（单目）	自右向左	+a	a 的值
1	-	负号运算符（单目）	自右向左	-a	a 的算术负值
2	*	乘法运算符	自左向右	a*b	a 和 b 的乘积
2	/	除法运算符	自左向右	a/b	a 除以 b 的商
2	%	求余运算符	自左向右	a%b	a 除以 b 的余数
3	+	加法运算符	自左向右	a+b	a 和 b 的和
3	-	减法运算符	自左向右	a-b	a 和 b 的差
4	=	赋值运算符	自右向左	a=b	将 b 的值送给 a

（4）结合方向：如果一个运算量的左右两侧有相同优先级别的运算符，则按结合方向顺序处理，即按"先左后右"或"先右后左"处理。

（5）表达式值的类型：特别是不同类型数据进行运算时，要进行数据类型的转换，这时要特别注意结果值的类型。

3.1.2　算术运算符及其表达式

1. 算术运算符

算术运算符用于各类数值运算。C 语言基本的算术运算符有 5 种，分别为 +（加）、-（减）、*（乘）、/（除）、%（取余，模运算）；自加、自减运算符有两种，分别为 ++（自加）、--（自减）；正负号运算符有两种，分别为 +（正号）、-（负号）。

1）基本算术运算符

基本算术运算符都是双目运算符，即运算符要求有两个运算量，如运算 x+y、x-y、

算术运算符及其表达式

x*y、x/y、x%y 等。

基本算术运算符的优先级别和数学上一样，遵循的原则是"先乘除，后加减"。*、/、% 为同一级别，+、− 为同一级别，*、/、% 优先级高于 +、−。

算术运算符的结合方向为"自左至右"。

注意：

（1）% 运算要求运算量必须为整型数据，如 5%2=1、−5%2=−1、1%10=1、5%1=0 都是正确的；而表达式 5.5%2 和 5/1.0 都是不正确的。

（2）/ 运算时，参与运算量均为整型时，结果也为整型，舍去小数。例如，5/3=1、−5/3=−1 都是正确的。

（3）+、−、*、/ 运算时，参加运算的两个数中有一个数为实数，则结果为 double 型，因为所有的实数都按 double 型进行运算。例如，1+2.0=3.0、2.0−1.0=1.0、2.0*3=6.0、−5/2.0=−2.5 等都是正确的。

（4）字符型数据可以和数值型数据混合运算。因为字符型数据在计算机内部是用 1 字节的整型表示的，如 'A'+1=66。

2）自加、自减运算符

C 语言的自加运算符为 ++，自减运算符为 −−，自加和自减运算符均为单目运算符，即运算符要求有一个运算量，且其运算量只能是变量。++ 运算符的功能是使变量的值自加 1；−− 运算符的功能是使变量值自减 1。

自加和自减运算符有以下两种形式。

（1）前置：++i、−−i，其功能是在使用 i 之前，i 值先加（减）1（即先执行 i+1 或 i−1，再使用 i 值）。

（2）后置：i++、i−−，其功能是在使用 i 之后，i 值再加（减）1（即先使用 i 值，再执行 i+1 或 i−1）。

例如：

```
j=3;   k=++j;        /*赋值时，j 先增 1，再将 j 值赋给 k，结果 k=4，j=4*/
j=3;   k=j++;        /*赋值时，j 先赋值给 k，然后 j 增 1，结果 k=3，j=4*/
j=3;   k=−−j;        /*赋值时，j 先减 1，再将 j 值赋给 k，结果 k=2，j=2*/
j=3;   k=j−−;        /*赋值时，j 先赋值给 k，然后 j 减 1，结果 k=3，j=2*/
```

++ 和 −− 运算符都具有右结合性，其运算符优先级高于算术运算符优先级。

3）正负号运算符

正负号运算符为 +（正号）和 −（负号），它们是一元运算符，如 −x 和 +y、−5 和 +6。它们的优先级别高于 *、/、% 算术运算符的优先级，而与 ++、−− 运算符同级。它的结合方向为自右向左。

例如：

```
i=3;
j=−i++;
```

由于 ++ 和 − 是同级优先关系，按从右至左结合方向，表达式 −i++ 相当于 −(i++)，计算顺序如下。

（1）先计算表达式 i++，表达式取 i 的值为 3，然后变量 i 加 1，i 的值为 4。

（2）再做取负值运算，表达式的值为 −3。

（3）将 −3 赋给变量 j。

结果：i 的值为 4，j 的值为 −3。

2. 算术表达式

1）算术表达式的定义

由算术运算符和括号把常量、变量、函数等连接起来的式子，称为算术表达式。单个的常量、变量和函数可以看作表达式的特例。例如，a*b+c/d、23+2*3.14*R、a*sin(x)+b*cos(x) 都是合法的算术表达式。

2）算术表达式的运算

如果一个运算符两侧的数据类型不同，先自动进行类型转换，使两者为同一类型，然后进行运算。

整型（int、short、long）、单精度实型（float）、双精度实型（double）和字符型（char）数据之间可以混合运算（字符型数据可以与整型通用）。例如：

```
35+'a'-8.8+27.34*'c'
```

是合法的，在进行运算时，不同类型的数据要先转换为同一类型。

3.1.3　赋值运算符及其表达式

赋值运算符用于赋值运算，分为简单赋值（=）、复合算术赋值（+=、−=、*=、/=、%=）和复合位运算赋值（&=、|=、^=、>>=、<<=）3 类共 11 种。

由赋值运算符将一个变量和一个表达式连接起来的式子称作"赋值表达式"。

赋值运算
符及其表
达式

1. 简单赋值运算符及其表达式

简单赋值运算符记为"="，由"="连接的式子称为简单赋值表达式，其一般形式为

变量 = 表达式

例如：

```
x=10              /*将 10 赋给变量 x*/
y=4*x+5*a         /*将表达式的值赋给变量 y*/
y=i++++--j        /*将计算表达式的值再赋给左边的变量 y*/
x=(a=5)+(b=8)     /*把 5 赋给 a，8 赋给 b，再把"(a=5)"表达式和"(b=8)"相加，然后
                    赋值给 x，故 x 应等于 13*/
```

如果赋值运算符两边的数据类型不相同，系统将自动进行数据类型转换，即把赋值号右边的类型转换成左边的类型。具体规定如下。

（1）实型赋给整型：舍去小数部分。例如：

```
int i;float j=2.12;i=j;
```

则 i 的值为 2。

（2）整型赋给实型：数值不变，但将以浮点形式存放，即增加小数部分（小数部分的值为 0）。例如：

```
int i=2;
float j;
j=i;
```

则 j 的值为 2.0。

（3）字符型赋给整型：由于字符型为 1 字节，而整型为 2 字节，故将字符的 ASCII 码值放到整型量的低 8 位中，高 8 位全为 0。例如：

```
int a;
char c1='A';
a=c1;
```

则 a 的值为 65。

（4）整型赋给字符型：只把低 8 位赋给字符量。例如：

```
int a=322;
char c2;
c2=a;
```

由于取 a 的低 8 位进行赋值，b 的低 8 位为 01000010，即十进制 66，故按 ASCII 码值对应于字符 B，则 c2 为字符 B。

2. 复合赋值符及其表达式

复合赋值符有复合算术赋值（+=、-=、*=、/=、%=）和复合位运算赋值（&=、|=、^=、>>=、<<=），本小节只以复合算术赋值为例进行介绍。

复合赋值表达式的一般形式为

< 变量 >< 复合赋值运算符 >< 表达式 >

它等效于

< 变量 >=< 变量 >< 运算符 >< 表达式 >

例如：

a+=12 等价于 a=a+12；

x*=y+6 等价于 x=x*(y+6)；

r%=p 等价于 r=r%p；

x+=a+y*3 等价于 x=x+(a+y*3)。

又如：

int a=12;

a+=a-=a*a 等价于 a=a+(a=a-(a*a))，则 a=-264。

再如：

int a=2;

a%=4-1 等价于 a=a%(4-1)；

a+=a*=a-=a*=3 等价于 a=a+(a=a*(a=a-(a=a*3)))，则 a=0。

复合赋值运算符这种写法能提高编译效率并产生质量较高的目标代码。

注意：

（1）赋值运算符的优先级低于算术运算符、关系运算符和逻辑运算符。

例如：

x=8<1

先求关系表达式 8<1 的值，为 0，再将其值赋给变量 x，即 x 的值为 0。

（2）赋值表达式按照自右至左的顺序结合，即具有右结合性。

例如：

a=b=20/5;

运算时先计算 20/5，结果为 4，将 4 赋给 b，再将 4 赋给 a，自右至左运算。

（3）赋值表达式中的"表达式"又可以是一个赋值表达式。

例如：

```
x=(y=20)              /*y=20 是一个赋值表达式，整个赋值表达式的值也是 20*/
x=y=z=8               /*x、y、z 的值均为 8*/
x=10+(y=5)            /*表达式的值为 15，x 的值为 15，y 的值为 5*/
a=(b=20)/(c=10)       /*表达式的值为 2，a 的值为 2，b 的值为 20，c 的值为 10*/
```

（4）左侧必须是变量，不能是常量或表达式。

例如，3=x−2*y、a+b=3 都是错误的。

3.1.4　关系运算符及其表达式

1. 关系运算符

在程序中经常需要比较两个量的大小关系，以决定程序下一步的工作，比较两个量的运算符称为关系运算符，因此它的功能是用于比较运算。

C 语言提供的关系运算符有：<（小于）、<=（小于或等于）、>（大于）、>=（大于或等于）、==（等于）、!=（不等于）6 种。

关系运算符都是双目运算符，其结合性均为左结合性。

例如：

8<2>5   /*先计算 8<2，结果是 0，再计算 0>5，关系表达式的值为 0*/

关系运算符的优先级低于算术运算符，高于赋值运算符。在 6 个关系运算符中，<、<=、> 和 >= 的优先级相同，高于 == 和 !=，== 和 != 的优先级相同。

例如：

a+b<b+c 等效于 (a+b)<(b+c)；

(3+a)==(b−a) 等效于 3+a==b−a。

2. 关系表达式

用关系运算符将两个表达式连接起来进行关系运算的式子，称为关系表达式，被连接的表达式可以是算术表达式、关系表达式和逻辑表达式。

用关系运算符连接关系表达式的一般形式为

< 表达式 > < 关系运算符 > < 表达式 >

例如：

```
a+b>c-d              /* 比较两个算术表达式的值 */
a<=2*b               /* 比较变量的值和算术表达式的值 */
'A'<'B'              /* 比较两个字符的 ASCII 码值 */
-i-5*j==k+1          /* 比较两个算术表达式 -i-5*i 和 k+1 的值是否相等 */
```

它们都是合法的关系表达式，由于表达式可以是关系表达式，因此也允许出现嵌套的情况，如 a>(b>c)、a!=(c==d) 等。

关系表达式的值是逻辑值"真"和"假"，在 Dev-C++ 中用 1 表示"真"，用 0 表示"假"。

例如：

```
5>3                  /* 表达式值为 1*/
5==3                 /* 表达式值为 0*/
(a=3)>(b=5)          /* 表达式值为 0*/
```

再如：

```
int a=3,b=2,c=1,d,f;
a>b                  /* 表达式值为 1*/
(a>b)==c             /* 表达式值为 1*/
b+c<a                /* 表达式值为 0*/
d=a>b                /* d 的值为 1*/
f=a>b>c              /* f 的值为 0*/
```

注意：

（1）应避免对实数进行相等或不等的判断，因为实数是用近似值表示的。"=="用于两个实数的判断时，由于存储误差，往往会得出错误的结果。

例如，1.0/4.0*4.0==1.0 的值为"假"，即值为 0，原因是 1.0/4.0 得到的值用有限位保存，是一个近似值，所以 1.0/4.0*4.0 ≠ 1.0。

一般对两个浮点数是否相等的判断采用下列形式：

```
fabs(1.0/4.0*4.0-1.0)<1e-6    /*fabs() 是求双精度实数的绝对值 */
```

（2）注意区分"="和"=="。例如：

```
int a=0,b=1;
if(a=b)
  printf("a  equal  to  b");
else
  printf("a  not  equal  to  b");
```

程序首先判断条件"a=b"是否为真，如果为真，则输出 a equal to b，否则输出 a not equal to b。由于 b=1，再赋值给 a，"a==1"，表达式"a=b"的值总为真，因此总是输出 a equal to b。

3.1.5 逻辑运算符及其表达式

1. 逻辑运算符

逻辑运算符用于逻辑运算，其运算符有 3 个 = !（逻辑非）、&&（逻辑与）、||（逻辑或）。

C 语言没有逻辑类型数据，当进行逻辑判断时，如果数据的值为非 0，则认为"逻辑真"；如果数据的值为 0，则认为"逻辑假"。而如果逻辑表达式的值为真，用 1 表示；如果逻辑表达式的值为假，用 0 表示。

（1）!（逻辑非）：逻辑非是一元运算，非运算"!"参与运算量为真时，结果为假；参与运算量为假时，结果为真。

例如：

```
int a=6,b=4;
!a                /*结果为 0，即 a 为非 0*/
!(a<b)            /*结果为 1，因为 a<b 的值为 0，则 !0 的值为 1*/
```

（2）&&（逻辑与）：逻辑与是二元运算，与运算"&&"参与运算的两个运算量都为真时，结果才为真，否则为假。

例如：

```
int a=6,b=4,c=2;
a&&b              /*结果为 1，即 a 与 b 均不为 0*/
(a<b)&&(a>1)      /*结果为 0，因为 a<b 的值为 0*/
a>b&&b>c          /*结果为 1，因为 a>b 的值为 1，且 b>c 的值为 1*/
```

（3）||（逻辑或）：逻辑或也是二元运算，或运算"||"参与运算的两个运算量只要有一个为真，结果就为"真"。只有当两个运算量都为假时，结果才为"假"。逻辑运算真值表如表 3-2 所示。

例如：

```
int a=6,b=4,c=2;
a||b              /*结果为 1*/
(a<b)||(b>c)      /*结果为 1，因为 b>c 的值为 1*/
```

表 3-2 逻辑运算真值表

a	b	!a	!b	a&&b	a||b
真	真	假	假	真	真
真	假	假	真	假	真
假	真	真	假	假	真
假	假	真	真	假	假

2. 逻辑表达式

用逻辑运算符将表达式连接起来就构成了逻辑表达式。

逻辑表达式的一般形式为

<表达式> <逻辑运算符> <表达式>

其中，表达式又可以是逻辑表达式，从而形成了嵌套的情形。例如：

(a&&b)||c

逻辑表达式的值是式中各种逻辑运算的最后值，以"1"表示"真"，以"0"表示"假"。
例如：

```
!(5>3)                    /* 对关系表达式的值取非，结果为 0*/
(a>b)&&(b>c)              /* 对两个关系表达式进行逻辑与运算 */
(a>b)&&(b>c)||(b== 0)     /* 对 a>b 和 b>c 进行逻辑与运算，然后结果和 b==0 进行逻辑或
                            运算 */
```

逻辑运算符的结合性："&&"和"||"均为双目运算符，具有左结合性；非运算符"!"
为单目运算符，具有右结合性。

逻辑运算符优先级规定如下。

（1）优先级顺序为：! → && → ||（即"!"最高，"&&"次之，"||"最低）。

（2）"!"高于算术运算符，"&&"和"||"低于关系运算符。

例如：

a>b&&c>d 等价于 (a>b)&&(c>d);

!b==c||d<a 等价于 ((!b)==c)||(d<a);

a+b>c&&x+y<b 等价于 ((a+b)>c)&&((x+y)<b);

a==b||x==y 等价于 (a==b)||(x==y);

!a||a>b 等价于 (!a)||(a>b);

5>3&&2||8<4−!0 等价于 (5>3)&&2||(8<(4−(!0)))。

注意：

（1）C语言逻辑表达式的特性（短路特性）：逻辑表达式求解时，并非所有的逻辑
运算符都被执行，只是在必须执行下一个逻辑运算符才能求出表达式的解时，才执行该运
算符。

（2）在多个"&&"运算符相连的表达式中，计算从左至右进行时，若遇到运算符左
边的操作数为 0（逻辑假），则停止运算，因为此时已经可以断定逻辑表达式结果为假。

（3）在多个"||"运算符相连的表达式中，计算从左至右进行时，若遇到运算符左边
的操作数为 1（逻辑真），则停止运算，因为已经可以断定逻辑表达式结果为真。

例如：

a&&b&&c

只在 a 为真时，才判别 b 的值；只在 a、b 都为真时，才判别 c 的值。

a||b||c

只在 a 为假时，才判别 b 的值；只在 a、b 都为假时，才判别 c 的值。

再如：

```
a=1;b=2;c=3;d=4;m=1;n=1;
(m=a>b)&&(n=c>d)
```

表达式 a>b 不成立，为"假"，值为 0，把 0 赋值给 m，"m=a>b"的结果为 0，因此可以断定整个逻辑表达式结果为假，停止运算（即"n=c>d"没有运算），所以 m=0、n=1。

【例 3-1】 试分析下列程序的运行结果。

```
#include"stdio.h"
int main()
{
    int x,y,z;
    x=y=z=0;
    ++x||++y&&++z;
    printf("x1=%d\ty1=%d\tz1=%d\n",x,y,z);
    x=y=z=0;
    ++x&&++y&&++z;
    printf("x2=%d\ty2=%d\tz2=%d\n",x,y,z);
    x=y=z=0;
    ++x&&++y&&++z;
    printf("x3=%d\ty3=%d\tz3=%d\n",x,y,z);
    x=y=z=-1;
    ++x&&++y&&++z;
    printf("x4=%d\ty4=%d\tz4=%d\n",x,y,z);
    x=y=z=-1;
    ++x&&++y||++z;
    printf("x5=%d\ty5=%d\tz5=%d\n",x,y,z);
    x=y=z=-1;
    ++x||++y&&++z;
    printf("x6=%d\ty6=%d\tz6=%d\n",x,y,z);
    return 0;
}
```

运行结果：

```
x1=1     y1=0      z1=0
x2=1     y2=1      z2=1
x3=1     y3=1      z3=1
x4=0     y4=-1     z4=-1
x5=0     y5=-1     z5=0
x6=0     y6=0      z6=-1
```

3.1.6 条件运算符及其表达式

条件运算符为"?:"，它是 C 语言中唯一的一个三目运算符，即有 3 个参与运算的运算量，由条件运算符组成条件表达式的一般形式为

< 表达式 1>?< 表达式 2>:< 表达式 3>

条件运算
符及其表
达式

49

它的运算规则是：先求表达式 1 的值，如果表达式 1 的值为真，则求表达式 2 的值并把它作为整个条件表达式的值；否则，求表达式 3 的值并把它作为整个表达式的值。

例如：

```
y=x>1?-1:1
```

此式取值取决于 x 的值。

（1）若 x>1 为真，则 y=-1。

（2）若 x>1 为假，则 y=1。

C 语言中条件运算符的运算优先级低于关系运算符和算术运算符，但高于赋值运算符。

例如：

max=(a>b)?a:b 等价于 max=a>b?a:b。

条件运算符的结合方向为"自右至左"，且条件运算符可嵌套。

例如：

y=x>0?1: x<0?-1:0 等价于 y=x>0?1:(x<0?-1:0)。

这就是条件表达式嵌套的情形，即其中的"表达式 3"又是一个条件表达式。它的功能如下。当 x>0 时，y 的值为 1。当 x≤0 时，y 的值取决于表达式"x<0?-1:0"的值：当 x<0 时，表达式的值是-1；当 x=0 时，表达式的值是 0。

注意：

<表达式 1>、<表达式 2>和<表达式 3>类型可不同，条件表达式值取较高的类型。

例如：

```
x>y?1:1.5
```

当 x>y 时，表达式的值为 1.0；当 x<y 时，表达式的值为 1.5，因为在"x>y?1:1.5"中最高类型为浮点型。

【**例 3-2**】 输入两个整数，输出两个数中较大的数。

```c
#include<stdio.h>
int main()
{
    int a,b,max;
    printf("input two numbers: ");
    scanf("%d,%d",&a,&b);
    printf("max=%d",a>b?a:b);
    return 0;
}
```

运行结果：

```
input two numbers: 2,4↙
max=4
```

这里"a>b?a:b"表达式就是根据 a>b 条件，确定表达式值是 a 的值还是 b 的值。当输入 2 和 4 时，a 的值为 2，b 的值为 4，a>b 为"假"，所以表达式的值为 b 的值，即为 4。

3.1.7　逗号运算符和 sizeof 运算符

1. 逗号运算符

逗号运算符为逗号","，其作用是把若干表达式组合成一个表达式，该表达式称为逗号表达式。

例如：

a + b,a + c

逗号表达式的一般形式为

表达式 1, 表达式 2,..., 表达式 n

逗号表达式的求解过程是：先求解表达式 1，再求解表达式 2，以此类推，最后求解表达式 n 的值，逗号表达式的值等于表达式 n 的值。

逗号运算符的结合性是从左向右，其优先级别低于赋值运算符。

例如：

```
a=3*5,a*4          /* a=15，表达式值为 60*/
a=3*5,a*4,a+5      /* a=15，表达式值为 20*/
x=(a=3,6*3)        /* 赋值表达式，表达式值为 18，x=18*/
x=a=3,6*a          /* 逗号表达式，表达式值为 18，x=3*/
```

2. sizeof 运算符

sizeof 运算符的作用是测试数据类型所占的字节数，C 语言中 sizeof 运算符是一个单目运算符。其一般形式为

```
sizeof(变量名)
```

或

```
sizeof(类型名)
```

或

```
sizeof(表达式)
```

它返回变量或括号中的类型修饰符的字节长度，使用"sizeof(表达式)"时，不对表达式进行运算，只判断表达式值的类型。

例如：

```
int a=3;
printf("%d",sizeof(a);             /* 输出显示字节数为 2*/
printf("%d",sizeof(int));          /* 输出显示字节数为 2*/
printf("bytes=%d,a=%d",sizeof(a=4),a);    /* 输出 bytes=4, a=3*/
```

3.2　混合运算时数据类型的转换

进行运算时，如果一个运算符两侧的数据类型不同，则先自动进行类型转换，使二者成为同一种类型，然后进行运算。在 C 语言中，转换的方法有两种，一种是隐式转换（也

称自动转换），另一种是显式转换（也称强制转换）。

3.2.1　类型隐式转换

隐式转换发生在不同数据类型的运算量混合运算时，由编译系统自动完成，自动转换遵循以下规则。

（1）若参与运算量的类型不同，则先转换成同一类型，然后进行运算。

（2）转换按数据长度增加的方向进行，以保证精度不降低。例如，int 型和 long 型运算时，直接把 int 型转换成 long 型；int 型和 unsigned 型运算时，直接把 int 型转换成 unsigned 型；int 型和 double 型运算时，直接把 int 型转换成 double 型。

（3）所有的浮点运算都是以双精度进行的，即 float 型参与运算时，必须先把 float 型自动转换成 double 型。

（4）char 型和 short 型参与运算时，必须先自动转换成 int 型。

（5）在赋值运算中，赋值号两边运算量的数据类型不同时，赋值号右边运算量的类型将转换为左边运算量的类型。如果右边运算量的数据类型长度大于左边，将丢失一部分数据，精度降低，丢失的部分按四舍五入处理。数据类型隐式转换规则如图 3-2 所示。

例如：

```
int i=3;
float f=2.5;
double d=7.5;
double k=3;
```

进行如下运算：

```
printf("%lf",10+'a'+i*f-d/k);
```

转换步骤如图 3-3 所示。

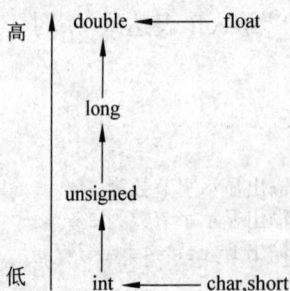

图 3-2　数据类型隐式转换规则　　　图 3-3　转换步骤

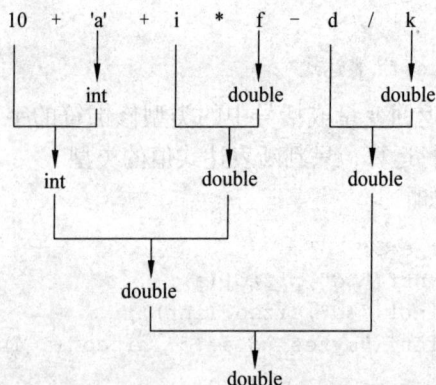

表达式的类型转换步骤如下。

（1）先将 'a' 转换成 int 型，f 转换成 double 型，k 转换成 double 型。计算"10 + 'a'"，结果为 int 型；计算 i*f，结果为 double 型；计算 d/k，结果为 double 型。

（2）把表达式 "10+'a'" 的结果（int 型）和 i∗f 的结果（double 型）相加，结果为 double 型。

（3）把 "10+'a'+i∗f" 的结果（double 型）和 d/k（double 型）相减，得出整个表达式的类型为 double 类型。

【例 3-3】　给定一个大写字母，要求用小写字母输出。

```c
#include<stdio.h>
int main()
{
  char c1,c2;
  c1='A';
  c2=c1+32;
  printf("%c\n",c2);
  printf("%d\n",c2);
  return 0;
}
```

大小写字
母转换

运行结果：

```
a
97
```

分析：

（1）字符数据以 ASCII 码存储在内存中，形式与整数的存储形式相同。

（2）同一个字母，小写字符的 ASCII 码值比大写字符的 ASCII 码值大 32。

3.2.2　类型显式转换

类型显式转换是通过类型转换运算来实现的，可以利用类型显式转换运算符将一个表达式转换成所需的类型。

类型显式
转换

类型显式转换的一般形式为

（类型说明符）（表达式）

其功能是：把表达式的运算结果显式（强制）转换成类型说明符所表示的类型。

例如：

```
(float)(a+b)        /* 显式把 a+b 转换为 float 型 */
(double)a           /* 显式把 a 的结果转换为 double 型 */
(int)(10.0/3)       /* 显式把 10.0/3 的值转换为 int 型 */
```

在使用显式转换时应注意以下几个问题。

（1）类型说明符和表达式都必须加括号（单个变量可以不加括号）。例如，"(int)(x+y)" 和 "(int)x+y" 强制类型转换的对象是不同的，"(int)(x+y)" 是对 x+y 进行强制类型转换，而 "(int)x+y" 则只对 x 进行强制类型转换，因此把 "(int)(x+y)" 写成 "(int)x+y" 则成了把 x 转换成 int 型之后再与 y 相加。

（2）无论是显式转换或是隐式转换，原变量类型不变（即不改变数据声明时对该变量声明的类型）。

小　　结

本项目主要介绍了 C 语言的运算符和表达式、混合运算时数据类型的转换。

C 语言基本运算符主要有算术运算符、赋值运算符、关系运算符、逻辑运算符、条件运算符（？:）、逗号运算符、sizeof 运算符。

学习运算符应注意以下几个问题。

（1）运算符的功能。

（2）与运算量的关系：要求运算量的个数及运算量的类型。

（3）运算符优先级和结合性：一般而言，单目运算符优先级较高，赋值运算符优先级较低。算术运算符优先级较高，关系和逻辑运算符优先级较低。多数运算符具有左结合性，但单目运算符、三目运算符、赋值运算符具有右结合性。

（4）结果的类型：不同类型数据进行运算时，要进行数据类型的转换，此时要特别注意结果值的类型。

表达式是由常量、变量、函数等通过运算符连接而成的式子，如算术表达式、赋值表达式、关系表达式、逻辑表达式等，每个表达式都有一个值和类型。表达式求值按运算符的优先级和结合性所规定的顺序进行。

进行混合运算时，不同类型的数据需要先转换成同一类型，然后进行运算。在 C 语言中，有隐式转换（也称自动转换）和显式转换（也称强制转换）两种。

（1）隐式转换：在不同类型数据的混合运算中，由系统自动实现转换，由少字节类型向多字节类型转换。不同类型的量相互赋值时也由系统自动进行转换，把赋值号右边的类型转换为左边的类型。

（2）显式转换：由显式转换运算符完成转换。

习　　题

一、选择题

1. 与数学式子 $3x^n/(2x-1)$ 对应的 C 语言表达式是（　　　）。

　　A. 3*x^n/(2*x−1)　　　　　　　　　　B. 3*x**n/(2*x−1)

　　C. 3*pow(x,n)*(1/(2*x−1))　　　　　　D. 3*pow(n,x)/(2*x−1)

2. 若有声明"int a=8,b=5,c;"，执行语句"c=a/b+0.4;"后，c 的值为（　　　）。

　　A. 1.4　　　　　　　B. 1　　　　　　　C. 2.0　　　　　　D. 2

3. 设 x、y、t 均声明为 int 型变量，则执行语句"x=y=3;t=++x||++y;"后，y 的值为（　　　）。

　　A. 不定值　　　　　B. 4　　　　　　　C. 3　　　　　　　D. 1

4. 以下程序的输出结果是（　　　）。

```c
#include <stdio.h>
int main()
{
  int i=010,j=10;
  printf("%d,%d\n",++i,j--);
  return 0;
}
```

  A. 11,10   B. 9,10   C. 010,9   D. 10,9

5. 在 C 语言中，如果下面的变量都是 int 类型，则输出的结果是（　　　）。

```c
sum=pad=5;
pad=sum++,pad++,++pad;
printf("%d\n",pad);
```

  A. 7   B. 6   C. 5   D. 4

6. 下列 C 语言赋值语句中合法的是（　　　）。

  A. a=b=58   B. i++;   C. a=58,b=58   D. k=int(a+B);

7. 设有以下语句：

```c
char a=3,b=6,c;
c=a^b<<2;
```

则 c 的二进制值是（　　　）。

  A. 00011011   B. 00010100   C. 00011100   D. 00011000

8. 设有语句"int a=3;"，则执行语句"a+=a-=a*a;"后，变量 a 的值是（　　　）。

  A. 3   B. 0   C. 9   D. -12

9. 设 a=5、b=6、c=7、d=8、m=2、n=2，执行 (m=a>b)&&(n=c>d) 后 n 的值为（　　　）。

  A. 1   B. 2   C. 3   D. 4

10. 若变量 c 为 char 类型，能正确判断出 c 为小写字母的表达式是（　　　）。

  A. 'a'<=c<= 'z'   B. (c>='a')||(c<= 'z')

  C. ('a'<=c)and ('z'>=c)   D. (c>= 'a')&&(c<= 'z')

11. 设 a、b、c、d、m、n 均为 int 型变量，且 a=5、b=6、c=7、d=8、m=2、n=2，则逻辑表达式 (m=a>b)&&(n=c>d) 运算后，*m* 的值为（　　　）。

  A. 0   B. 1   C. 2   D. 3

12. 执行程序段：

```c
int x=35;
char z='A';
int b;
b=((x&15)&&(z<'a'));
```

则 b 的值为（　　　）。

  A. 0   B. 1   C. 2   D. 3

13. 已有声明"int x=3,y=4,z=5;"，则表达式"!(x+y)+z-1&&y+z/2"的值是（　　　）。

A. 6   B. 0   C. 2   D. 1

14. 假定 w、x、y、z、m 均为 int 型变量，有如下程序段：

```
w=1;x=2;y=3;z=4;
m=(w<x)?w:x;
m=(m<y)?m:y;
m=(m<z)?m:z;
```

则该程序运行后，m 的值是（ ）。

 A. 4   B. 3   C. 2   D. 1

15. 设 a 和 b 均为 double 型常量，且 a=5.5、b=2.5，则表达式 "(int)a+b/b" 的值是
（ ）。

 A. 6.000000   B. 7   C. 8   D. 7.500000

二、填空题

1. 下面程序的输出结果是_____。

```
#include<stdio.h>
int main()
{
  int a=3,b=2,c=1;
  c-=++b;
  b*=a+c;
  {
    int b=5,c=12;
    c/=b*2;
    a-=c;
    printf("%d,%d,%d,",a,b,c);
    a+=--c;
  }
  printf("%d,%d,%d",a,b,c);
  return 0;
}
```

2. 下面程序的输出结果是_____。

```
#include<stdio.h>
int main()
{
  int a=1,b=2;
  a=a+b;b=a-b;a=a-b;
  printf("%d,%d\n",a,b);
  return 0;
}
```

3. 设 a、b、c 为整型数，且 a=2、b=3、c=4，则执行语句：

```
a*=16+(b++)-(++c);
```

后，a 的值是_____。

4. 以下程序的输出结果是_____。

```c
#include<stdio.h>
int main()
{
  int a=0;
  a+=(a=8);
  printf("%d\n",a);
  return 0;
}
```

5. 以下程序输出的结果是_____。

```c
#include<stdio.h>
int main()
{
  int a=5,b=4,c=3,d;
  d=(a>b>C. ;
  printf("%d\n",d);
  return 0;
}
```

6. 以下程序运行后的输出结果是_____。

```c
#include<stdio.h>
int main()
{
  int p=30;
  printf("%d\n",(p/3>0?p/10:p%3));
  return 0;
}
```

三、程序分析题

1. 分析以下程序的输出结果。

```c
#include<stdio.h>
int main()
{
  int i=1,j=1,k=2;
  if((j++||k++)&&i++)
    printf("%d,%d,%d\n",i,j,k);
  return 0;
}
```

2. 分析以下程序的输出结果。

```c
#include<stdio.h>
#include<math.h>
int main()
```

```
{
    int a=1,b=4,c=2;
    float x=10.5,y=4.0,z;
    z=(a+b)/c+sqrt((double)y)*1.2/c+x;
    printf("%f\n",z);
    return 0;
}
```

3. 分析以下程序的输出结果。

```
#include<stdio.h>
int main()
{
    int k=2,i=2,m;
    m=(k+=i*=k);
    printf("%d,%d\n",m,i);
    return 0;
}
```

4. 分析以下程序的输出结果。

```
#include<stdio.h>
int main()
{
    int a,b,d=241;
    a=d/100%9;
    b=(-1)&&(-1);
    printf("%d,%d\n",a,b);
    return 0;
}
```

5. 分析以下程序的输出结果。

```
#include<stdio.h>
int main()
{
    int a=4,b=5,c=0,d;
    d=!a&&!b||!c;
    printf("%d\n",d);
    return 0;
}
```

6. 分析以下程序的输出结果。

```
#include<stdio.h>
int main()
{
    int a=5,b=4,c=6,d;
    printf("%d\n",d=a>b?(a>c?a:c):(b));
    return 0;
}
```

项目 4 程序流程控制

C 语言是结构化的程序设计语言。结构化程序设计要求程序设计人员按照一定的规范书写程序，按照"工程化"生产方法来组织软件生产；每个人都必须按照统一的规则和方法进行工作，以使生产的软件有统一的标准和风格，成为"标准产品"，便于推广和维护。

结构化程序设计方法下的程序包括以下两方面的内容。

（1）数据的描述：在程序中要指定数据的类型和数据的组织形式，即数据结构。

（2）操作的描述：在程序中要确定对数据施加的操作及操作流程的控制，即算法。

两者的关系是：数据是操作的对象，操作的目的是对数据进行加工处理，以得到期望的结果。为此，瑞士著名的计算机科学家、Pascal 语言发明者 N. 沃思（Niklaus Wirth）教授提出了程序定义的著名公式：

$$数据结构 + 算法 = 程序$$

实际上，一个程序除了以上两方面的内容外，还应当确定程序设计方法和语言。因此，可以这样表示：

$$数据结构 + 算法 + 程序设计方法 + 语言 = 程序$$

在程序的这四个方面中，数据结构是加工对象，算法是灵魂，编程需要采用合适的程序设计方法，语言是工具。这些都是一个程序设计人员应具备的知识，在编写程序时应综合考虑并加以运用。

本项目内容主要包括算法、C 语言的基本语句和程序流程控制的三种结构。

4.1 案例引入

案例 4-1：求 $ax^2+bx+c=0$ 方程的根。

方程如下所示，输入系数 a、b、c，根据系数判断并求解方程的根。

$$ax^2+bx+c=0$$

案例分析：这个问题要求程序具有简单的"智能"，根据系数 a、b、c 的值做相应的处理。如何描述算法？代码怎么实现？本项目将给出详细的介绍。

案例 4-2：译密码。

案例分析：为使电文保密，往往按一定规律将其转换成密码，收报人再按约定的规律将其译回原文。例如，可以按以下规律将电文变成密码：将字母 A 变成字母 E，a 变成 e，即变成其后的第 4 个字母，W 变成 A，X 变成 B，Y 变成 C，Z 变成 D。

字母按上述规律转换，非字母保持原样，如"China!"转换为"Glmre!"。

从键盘输入一行字符，要求输出其对应的密码。

可以利用结构化程序设计语言提供的循环结构来完成重复的操作。后面将依次给出程序流程控制的 3 种结构和实现语句，以及相关案例的分析与实现。

4.2 算　　法

算法是程序设计的精髓，程序设计的实质就是构造解决问题的算法，并将其解释为程序设计语言。

4.2.1 算法的概念

算法就是解决问题的步骤和方法，即为解决某个特定问题而采用的确定且有限的步骤。一个算法应具有 5 个特性。

（1）有穷性：算法应包含有限操作步骤，而且每一步都在合理的时间内完成。也就是说，在执行若干个操作步骤之后，算法将结束。

（2）确定性：算法中每一条指令必须有确定的含义，不能有二义性，对于相同的输入能得出相同的执行结果。

（3）可行性：算法中指定的操作，都可以通过已经实现的基本运算执行有限次后实现。

（4）输入：有零个或多个输入，对于要处理的数据，大多通过输入得到，输入的方式可以是键盘、文件等。

（5）输出：有一个或多个输出，将运行的结果输出，输出的方式可以是显示器、打印机、文件等。

算法描述了对一个问题的求解过程，是考虑实现某一个问题求解的方法和步骤，是解决问题的框架流程。程序设计则是根据这一求解的框架流程进行语言细化，实现这一问题求解的具体过程。算法的确定也就是如何合理安排程序设计语言中的语句以完成人们要求的特定功能，因此，可以说程序是算法在计算机上的特定实现。

设计一个好的算法通常要考虑以下几个方面。

· 正确性：算法的执行结果要满足预先规定的功能和性能要求。

· 可读性：算法要思路清晰、层次分明、简单明了。

· 健壮性：能够适当处理输入的非法数据。

· 高效性：有效使用存储空间，且有较高的效率。

4.2.2 算法的组成要素

算法包括两大要素，即操作和控制结构。

1. 操作

每个操作的确定不仅取决于问题的需求，还取决于它们取自哪个操作集，以及是否与使用的工具系统有关。C 语言中所描述的操作主要包括：算术运算、逻辑运算、关系运算、位运算、函数调用、输入 / 输出操作等。算法就是由这些操作组成的。

2. 控制结构

每一个算法都要由一系列的操作组成，同一操作序列按不同的顺序执行，其结果是不同的。控制结构的作用就是控制组成算法的各操作的执行顺序。结构化程序设计要求：任何程序只能由 3 种基本控制结构（顺序结构、选择结构和循环结构）组成。具体地说，在构造算法时，仅以这 3 种结构作为基本单元，同时规定基本结构之间可以并列和互相包含，不允许交叉和从一个结构直接转到另一个结构的内部。已经证明，这 3 种基本控制结构可以组成任何结构的算法，可以解决任何问题。

结构化程序设计要求的这 3 种基本控制结构与人类的思维和处理事情的过程是一致的。无论人们做什么事情，都是按一定顺序，一件一件地去做，即所谓的"顺序结构"；当同时遇到两件事情或多件事情时，人们需要根据实际情况做出选择，即所谓的"选择结构"；在一个阶段内反复做一些事情，即所谓的"循环结构"。

4.2.3　算法的描述

算法的描述方法有多种，最常用的有自然语言、流程图、N-S 图、PAD、伪代码等。

1. 自然语言

最简单的方法是使用自然语言，自然语言也就是人们日常进行交流的语言，如汉语、英语等。自然语言可用来描述算法、分析算法、进行交流，是一种较好的工具。其优点是简单且便于人们对算法的阅读；缺点是不够严谨，而且目前将自然语言描述的算法直接在计算机上进行处理，还存在许多困难和问题需要解决，如语音、语义识别等。

例如，输入 n 个整数，输出最大的一个数。

声明计数变量 i，声明一个 max 变量用来存放最大值，声明变量 num 存储每次从键盘上输入的数。

（1）先输入一个数给 num，同时因为只有一个数，所以 max=num。

（2）输入一个数给 num，并与 max 比较。如果 num 的值大于 max 的值，则将 num 的值给 max，即 max=num。每次比较后，都将数值较大的数放在 max 中。

（3）计数器 i 加 1。

（4）重复步骤（2）和步骤（3），直到 n 个数全部输入完成。最后 max 中的值就是输入的 n 个整数中最大的一个数。

2. 流程图

流程图兴起于 20 世纪五六十年代，这种方法的特点是使用不同的几何框图表示相应的算法操作，在框图内用简洁的字符来说明具体的操作内容，用流程线连接各个框图。如图 4-1 所示为我国国家标准 GB/T 1526—1989 中推荐的一套流程图标准化符号，它与国际标准化组织（International Organization for Standardization，ISO）提出的 ISO 流程图符号是一致的。下面对其中的一些主要符号作简要说明。

算法的
表示
（流程图）

（1）数据：平行四边形表示数据，其中可注明数据名称、来源、用途或其他文字说明。

（2）处理：矩形表示各种处理功能，矩形内可注明处理名称或其简要功能。

（3）特定处理：带有双竖线的矩形，矩形内可注明特定处理名称或简要功能，该处理为在其他地方已得到详细说明的一个操作或一组操作。

（4）判断：菱形表示判断。菱形内可注明判断的条件，它只有一个入口，但可以有若干个可供选择的出口。

（5）循环界限：循环界限包含循环的上限和下限，中间是要循环执行的处理内容，称为循环体。循环界限是由去上角的矩形（表示上限）和去下角的矩形（表示下限）构成。

（6）端点：扁圆形表示转向外部环境或外部环境转入的端点，如程序流程的起始点。

（7）注解：注解是程序的编写者向阅读者提供的说明，它用虚线连接到被注解的符号或符号组上。

3 种基本控制结构的流程图如图 4-2 所示。

问题"输入 n 个整数，输出最大的一个数"的算法的流程图如图 4-3 所示。

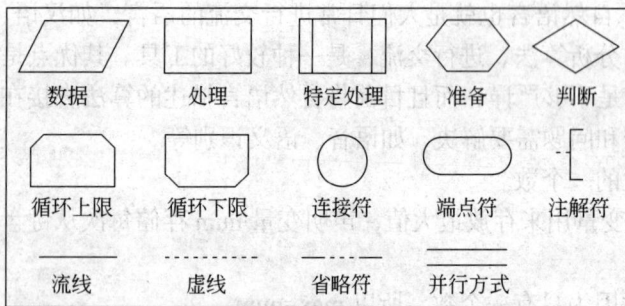

图 4-1　流程图标准化符号

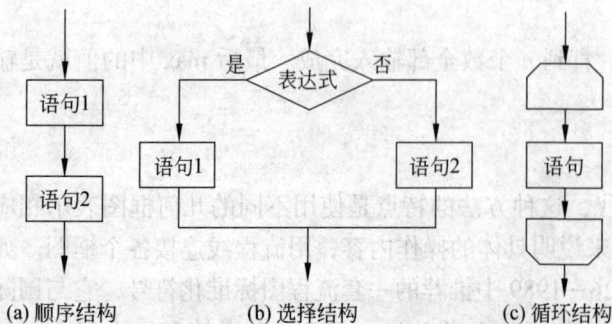

图 4-2　3 种基本控制结构的流程图

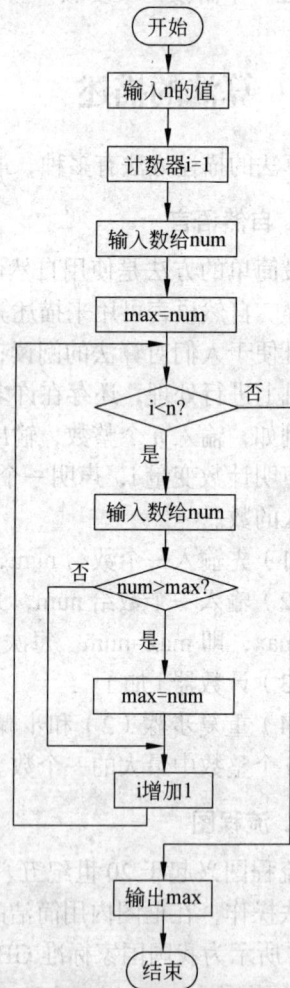

图 4-3　"输入 n 个整数，输出最大的一个数"的流程图

3. N-S 图

1973 年，美国学者 I. 纳斯（I. Nassi）和 B. 施内德曼（B. Shneiderman）提出了一种无流线的流程图，称为 N-S 图，如图 4-4 所示。N-S 图的每一种基本控制结构都是一个矩形框，整个算法可以像堆积木一样堆成。它的优点是：虽然只提供了几种标准的图形符号，但可以保证算法描述的质量；图形形象直观，具有良好的可见性；简单、易学、易用。其缺点是修改不太方便。

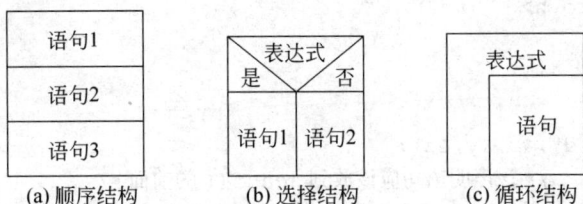

图 4-4　3 种基本控制结构的 N-S 图

4. PAD

PAD（problem analysis diagram，问题分析图）也是一种算法描述的图形工具。PAD 没有流线，并且有规则地安排了二维关系：从上到下表示执行顺序，从左到右表示层次关系。如图 4-5 所示为用 PAD 描述算法的 3 种基本控制结构。

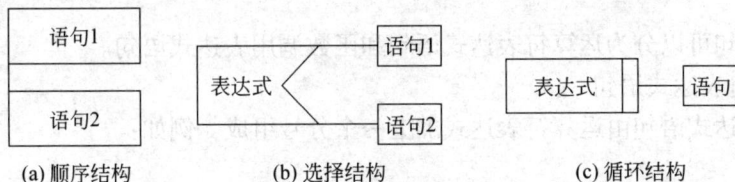

图 4-5　3 种基本控制结构的 PAD

5. 伪代码

伪代码是一种近似高级语言但又不受语法约束的语言描述方式。它用一种介于自然语言和程序设计语言之间的文字和符号来描述算法。

4.3　C 语言的基本语句

在用 C 语言编写的程序中，无论是数据的描述还是操作的描述，都是以语句的形式表现出来的，即 C 语言程序的执行部分是由语句组成的，程序的功能也是靠语句的执行来实现的。C 语言中的语句可分为 5 类，分别是声明语句、表达式语句、复合语句、空语句和流程控制语句。

1. 声明语句

声明语句用来声明合法的标识符，以便能在程序中使用。例如：

```
int x;
```

```
char ch[15];
void fun(int n);
```

以上声明语句分别声明了 int 类型的变量 x、字符类型的数组 ch 和 void 类型的具有一个整型参数的函数 fun( )。

需要注意的是，在函数体或复合语句中，声明语句必须写在其他语句的前面。下面的程序是错误的：

```
#include <stdio.h>
int main()
{
    int x,y,z;
    scanf("%d%d%d",&x,&y,&z);
    float ave;        /*该声明语句应该放到 scanf() 的前面 */
    ave=(x+y+z)/3.0;
    printf("ave=%.2f\n",ave);
    return 0;
}
```

2. 表达式语句

表达式语句由表达式加上分号组成，其一般形式为

表达式；

表达式语句可以分为运算符表达式语句和函数调用表达式语句。

1）运算符表达式语句

运算符表达式语句由运算符表达式加上一个分号组成。例如：

```
k++;
x+=10;
5+6;
```

其实，执行运算符表达式语句就是计算表达式的值。需要注意的是，并不是所有的运算符表达式语句都有意义，如上述的第 3 条语句，虽然表达式也计算了，但表达式的值却没有保留下来（没有赋给任何变量）。在编写程序时，一定要避免这类表达式语句的出现。

2）函数调用表达式语句

函数调用表达式语句由函数名、实际参数加上分号组成，其作用主要是完成特定的任务。其一般形式为

函数名（实际参数表）；

例如：

```
printf("ave=%.2f\n",ave);
```

3. 复合语句

把多条单一语句用大括号括起来便组成一条复合语句，复合语句在语法上相当于一条语句。复合语句的形式为

```
{
    [内部数据描述语句]
    数据操作语句1；
    ...
    数据操作语句n；
}
```

其中，用方括号括起来的部分可有可无，根据解题情况而定。

需要注意的是，复合语句内的各条语句都必须以分号结尾，在"}"外不能加分号。

4. 空语句

只有分号组成的语句称为空语句。空语句是什么也不执行的语句。在程序中，空语句常用作空循环体。

例如：

```
while(getchar()!='\n');
```

本结构的功能是，只要从键盘输入的字符不是回车符就重新输入，这里的循环体为空语句。

5. 流程控制语句

该语句用于控制程序的流程，以实现程序的各种结构方式，它们由特定的语句定义符组成。

C 语言有 9 种控制语句，可分成以下 3 类。

（1）条件判断语句：if 语句和 switch 语句。

（2）循环执行语句：do...while 语句、while 语句和 for 语句。

（3）流程转向语句：break 语句、goto 语句、continue 语句和 return 语句。

4.4　顺序结构

顺序结构是结构化程序设计中最简单、最常见的一种程序结构。顺序结构中的语句是按照书写的先后次序顺序执行的，并且每个语句都会被执行到，流程图如图 4-2（a）所示。

【例 4-1】 输入任意两个整数，求它们的平均值。

分析：

（1）定义需要使用的变量 a、b 和 c（注意变量类型）。

（2）从键盘上输入变量 a、b 的值。

（3）计算输入的两个整数的平均值，赋值给变量 c。

（4）输出结果，即变量 c 的值。

流程图如图 4-6 所示。

程序如下：

```
#include <stdio.h>
```

求任意两个整数的平均值

开始

输入 a、b 的值

c=(a+b)/2.0

输出 c 的值

结束

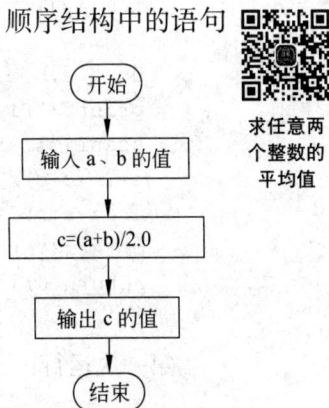

图 4-6　求任意两个整数平均值的流程图

```
int main()
{
    int a,b;
    double c;
    printf("Please input two integers:");
    scanf("%d%d\n",&a,&b);
    c=(a+b)/2.0;
    printf("%d 和 %d 的平均值 =%f\n", a,b,c);
    return 0;
}
```

运行结果：

```
Please input two integers:2  3
2 和 3 的平均值 =2.500000
```

【例 4-2】 输入三角形的 3 条边长，求三角形的面积，假定输入的 3 条边能构成三角形。

分析：三角形的面积计算公式为

$$area = \sqrt{s(s-a)(s-b)(s-c)}$$

式中，a、b、c 为三角形的边长；s 为三角形的半周长；area 为三角形的面积。

分析：

（1）定义需要使用的变量 a、b、c、s 和 area。

（2）确定三角形的边长，即变量 a、b、c 的值（直接赋值或从键盘上输入）。

（3）计算三角形的半周长，即变量 s 的值。

（4）计算三角形的面积，即变量 area 的值。

（5）输出变量 area，显示计算结果。

流程图如图 4-7 所示。

程序如下：

```
#include <stdio.h>
#include <math.h>
int main()
{
    float a,b,c,s,area;
    printf("Please input a,b,c:");
    scanf("%f%f%f",&a, &b, &c);
    s=(a+b+c)/2;
    area=sqrt(s*(s-a)*(s-b)*(s-c));
    printf("area=%.2f\n",area);
    return 0;
}
```

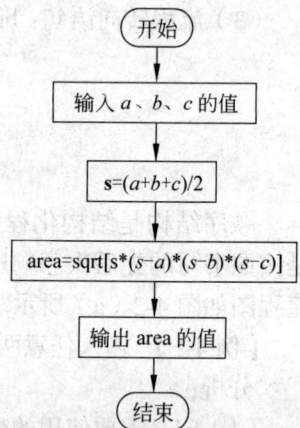

图 4-7 求三角形面积的流程图

第一次运行：

```
Please input a,b,c:3.67 5.43 6.21✓
area=9.90
```

第二次运行：

```
Please input a,b,c:6 8 10↙
area=24.00
```

其中，sqrt( ) 是开平方函数，属于数学函数，该函数原型在头文件 math.h 中。

4.5 选择结构

顺序结构是一种理想的结构，但是它不可能处理复杂的问题。在数据处理过程中，经常需要根据不同的条件，完成不同的处理。例如，输出 a、b 两个数中的较大数。当 a 大于 b 时，输出 a；否则，输出 b。解决这样的问题，需要让计算机按照给定的规则（或者说条件）进行判断，并根据判断的结果选择相应的处理方式，这实际上就是要求程序本身具有判断和选择能力，即要求程序具有最简单的"智能"。选择结构正是为了解决这类问题而设定的。

在学习选择结构之前，先来分析下面的例子。

【例 4-3】 输出 a、b 两个数中的较大数。

分析：按照常规思维，要求较大数，首先要比较两个数的大小，将比较定义为一个条件，即 a 是否大于 b。当条件成立时可知 a 是较大数；反之，b 为较大数。

（1）定义所需变量 a、b 和 max（max 用来存放较大数）。

（2）从键盘上输入变量 a、b 的值。

（3）判断条件"a>b"是否成立：若成立，则将 a 的值赋给 max；若不成立，则将 b 的值赋给 max。

（4）输出 max 的值。

流程图如图 4-8 所示。

如何用程序来描述图 4-8 虚线框内的部分？请看以下内容。

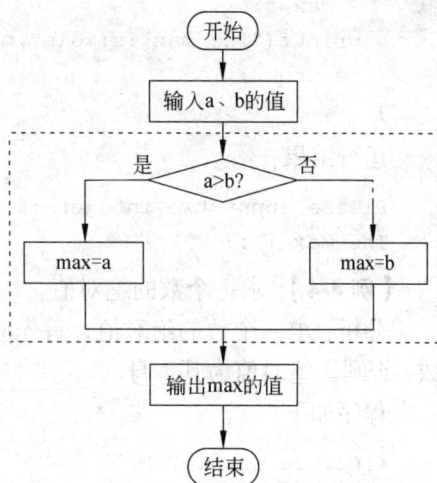

图 4-8 输出两个数中较大数的流程图

4.5.1 if...else 语句

if...else 语句构造了一种二路分支选择结构，是一种最基本的选择结构，流程图如图 4-2（b）所示。其结构形式为

```
if（表达式）
  语句1;
else
  语句2;
```

if...else
语句

67

其执行过程是：先对表达式进行判断，若成立（值为非 0），就执行语句 1；否则（不成立，值为 0），执行语句 2。

说明：

（1）if...else 结构中的"表达式"一般为关系表达式或逻辑表达式，也可以是任意数值类型的表达式。

（2）if...else 结构中"语句 1"和"语句 2"既可以是简单语句，也可以是复合语句。

（3）要注意 if...else 结构中分号的使用位置。

至此，便可以写出解决例 4-3 中所述问题的程序：

```c
#include <stdio.h>
int main()
{
  int a,b,max;
  printf("Please input two integers: ");
  scanf("%d%d",&a,&b);
  if(a>b)
    max=a;
  else
    max=b;
  printf("The max is:%d\n",max);
  return 0;
}
```

运行结果：

```
Please input two integers:4 7↙
The max is:7
```

【例 4-4】 求一个数的绝对值。

分析：求一个数的绝对值，首先应判断其是否为负数，若为负数，则绝对值为其相反数；否则，绝对值为其本身。

程序如下：

```c
#include <stdio.h>
int main()
{
  float x;
  printf("Please input x:");
  scanf("%f",&x);
  if(x<0)
    x=-x;
  else
    x=x;
  printf("|x|=%f\n",x);
  return 0;
}
```

第一次运行：

```
Please input x:-8↙
|x|=8
```

第二次运行：

```
Please input x:10↙
|x|=10
```

4.5.2　if 语句

C 语言允许使用默认 else 分支的 if 结构。例如，在例 4-4 中就可以省略 else 分支，形成单分支 if 结构。

单分支 if 结构的形式为

```
if（表达式）
    语句；
```

其结构用流程图描述，如图 4-9 所示。它的执行过程是：先对表达式进行判断，若成立（值为非 0），就执行语句，然后顺序执行该结构后的下一条语句；否则（不成立，值为 0），直接执行该结构后的下一条语句。

用单分支 if 结构求一个数的绝对值的流程图如图 4-10 所示。

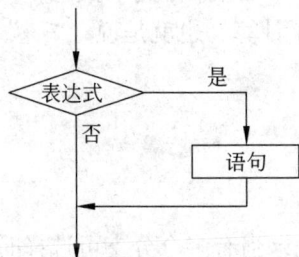

图 4-9　单分支 if 结构的流程图

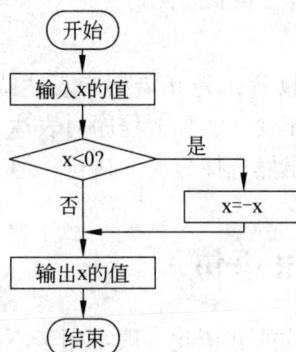

图 4-10　用单分支 if 结构求一个数的绝对值的流程图

【例 4-5】　输入两个实数，按代数值由小到大输出这两个数。

分析：在例 4-3 的基础上做如下修改。

（1）判断条件 "a>b" 是否成立：若成立，借助辅助变量 t 交换变量 a 和变量 b 的值；否则不交换。

（2）依次输出变量 a 和变量 b。

程序如下：

```
#include <stdio.h>
int main()
{
    float a,b,t;
    scanf("%f,%f",&a,&b);
```

```
    if(a>b)
      { t=a;                                // 将 a 和 b 的值互换
        a=b;
        b=t;
      }
    printf("%5.2f,%5.2f\n",a,b);
    return 0;
}
```

运行结果：

```
2.2,-5.7
-5.70,2.20
```

需要注意的是，不管分支语句是否执行，if 后的表达式是一定执行的。

试分析下面程序的运行结果。

```
#include <stdio.h>
main()
{
  int x=1;
  if(x--==0)
    x+=1;
  printf("x=%d\n",x);
}
```

可能有些读者认为 if 语句中表达式 "x--==0" 的值为 0，选择分支不执行，则 x 的值维持初值 1 不变。实际上程序对表达式 "x--==0" 进行了计算，也就是说，"--" 运算执行了，那么虽然选择分支不执行，但 x 的值将变为 0。

4.5.3　else if 语句

前两种形式的 if 语句一般都用于不多于两个分支的情况，当有多个分支可选择时，可采用 else if 语句，其一般形式为

```
if（表达式 1）
   语句 1；
else if（表达式 2）
   语句 2；
...
else if（表达式 n）
   语句 n；
else 语句 n+1；
```

执行过程是：依次判断 if 后面表达式的值，当出现某个值为真时，则执行其对应的语句，然后跳到整个结构之外继续执行程序；如果所有的表达式均为假，则执行语句 n+1，然后继续执行后续语句。else if 语句的执行过程如图 4-11 所示。

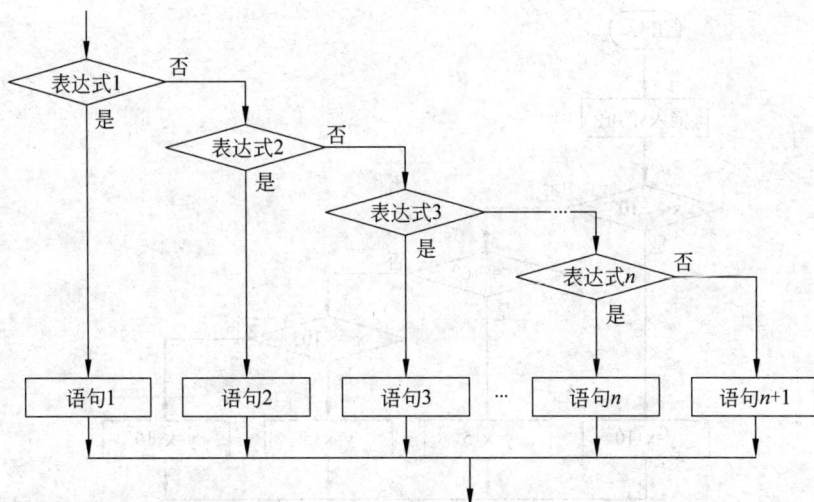

图 4-11 else if 语句的执行过程

【例 4-6】 计算分段函数：

$$y = \begin{cases} x = 10, & x \leqslant -10 \\ x + 5, & -10 < x \leqslant 0 \\ x - 5, & 0 < x \leqslant 10 \\ x - 10, & x > 10 \end{cases}$$

分析：

（1）定义所需变量 x 和 y。

（2）从键盘上输入变量 x 的值。

（3）判断条件" $x \leqslant -10$ "是否成立。如成立，函数值 $y=x+10$；如不成立（隐含条件 $x>-10$），继续判断条件 $x \leqslant 0$ 是否成立。如成立，函数值 $y=x+5$；如不成立（隐含条件 $x>0$），继续判断条件 $x \leqslant 10$ 是否成立。如成立，函数值 $y=x-5$；如不成立（隐含条件 $x>10$），函数值 $y=x-10$。

（4）输出 y 的值。

流程图如图 4-12 所示。

程序如下：

```c
#include <stdio.h>
int main()
{
  float x,y;
  printf("Please input x:");
  scanf("%f",&x);
  if(x<=-10)  y=x+10;
  else if(x<=0)  y=x+5;
  else if(x<=10)  y=x-5;
  else y=x-10;
```

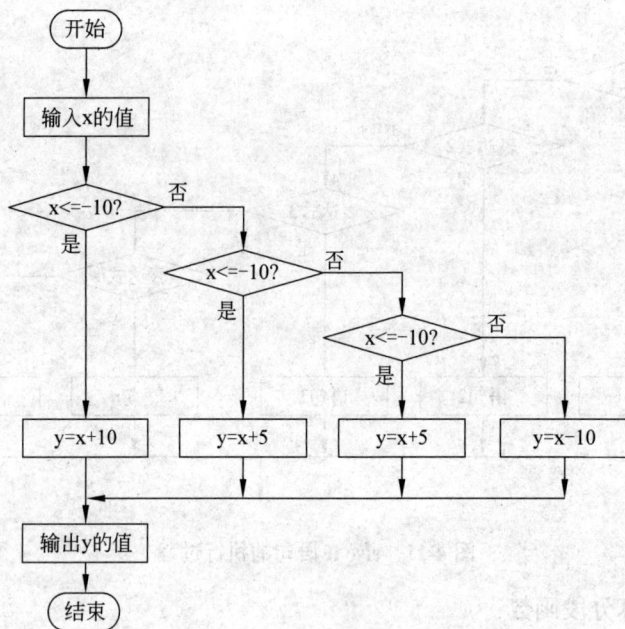

图 4-12 计算分段函数的流程图

```
    printf("y=%f\n",y);
    return 0;
}
```

第一次运行：

```
Please input x:-20↙
y=-10
```

第二次运行：

```
Please input x:8↙
y=3
```

4.5.4 if 语句的嵌套

所谓 if 语句的嵌套，是指在 if 和 else 的分支中又可以包含另外的 if 语句的情况。if 语句嵌套的目的是解决多路分支问题。其一般形式可以描述如下：

```
if（表达式1）
{
  if（表达式2）
    语句1;
  else
    语句2;
}
else
```

```
{
    if（表达式 3）
        语句 3；
    else
        语句 4；
}
```

　　if 语句嵌套在实际使用过程中的形式是灵活的，如在上述描述中，内、外层嵌套都可以是不含 else 的 if 简化格式。那么如何分析嵌套结构中 if 和 else 的配对关系呢？其规则是：else 总是与它上面的、距离它最近的、尚且没有与其他 else 匹配的 if 匹配。为了明确匹配关系，一般将内嵌的 if 语句结构用大括号括起来。

　　【例 4-7】　有一个阶跃函数：

$$y = \begin{cases} -1, & x < 0 \\ 0, & x = 0 \\ 1, & x > 0 \end{cases}$$

编写一段程序，输入一个 x 值，输出相应的 y 值。

　　分析：用 if 语句来检查 x 的值，根据 x 的值决定赋予 y 的值。由于 y 的值可能是 3 个，因此不能只用一个简单的 if 语句来实现。可以用 3 个独立的 if 语句处理，也可以用一个嵌套的 if 语句处理。

　　（1）从键盘输入 x。

　　（2）判断 $x<0$ 是否成立。如成立，$y=-1$；如不成立（隐含条件 $x \geqslant 0$），继续判断条件 $x=0$ 是否成立。如成立，$y=0$；如不成立（隐含条件 $x>0$），$y=1$。

　　（3）输出 y 的值。

　　程序如下：

```
#include <stdio.h>
int main()
{
    int x,y;
    scanf("%d",&x);
    if(x<0)
        y=-1;
    else
        if(x==10)   y=0;
        else   y=1;
    printf("x=%d,y=%d\n",x,y);
    return 0;
}
```

　　运行结果：

```
-4↙
x=-4,y=-1
```

【例 4-8】 判断某一年是否为闰年。

分析：输入年号，如果能被 400 整除，则它是闰年；如果能被 4 整除，而不能被 100 整除，则是闰年；否则不是闰年。为了方便处理，可以设置一个标志 flag，若为闰年，将 flag 设置为 1；否则设置为 0。最后根据 flag 的值来输出该年是否为闰年。

流程图如图 4-13 所示。

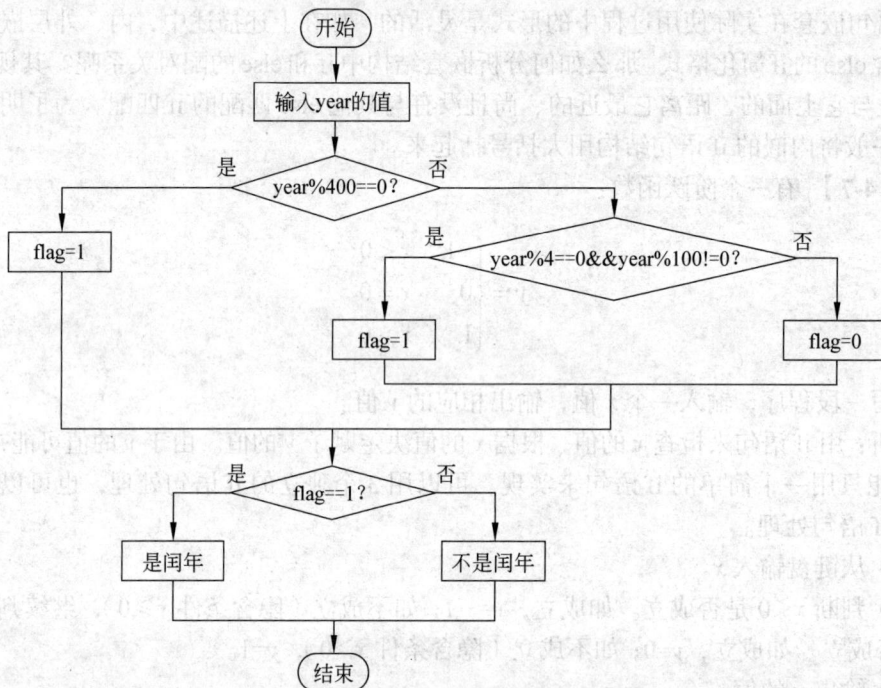

图 4-13　判断某一年是否为闰年的流程图

程序如下：

```c
#include <stdio.h>
int main()
{
  int year,flag;
  printf("Please input year:");
  scanf("%d",&year);
  if(year%400==0)
    flag=1;
  else
  {
    if(year%4==0&&year%100!=0)
      flag=1;
    else
      flag=0;
  }
  if(flag==1)  printf("%d is a leap year!\n",year);
```

```
    else printf("%d is not a leap year!\n",year);
    return 0;
}
```

第一次运行：

```
Please input year:2000↙
2000 is a leap year!
```

第二次运行：

```
Please input year:2006↙
2006 is not a leap year!
```

当然，也可以将程序中嵌套的 if 语句结构用下面的结构来替换：

```
if((year%400==0)||(year%4==0)&&(year%100!=0))  flag=1;
else   flag=0;
```

4.5.5　switch 语句结构

虽然嵌套的 if 语句可以实现多路分支的选择，但如果分支较多，则嵌套的 if 语句层数多，程序冗长而且可读性降低，容易出现编写错误。C 语言提供了专门处理多分支选择的语句——switch 语句，也称为开关语句，其一般形式如下：

```
switch(表达式)
{
   case 常量表达式 1: 语句 1;
   case 常量表达式 2: 语句 2;
   ...
   case 常量表达式 n: 语句 n;
   default : 语句 n+1;
}
```

执行过程是：首先计算表达式的值，然后逐个与其后的常量表达式的值相比较，当表达式的值与某个常量表达式的值相等时，以此作为入口，执行 switch 结构中该入口后面的各语句。当表达式的值与所有 case 分支的常量表达式均不相同时，则执行 default 后的语句。switch 语句的执行过程如图 4-14 所示。

在使用 switch 语句时应注意以下事项。

（1）一个 switch 结构的执行部分是一个由一些 case 分支与一个可省略的 default 分支组成的复合语句，因此需要用大括号括起来。

（2）switch 后面的表达式一般是一个整数表达式（或字符表达式）；与之对应，case 后面应是一个整数或字符，也可以是不含变量与函数的常量表达式。

（3）case 后的各常量表达式的值必须互不相同，即不允许对表达式的同一个值有两种或两种以上的处理方案。

（4）在每个 case 分支中允许有多个处理语句，可以不用大括号括起来。

（5）在实际应用中，往往会在每个分支的处理语句后加上一个 break 语句，目的是执

switch 语句结构

行完该 case 分支的处理语句后就跳出 switch 结构，以实现多分支选择的功能。

（6）如果每个分支的处理语句中都有 break 语句，各分支的先后顺序可以变动，而不会影响程序执行结果。

（7）多个 case 分支可以共用同一组处理语句。

（8）default 分支可以省略。

（9）switch 结构允许嵌套。

（10）用 switch 结构实现的多分支选择程序，完全可以用 if 语句和 if 语句的嵌套来解决。

【例 4-9】 输入一个由两个整数和一个运算符组成的表达式，根据运算符完成相应的运算，并输出结果。

分析：输入形如 a op b 的表达式，a 和 b 为整型数据。如果运算符 op 是 +、−、∗ 中的任意一个，则进行相应的运算；如果运算符 op 为 % 或 /，则应先判断 b 是否为 0，并进行相应处理；如果运算符不合法，则报错。流程图如图 4-15 所示。

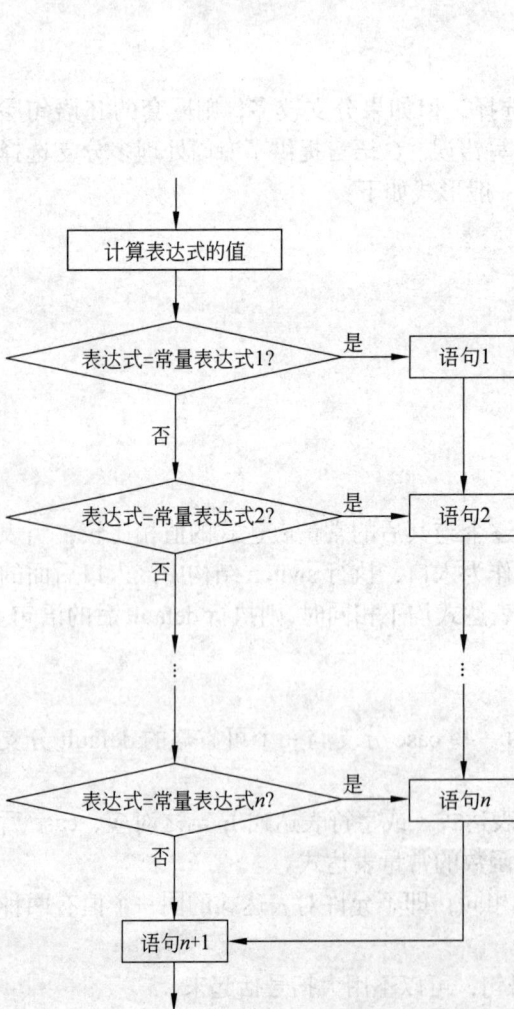

图 4-14 switch 语句的执行过程

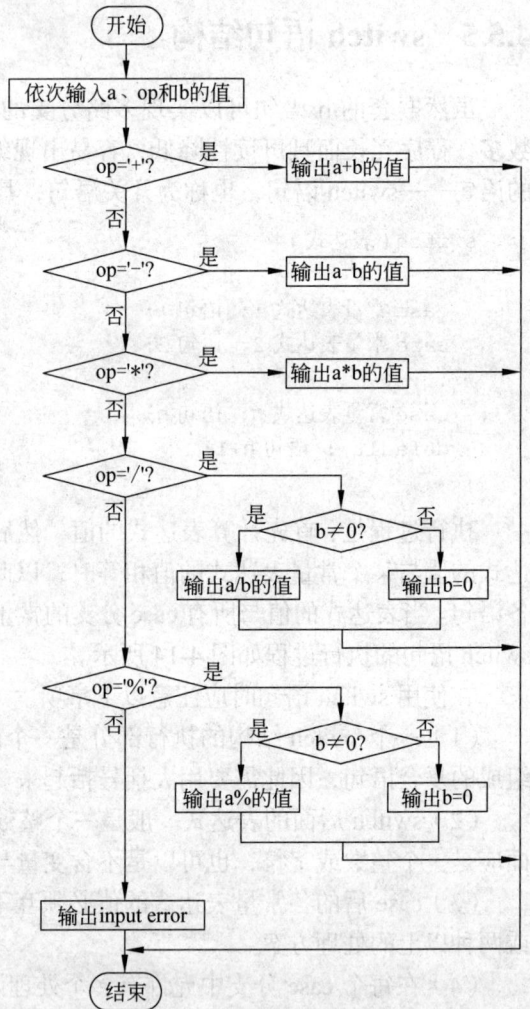

图 4-15 根据运算符完成相应的运算的流程图

程序如下：

```c
#include <stdio.h>
int main()
{
  int a,b;
  char op;
  printf("Please input a op b:");
  scanf("%d%c%d",&a,&op,&b);
  switch(op)
  {
    case '+': printf("%d+%d=%d\n",a,b,a+b);break;
    case '-': printf("%d-%d=%d\n",a,b,a-b);break;
    case '*': printf("%d*%d=%d\n",a,b,a*b);break;
    case '/': if(b!=0)  printf("%d/%d=%d\n",a,b,a/b);
      else  printf("b=0\n");
      break;
    case '%': if(b!=0)  printf("%d mod %d =%d\n",a,b,a%b);
      else  printf("b=0\n");
      break;
    default: printf("input error\n");
  }
  return 0;
}
```

第一次运行：

```
Please input a op b:4*6↙
4*6=24
```

第二次运行：

```
Please input a op b:5%3↙
5%3=2
```

【例 4-10】 根据考试成绩的等级输出百分制分数段，A 级为 85 分以上，B 级为 70~84 分，C 级为 60~69 分，D 级为 60 分以下（不包括 60 分）。成绩的等级由键盘输入。这是一个多分支选择结构，根据百分制分数将学生成绩分为 4 个等级，如果用 else if 语句解决至少要进行 3 次检查判断。使用 switch 语句结构进行 1 次检查即可得到结果。等级 grade 定义为字符变量，switch 得到 grade 的值并把它和各 case 中给定的值相比较，匹配成功则输出对应的信息，否则输出 default 后的信息。

成绩等级
制转换

程序如下：

```c
#include <stdio.h>
int main()
{
  char grade;
  printf("Please input grade:");
  scanf("%c",&grade);
```

```
switch(grade)
{
    case 'A': printf("85~100\n");break;
    case 'B': printf("70~84\n");break;
    case 'C': printf("60~69\n");break;
    case 'D': printf("<60\n");break;
    default: printf("enter data error\n");
}
return 0;
}
```

第一次运行：

```
Please input grade:A↙
85~100
```

第二次运行：

```
Please input grade:D↙
<60
```

4.6 循 环 结 构

循环（或重复）是计算机解题的一个重要特征。计算机运算速度快，最适合处理重复性的工作。在设计程序时，人们总是把复杂的、不易理解的求解过程转换成易于理解的、多次重复的过程。这样，一方面可以降低问题的复杂性，减低程序设计的难度；另一方面可以充分发挥计算机运算速度快、能自动执行程序的优势。

首先看一个有代表性的例子。

【例 4-11】 计算 1+2+3+…+99+100，即求自然数 1~100 之和。

分析：这是一个数学的累加问题，可以这样分析计算过程。假设存在一个容器，初始为空，第一次投入 1 个球，第二次投入 2 个球，以此类推，直到第 100 次投入 100 个球，此时容器中球的个数即为投入球的总和。按照这一思想，可以构建以下算法。

（1）声明一个变量（sum），将其作为"容器"存放加法的和，并设置初值为 0。

（2）将 1 加入 sum。

（3）将 2 加入 sum。

（4）将 3 加入 sum。

……

（101）将 100 加入 sum。

（102）输出 sum 的值。

可以看出，步骤（2）~ 步骤（101）描述的是相同的动作，因此可以描述为一个重复过程。

（1）声明一个变量 sum，初值为 0。

（2）设置变量 n，初值为 1。

（3）将 n 加入 sum。

（4）n 的值增加 1。

（5）当 n≤100 成立时，重复执行步骤（3）和步骤（4）；当 n>100 时，执行步骤（6）。

（6）输出 sum 的值。

流程图如图 4-16 所示。

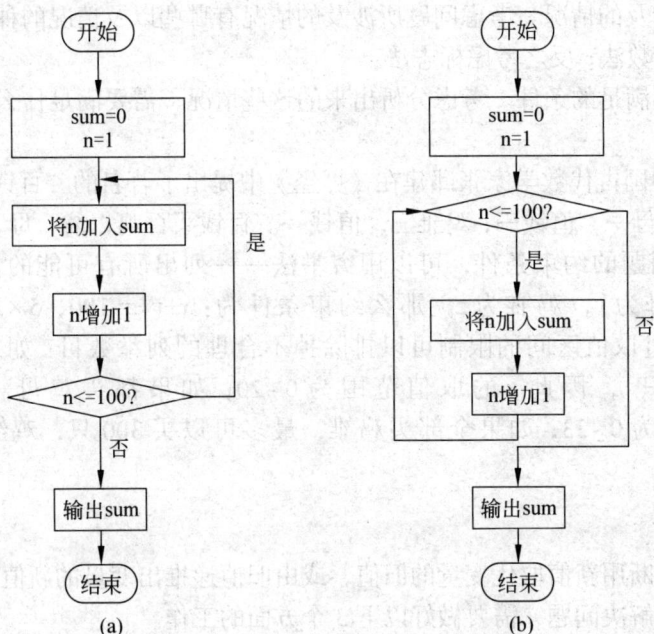

图 4-16　求自然数 1~100 之和的流程图

从上面的描述中可以看出，可以利用结构化程序设计语言提供的循环结构来完成重复的操作。

循环结构是程序流程控制中一种很重要的结构，其特点是：在给定条件成立时，反复执行某程序段，直到条件不成立为止。给定的条件称为循环条件，反复执行的程序段称为循环体。C 语言提供了 3 种基本循环语句结构，即 while 语句、do...while 语句和 for 语句，它们可以组成各种形式的循环结构。

在使用循环结构时，一般需要考虑 3 个方面。

（1）参与循环的各个变量的初值。

（2）在满足什么条件的情况下进行循环，即循环条件。

（3）在满足条件的情况下执行什么操作，即循环体。

其中，最难把握的是循环控制问题，循环控制一般有两种办法，即计数法与标志法。计数法要先确定循环次数，然后逐次测试，完成测试次数后，循环结束；标志法是在达到某一目标后，循环结束。

4.6.1　穷举与迭代算法

在循环算法中，穷举与迭代是两类具有代表性的基本应用。

1. 穷举

穷举算法的基本思想是：对问题的所有可能状态进行一一测试，直到找到解或全部可能状态都测试完为止。

用穷举算法解决问题，通常可以从以下两个方面进行分析。

（1）问题所涉及的情况。考虑问题所涉及的情况有哪些以及情况的种数是否确定，若确定，则考虑用计数法；反之考虑标志法。

（2）答案需要满足的条件。考虑分析出来的这些情况，需要满足什么条件，才能成为问题的答案。

【例 4-12】 中国古代数学家张邱建在《算经》中提出了著名的"百钱百鸡"问题：鸡翁一，值钱五；鸡母一，值钱三；鸡雏三，值钱一。百钱买百鸡，翁、母、雏各几何？

分析：根据问题的约束条件，可以用穷举法一一列出所有可能的情况，我们可以设鸡翁为 x，鸡母为 y，鸡雏为 z，那么约束条件为：$x+y+z=100$，$5 \times x+3 \times y+z/3=100$。在算法设计中通过取值区间的限制可以排除掉不合理的列举数目：如果都买鸡翁，最多是 100/5=20（只），因此 x 的取值范围为 0~20；如果都买鸡母，最多是 100/3≈33（只），那么 y 为 0~33；如果全部买鸡雏，最多可以买 300 只，鸡雏还必须是 3 的倍数。

2. 迭代

迭代是一个不断用新值取代变量的旧值，或由旧值递推出变量的新值的过程。

利用迭代算法解决问题，需要做好以下 3 个方面的工作。

（1）确定迭代变量。在可以用迭代算法解决的问题中，至少存在一个直接或间接地不断由旧值递推出新值的变量，这个变量就是迭代变量。

（2）建立迭代关系式。所谓迭代关系式，是指如何从变量的前一个值推出其下一个值的公式（或关系）。迭代关系式的建立是解决迭代问题的关键，通常可以使用递推或倒推的方法来完成。

（3）对迭代过程进行控制。在什么时候结束迭代过程？这是编写迭代程序必须考虑的问题。不能让迭代过程无休止地重复执行下去。迭代过程的控制通常可分为两种情况：一种是所需的迭代次数是个确定的值，可以计算出来；另一种是所需的迭代次数无法确定。对于前一种情况，可以构建一个固定次数的循环来实现对迭代过程的控制；对于后一种情况，需要进一步分析出用来结束迭代过程的条件。

【例 4-13】 设有一对新生兔子，从第 3 个月开始，它们每个月都生一对兔子，新生的兔子也如此繁殖。假设没有兔子死亡，问一年后，共有多少对兔子？

分析：这是一个典型的递推问题。假设第 1 个月时兔子的对数为 f_1，第 2 个月时兔子的对数为 f_2，第 3 个月时兔子的对数为 f_3……根据题意，前 2 个月都有 1 对兔子，从第 3 个月开始，每个月的兔子由两部分组成：上一个月的老兔子和上上个月的老兔子在这个月生下的新兔子，则有

$$f_1=1,\ f_2=1,\ f_3=f_2+f_1=2,\ f_4=f_3+f_2=3,\ f_5=f_4+f_3=5,\ \cdots$$

根据这个规律，可以归纳出下面的递推公式：

兔子繁殖
问题

$$f_1 = f_2 = 1$$
$$f_n = f_{n-1} + f_{n-2} \quad (n \geqslant 3)$$

对应 f_{n-1} 和 f_{n-2}，定义两个迭代变量 fib_1 和 fib_2，可将上面的递推公式转换成如下迭代关系：

$fib = fib_1 + fib_2$

$fib_1 = fib_2$

$fib_2 = fib$

最后，还要解决一个如何控制迭代次数的问题。由题意知道，重复的条件为 $3 \leqslant n < 13$，即 $n = 3$ 时进入，$n = 13$ 时退出。利用循环结构让计算机对这个迭代关系重复执行 10 次，就可以算出一年后有多少对兔子。

这一小节介绍了应用循环结构的两种典型问题及算法思想，下面介绍如何利用 C 语言提供的 3 种基本循环语句来实现。

4.6.2 while 语句

while 语句的一般格式为

```
while(表达式)
    语句
```

在执行 while 语句时，先对循环条件表达式进行计算，若其值为真（非 0），则执行循环体语句，然后重复上述过程，直到循环条件表达式的值为假（0）时，循环结束，程序控制转至 while 循环语句的下一条语句。

使用 while 语句时，应注意以下几个问题。

（1）while 语句的特点是"先判断，后执行"，如果循环条件表达式的值一开始就为 0，则循环体一次也不执行。但要注意的是：循环条件表达式是一定要执行的。

（2）while 语句中的循环条件表达式一般是关系表达式或逻辑表达式，但也可以是数值表达式或字符表达式，只要其值非 0，就可以执行循环体。

（3）循环体由多个语句组成时，必须用大括号括起来，作为一个复合语句。

（4）为使循环最终能够结束，不产生"死循环"，每执行一次循环体，循环条件表达式的值应趋于 0 变化。

用 while 语句描述问题"输入 n 个整数，输出最大的一个数"的程序如下（对应的程序流程图见图 4-3）：

```c
#include <stdio.h>
int main()
{
    int n,i,num,max;
    printf("Please input n:");
    scanf("%d",&n);
    i=1;
    printf("Please input %d numbers:",n);
    scanf("%d",&num);
    max=num;
```

while 语句

```
    while(i<n)
    {
      scanf("%d",&num);
      if(num>max)   max=num;
      i++;
    }
    printf("max:%d\n",max);
    return 0;
}
```

运行结果：

```
Please input n:10✓
Please input 10 numbers:3 6 12 8 34 15 7 9 21 11✓
max:34
```

用 while 语句描述例 4-11 的程序如下：

```
#include <stdio.h>
int main()
{
  int sum=0,n=1;
  while(n<=100)
  {
    sum+=n;
    n++;
  }
  printf("1+2+3+···+100=%d\n",sum);
  return 0;
}
```

运行结果：

```
1+2+3+···+100=5050
```

用 while 语句描述例 4-13 的程序如下（流程图见图 4-17）：

```
#include <stdio.h>
int main()
{
  int fib,fib1=1,fib2=1,n=3;
  while(n<=12)
  {
    fib=fib1+fib2;
    fib1=fib2;
    fib2=fib;
    n++;
  }
  printf("%d\n",fib);
  return 0;
}
```

运行结果：

144

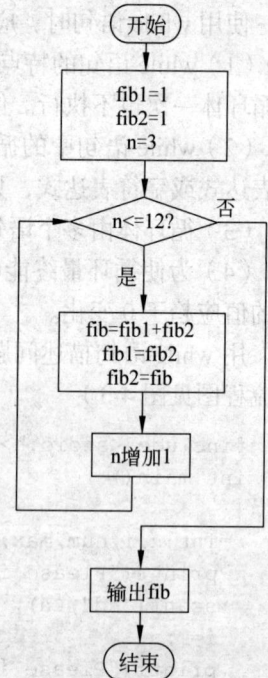

图 4-17   兔子繁殖问题的流程图

【例 4-14】 欧几里得算法：求两个非负整数 u 和 v 的最大公约数。

分析：求两个非负整数的最大公约数可以利用辗转相除法。其过程如下。

当 v 不为 0 时，辗转用操作：r=u%v，u=v，v=r 消去相同的因子。直到 v=0 时，u 的值即为所求的解。

例如，求 36 和 8 的最大公约数，u=36，v=8。r=u%v=4，然后将 8 赋给 u，4 赋给 v。因 v ≠ 0，再求 r=u%v=0，然后将 4 赋给 u，0 赋给 v，此时 v=0，辗转操作结束，u 的值为 4，则 4 就是 36 和 8 的最大公约数。

流程图如图 4-18 所示。

程序如下：

```c
#include <stdio.h>
int main()
{
    int u,v,r;
    printf("Please input u and v:");
    scanf("%d,%d",&u,&v);
    while(v!=0)
    {
        r=u%v;
        u=v;
        v=r;
    }
    printf("%d\n",u);
    return 0;
}
```

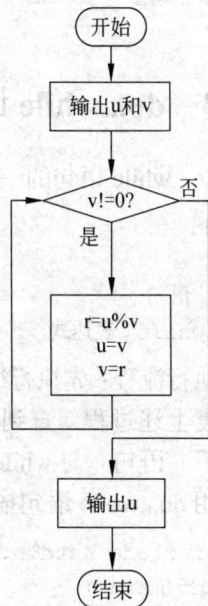

运行结果：

```
Please input u and v:36,8↙
4
```

图 4-18　欧几里得算法的流程图

【例 4-15】 输入 x 和 n，求解 $x^1+x^2+x^3+\cdots+x^n$。

分析：假设数据不溢出，很显然这也是累加问题，需要先后将 n 个数进行相加；其次重复 n 次加法运算，我们用循环来实现；最后，在加完上一个数 t 后，使 t 乘以 x 可得到下一个加数，也就是由前一个加数做一定的变换后得到下一个加数。

程序如下：

```c
#include <stdio.h>
#include <stdio.h>
int main()
{
    int i=1,sum=0, t, x, n;
    scanf("%d%d",&x,&n);
    t=x;
    while (i<=n)
    { sum=sum+t;
        t*=x;                          // 由上一项 t*x 求下一项的值
```

```
      i++;
   }
   printf("sum=%d\n",sum);
   return 0;
}
```

运行结果：

2 5↙

sum=62

4.6.3　do...while 语句

do...while 语句的一般格式为

```
do
{
   语句
}while( 表达式 );
```

执行流程：先执行循环体语句，然后对循环条件表达式进行计算，若其值为真（非 0），则重复上述过程，直到循环条件表达式的值为假（0）时，循环结束，程序控制转至该结构的下一语句。与 while 语句相比，do...while 语句至少执行一次循环体。

用 do...while 语句描述例 4-11 的程序如下（对应的程序流程图见图 4-16（a））：

```
#include <stdio.h>
int main()
{
   int sum=0,n=1;
   do
   {
      sum+=n;
      n++;
   }while(n<=100);
   printf("1+2+3+···+100=%d\n",sum);
   return 0;
}
```

运行结果与用 while 语句的结果相同。

4.6.4　for 语句

for 语句是 C 语言提供的结构紧凑、使用广泛的一种循环语句，其一般形式为

```
for( 表达式 1; 表达式 2; 表达式 3)
   语句；
```

各项说明如下。

（1）表达式 1：通常用来给循环变量赋初值，一般是赋值表达式，通常称为"初始化表达式"。也允许在 for 语句外给循环变量赋初值，此时可以省略该表达式。

（2）表达式 2：通常是循环条件，一般为关系表达式或逻辑表达式，通常称为"条件表达式"。

（3）表达式 3：通常可用来修改循环变量的值，一般是赋值表达式，通常称为"修正表达式"。

这 3 个表达式都可以是逗号表达式，3 个表达式都是任选项，都可以省略，但是括号中的两个分号是一定不能省略的。

一般形式中的"语句"即为循环体语句。在循环体语句比较少的情况下，可以将其放在"表达式 3"之后，和原有的"表达式 3"一起组成一个逗号表达式，作为新的"表达式 3"，此时，循环体将变为一个空语句。

for 语句的执行流程如下。

（1）计算表达式 1 的值。

（2）计算表达式 2 的值，若值为真（非 0），则执行循环体一次，否则跳出循环。

（3）计算表达式 3 的值，然后转回第（2）步重复执行。

在整个 for 循环过程中，"表达式 1"只执行一次，"表达式 2"和"表达式 3"则可能执行多次。循环体既可能多次执行，也可能一次都不执行。for 循环结构的流程图如图 4-19 所示。

用 for 语句描述例 4-11 的程序如下（流程图见图 4-20）：

```c
#include <stdio.h>
int main()
```

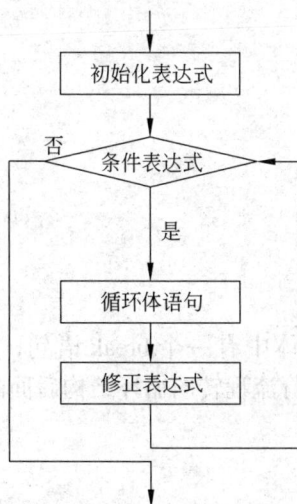

图 4-19　for 循环结构的流程图

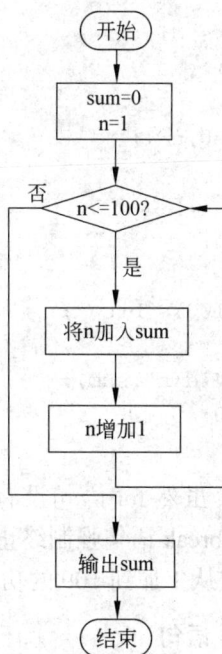

图 4-20　用 for 结构求 1~100 之和的流程图

```
{
  int sum,n;
  for(sum=0,n=1;n<=100;n++)
    sum+=n;
  printf("1+2+3+···+100=%d\n",sum);
  return 0;
}
```

当然，上述程序中对变量 sum 和 n 的赋值可以放在 for 语句之前，此时，for 语句中"表达式 1"就没有了。

上述程序中的 for 语句也可以改写为

```
for(sum=0,n=1;n<=100; sum+=n,n++);
```

4.6.5 流程转向语句

这一类语句不形成控制结构，只是简单地使程序执行流程从所在处转向另一处。

1. break 语句

break 语句的形式为

```
break;
```

break 语句可以用在 switch 结构或循环结构中，其功能是终止所在的结构，即使程序执行流程从所在处转向所在的结构之后。需要注意的是，break 只能跳出它所在的那一层结构。

例如：

```
#include <stdio.h>
int main()
{
  int sum=0,n=1;
  for(;;)
  {
    sum+=n;
    n++;
    if(n>100)  break;
  }
  printf("%d\n",sum);
  return 0;
}
```

本程序中，虽然 for 语句没有循环条件，但在循环体中有一个 break 语句，当条件 n>100 成立时，break 语句强制终止 for 循环，使程序的执行流程转向循环结构后面的语句，从而使程序完成从 1 加到 100 的功能。

2. continue 语句

continue 语句的形式为

```
continue;
```

continue 语句的功能是提前结束本次循环（不再执行 continue 下面的语句），继续根据循环条件来决定是否进入下一次循环。

例如：

```
#include <stdio.h>
int main()
{
  int n;
  for(n=100;n<=200;n++)
  {
    if(n%3==0)  continue;
    printf("%d ",n);
  }
  return 0;
}
```

该程序的功能是输出 100~200 内的不能被 3 整除的数。在本程序中，当 n 能被 3 整除时，continue 语句将提前结束本次循环，也就是说，将跳过语句 "printf("%d ",n);" 进入下一次循环。

3. 函数的调用和返回

函数调用语句的功能是使程序流程转向被调函数。函数返回语句 return 的功能是使程序流程从被调函数转向主调函数，具体用法将在后面进行介绍。

4.6.6　循环结构的嵌套

在循环结构中又有另一个完整的循环结构的形式，称为循环的嵌套。嵌套在循环结构内的循环结构称为内循环，外面的循环结构称为外循环。如果内循环体又有嵌套的循环结构，则称为多层循环。while 语句、do...while 语句和 for 语句都可以互相嵌套。

在嵌套的循环结构中，要求内循环必须包含在外循环的循环体中，不允许出现内外层循环体交叉的情况。

百钱百鸡问题程序的设计如下。

分析（采用穷举法）：

（1）先考虑鸡翁 x 分别取 0~20 中的各值时，找出符合题意的鸡母 y 和鸡雏 z：

```
for(x=0;x<=20;x++)
  找出符合题意的 y 和 z;
```

（2）找出每一个 y 值下的 z：

```
for(x=0;x<=20;x++)
  for(y=0;y<=33;y++)
    找出符合题意的 z;
```

（3）鸡雏取值为 0~100，满足以下两个条件的 x、y 和 z 就是问题的答案：① $x+y+z=100$；② $5 \times x+3 \times y+z/3=100$。

程序如下：

```
#include <stdio.h>
int main()
{
  int x,y,z;
  for (x=0;x<=20;x++)
    for (y=0;y<=33;y++)
      for (z=0;z<=100;z=z+3)
        {if   ((x+y+z==100)&&(5*x+3*y+z/3==100))
          printf("cock:%6dhen:%6dchicken:%6\n",x,y,z);
        }
  printf("\n");
  return 0;
}
```

这个算法有没有可改进的地方呢？

假如设定了鸡翁和鸡母的个数分别为 x 和 y，那么鸡雏数量就是固定的，为 $100-x-y$。这时约束条件就只有一个：$5 \times x+3 \times y+z/3=100$，并且在执行时还要满足 $100-x-y$ 是 3 的倍数才去求解，因此循环可改为

```
for(x=0;x<=20;x++)
  for(y=0;y<=33;y++)
  { z=100-x-y;
    if (z%3==0&&5*x+3*y+z/3==100)
      printf("cock:%-6dhen:%-6dchicken:%-6\n",x,y,z);
  }
```

运行结果：

```
cook:0     hen:25    chicken:75
cook:4     hen:18    chicken:78
cook:8     hen:11    chicken:81
cook:12    hen:4     chicken:84
```

【例 4-16】 找出 600~1000 中的全部素数。

素数的判断

分析：

（1）对 600~1000 内的每一个数进行测试。

```
for(i=600;i<=1000;i++)
{
  测试 i 是否为素数；
  若 i 为素数，输出 i；
}
```

（2）测试 i 是否为素数的一个简单方法是用 2，3，…，$\sqrt{i}$ 这些数逐个去除 i，只要能被其中的一个数整除，则 i 就不是素数。

```
for(i=600;i<=1000;i++)
{
    flag=1;
    for(j=2;j<=(int)sqrt(i);j++)
    若 i 能被 j 整除,flag 置为 0,对 i 的测试结束;
    若 flag=1,表示 i 为素数,输出 i;
}
```

流程图如图 4-21 所示。

程序如下：

```
#include <stdio.h>
#include <math.h>
int main()
{
    int i,j,flag,count=0;
    for(i=600;i<=1000;i++)
    {
        for(flag=1,j=2;j<=(int)sqrt(i);j++)
            if(i%j==0)   {flag=0;break;}
        if(flag==1)
        {
            printf("%4d",i);
            count++;
            if(count%15==0)   printf("\n");
                            /* 每行输出 15 个素数 */
        }
    }
    return 0;
}
```

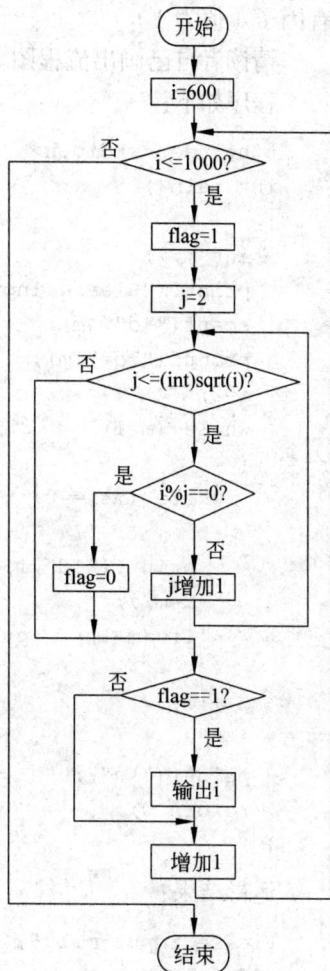

图 4-21　找出 600~1000 内的全部素数的流程图

运行结果：

```
601 607 613 617 619 631 641 643 647 653 659 661 673 677 683
691 701 709 719 727 733 739 743 751 757 761 769 773 787 797
809 811 821 823 827 829 839 853 857 859 863 877 881 883 887
907 911 919 929 937 941 947 953 967 971 977 983 991 997
```

【例 4-17】　求出一个给定整数的所有因子，并按以下方式输出：

```
72=2*2*2*3*3
```

分析：根据题意要求和提示，我们要把一个整数表示为质因数的乘积，也就是输出它的质因式。这里介绍一个方法，即对任意一个整数，由小到大依序分离出它的素数因子，这样我们不需要判断它的因子是不是素数。让 i=2，从最小的素数 2 开始，如果存在，首先分离出所有的 2 的因子，然后分离所有的 3 的因子，再分离所有的 5 的因子……直到没有因子（值为 1）。

请读者自己画出流程图。

程序如下：

```c
#include <stdio.h>
int main()
{
    int m,i;
    printf("Please input m:");
    scanf("%d",&m);
    printf("%d=",m);
    i=2;
    while (m>1)
    {
        while (m%i==0)                    //输出所有的 i 的因子
        {
            printf("%d",i);
            m=m/i;
            if (m>1)    printf("*");
        }
        i++;                             //i 递增到下一个因子
    }
    printf("\n");
    return 0;
}
```

运行结果：

```
Please input m:196✓
196=2*2*7*7
```

【例 4-18】 输出 2~1000 以内的数的质因式。

分析：有了例 4-17 的基础，解本题就不困难了，只要增加一个外循环，先后输出 2~1000 内的每一个数的所有因子即可。

程序如下：

```c
#include <stdio.h>
int main()
{
    int m,n,i;
    for(n=2;n<=1000;n++)                 //n 从 2 变化到 1000，对每一个 n 进行处理
    {
        m=n;                             //m 的值将随着输出的因子而变化
        printf("%d=",m);
        i=2;
        while (m>1)
        {
            while (m%i==0)               // 输出所有的 i 的因子
```

输出整数
的质因式

```
    {
        printf("%d",i);
        m=m/i;                              //更新m
        if (m>1)  printf("*");
    }
        i++;                                //i 递增到下一个因子
    }
    printf("\n");                          // 控制每行输出一个整数的质因式
    }
    return 0;
}
```

运行结果（部分）：

```
979=11*89
980=2*2*5*7*7
981=3*3*109
982=2*491
983=983
984=2*2*2*3*41
```

4.7　案例分析与实现

下面对 4.1 节中的案例进行分析与实现。

案例 4-1：求 $ax^2+bx+c=0$ 方程的解。

案例分析：解决这个问题首先要知道求解方程式根的方法。由数学知识已知：因系数 a、b、c 的值不确定，应分情况讨论。

（1）当 $a=0$，$b=0$ 时，方程无解。

（2）当 $a=0$，$b \neq 0$ 时，方程只有一个实根 $-c/b$。

（3）当 $a \neq 0$ 时，需考虑 b^2-4ac 的情况：

① 若 $b^2-4ac \geqslant 0$，方程有两个实根。

② 若 $b^2-4ac<0$，方程有两个虚根。

流程图如图 4-22 所示。其中，disc=b^2-4ac。

程序如下：

```
#include <stdio.h>
#include <math.h>
int main()
{
    float a,b,c;
    printf("Please input a,b,c:");
    scanf("%f,%f,%f",&a,&b,&c);
    if(a==0)
    .if(b==0)  printf("no root!\n");
        else  printf("the single root is %f\n",-c/b);
```

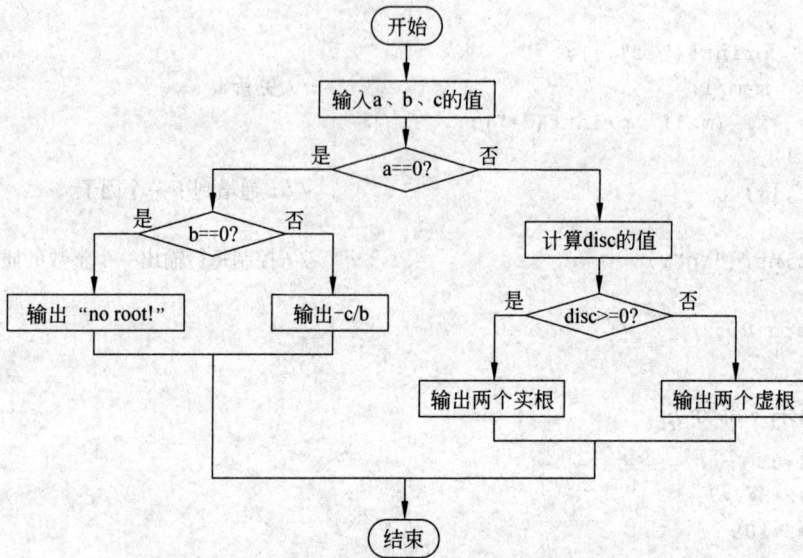

图 4-22　求方程 $ax^2+bx+c=0$ 的根的流程图

```
else
{
    float term1,term2,twoa,disc;
    disc=b*b-4*a*c;
    twoa=2*a;
    term1= -b/twoa;
    term2=sqrt(fabs(disc))/twoa;
    if(disc>=0)
        printf("real root:\n root1=%f,root2=%f\n",term1+term2,term1-term2);
    else
        printf("complex root:\nroot1=%f+%fi,root2=%f-%fi\n",
        term1,term2,term1,term2);
}
    return 0;
}
```

第一次运行：

```
Please input a,b,c:0,0,4↙
no root!
```

第二次运行：

```
Please input a,b,c:1,3,-4↙
real root:
root1=1.000000,root2= -4.000000
```

第三次运行：

```
Please input a,b,c:1,3,4↙
complex root:
```

```
root1= -1.5000000+2.500000i,root2= -1.5000000-2.500000i
```

上述问题也可以利用 else if 语句解决，读者可以自己试着完成。

案例 4-2：译密码。

案例分析：根据题意可知解决问题的关键有两个。

（1）如何决定哪些字符不需要改变，哪些字符需要改变？如果需要改变，应改为哪个对应的字符？处理的方法是：输入一个字符变量 c，先判断它是否为字母（包括大小写）。如不是，则不改变 c 的值；如是字母，还要检查它是否在 W~Z 内（包括大小写）。如不在此范围内，则使变量 c 的值改变为其后的第 4 个字母；如果在 W~Z 内，则应将它转换为 A~D（或 a~d）中的字母。

译密码

（2）怎样使字母 c 改变为指定的字母？办法是改变它的 ASCII 码值。例如，字母变量 c 的原值是大写字母 A，想使 c 的值变为 E，只需执行 c=c+4 即可，因为 A 的 ASCII 码值为 65，而 E 的 ASCII 码值为 69，二者相差 4。

如果字母变量 c 的原值为大写字母 W，按规定应变为 A。用什么方法可以得到此结果呢？可以用 c=c+4-26，即 c=c-22。至于原因，查 ASCII 码对照表即可弄清楚。

程序如下：

```
#include <stdio.h>
#include <math.h>
int main()
{
  char c;
  c=getchar();
  while(c!='\n')
    { if((c>='a' && c<='z') || (c>='A' &&   c<='Z'))
      { if(c>='W' && c<='Z' || c>='w' &&   c<='z')
        c=c-22;
        else  c=c+4;
      }
    printf("%c",c);
    c=getchar();
    }
  return 0;
}
```

运行结果：

```
China! ✓
Glmre!
```

小　　结

本项目介绍了算法的知识、C 语言的基本语句、程序流程控制的 3 种结构和流程转向语句。

算法就是解决问题的步骤和方法，即为解决某个特定问题而采用的确定且有限的步骤。算法包括两大要素，即操作和控制结构。算法的描述方法有多种，最常用的有自然语言、流程图、N-S 图、PAD、伪代码等。

C 语句可分为 5 类，即声明语句、表达式语句、复合语句、空语句和流程控制语句。

C 语言提供了多种形式的条件语句以构成选择结构。

（1）if 语句主要用于单分支选择。

（2）if...else 语句主要用于双分支选择。

（3）else if 语句和 switch 语句用于多分支选择。

这几种形式的条件语句一般来说是可以互相替代的。

C 语言提供了 3 种循环语句。

（1）for 语句主要用于给定循环变量初值、循环变量增量及循环次数的循环结构。

（2）循环次数及控制条件要在循环过程中才能确定的循环可用 while 语句或 do...while 语句。

3 种循环语句可以相互嵌套以组成多重循环，循环之间可以并列但不能交叉。

在循环程序中应避免出现死循环，即应保证循环变量的值在运行过程中可以得到修改，并使循环条件逐步变为"假"，从而结束循环。

C 语言提供了以下 4 种流程转向语句。

（1）break 语句用于终止所在的结构。

（2）continue 语句用于提前结束本次循环，进入下一次循环。

（3）函数调用和返回语句用于实现程序流程在主调函数和被调函数之间的跳转。

（4）goto 语句是一种使程序流程无条件转移的语句，可以跳出多层循环，但不能从外面转向循环体内。

习　　题

一、选择题

1. 以下的 for 循环（　　　）。

```
for(x=0,y=0;(y!=123)&&(x<4);x++);
```

　　A. 是无限循环　　　　B. 循环次数不定　　　C. 执行 4 次　　　　　D. 执行 3 次

2. 以下程序的输出结果是（　　　）。

```
#include <stdio.h>
int main()
{
  int i;
  for(i=1;i<=5;i++)
  {
    if(i%2)  printf("*");
    else continue;
    printf("#");
```

```
    }
    printf("$\n");
    return 0;
}
```

   A. *#*#*#$ B. #*#*#*$ C. *#*#$ D. #*#*$

3. 有以下程序：

```
#include <stdio.h>
int main()
{
  int c;
  while((c=getchar())!='\n')
  {
    switch(c-'2')
    {
      case 0:
      case 1: putchar(c+4);
      case 2: putchar(c+4);break;
      case 3: putchar(c+3);
      case 4: putchar(c+2);break;
    }
  }
  printf("\n");
  return 0;
}
```

从第一列开始输入以下数据：

2743↙

程序的输出结果是（　　　）。

   A. 66877   B. 668966   C. 6677877   D. 6688766

4. 若执行以下程序时从键盘上输入9，则输出结果是（　　　）。

```
#include <stdio.h>
int main()
{
  int n;
  scanf("%d",&n);
  if(n++<10)  printf("%d\n",n);
  else printf("%d\n",n--);
  return 0;
}
```

   A. 11   B. 10   C. 9   D. 8

5. 以下程序段的输出结果是（　　　）。

```
int x=3;
do
{
  printf("%d",x-=2);
}while(!(--x));
```

     A. 1   B. 3 0   C. 1-2   D. 死循环

6. 设 x 和 y 均为 int 型变量，则执行下面循环后，y 值为（   ）。

```
for(y=1,x=1;y<=50;y++)
{
  if(x>=10)  break;
  if(x%2==1)  {x+=5;continue;}
  x-=3;
}
```

     A. 2   B. 4   C. 6   D. 8

7. 假定 a 和 b 为 int 型变量，则执行以下语句后，b 的值为（   ）。

```
a=1;b=10;
do
{
  b-=a;
  a++;
}while(b--<0);
```

     A. 9   B. −2   C. −1   D. 8

8. 设 j 为 int 型变量，则下面 for 循环语句的执行结果是（   ）。

```
for(j=10;j>3;j--)
{
  if(j%3)  j--;
  --j;
  --j;
  printf("%d",j);
}
```

     A. 6 3   B. 7 4   C. 6 2   D. 7 3

9. 以下程序的输出结果是（   ）。

```
#include <stdio.h>
int main()
{
  int m=5;
  if(m++>5)  printf("%d\n",m);
  else  printf("%d\n",m--);
  return 0;
}
```

     A. 7   B. 6   C. 5   D. 4

10. 当执行以下程序段时，（   ）。

```
y=2;
do
{
  y--;
}while(--y);
printf("%d\n",y--);
```

A. 循环体将执行一次   B. 循环体将执行两次

C. 循环体将执行无限次   D. 系统将提示有语法错误

11. 在下列选项中，没有构成死循环的程序段是（   ）。

A.
```
int i=100;
while(1)
{
  i=i%100+1;
  if(i>100)  break;
}
```

B.
```
for (;;);
```

C.
```
int k=1000;
do{++k;}while(k>=1000);
```

D.
```
int s=36;
while(s)
--s;
```

12. 执行语句 "for(i=1;i++<4;);" 后，变量 i 的值是（   ）。

A. 3   B. 4   C. 5   D. 不定

13. 运行以下程序后，如果从键盘上输入 china#↙，则输出结果为（   ）。

```
#include <stdio.h>
int main()
{
  int v1=0,v2=0;
  char ch;
  while((ch=getchar())!='#')
    switch(ch)
    {
      case 'a':
      case 'h':
      default:v1++;
      case '0':v2++;
    }
  printf("%d,%d\n",v1,v2);
  return 0;
}
```

A. 2,0   B. 5,0   C. 5,5   D. 2,5

14. 以下程序的输出结果是（   ）。

```
#include <stdio.h>
int main()
{
  int x=10,y=10,i;
  for(i=0;x>8;y=++i)
    printf("%d %d",x--,y);
  return 0;
}
```

A. 10 1 9 2　　　　　　B. 9 8 7 6　　　　　　C. 10 9 9 0　　　　　　D. 10 10 9 1

15. 以下循环体的执行次数是（　　　）。

```c
#include <stdio.h>
int main()
{
  int i,j;
  for(i=0,j=1;i<=j+1;i+=2,j--)
    printf("%d\n",i);
  return 0;
}
```

A. 3　　　　　　　　B. 2　　　　　　　　C. 1　　　　　　　　D. 0

二、填空题

1. 当 a=1、b=3、c=5、d=4 时，执行完下面一段程序后 x 的值是＿＿＿＿＿＿。

```c
if(a<b)
if(c<d)  x=1;
else
if(a<c)
if(b<d)   x=2;
else x=3;
else x=6;
else x=7;
```

2. 请阅读以下程序：

```c
#include <stdio.h>
int main()
{
  float  a,b;
  scanf("%f",&a);
  if(a<0.0)  b=0.0;
  else if((a<0.5)&&(a!=2.0))  b=1.0/(a+2.0);
  else if(a<10.0)  b=1.0/a ;
  else  b=10.0;
  printf("%f\n",b);
  return 0;
}
```

若运行时输入 2.0↙，则上面程序的输出结果是＿＿＿＿＿＿。

3. 下面程序的运行结果是＿＿＿＿＿＿。

```c
#include <stdio.h>
int main()
{
  int i;
  for(i=1;i<=5;i++)
    switch(i%5)
    {
      case  0:printf("* ");break;
```

```
        case  1:printf("#");break;
        default:printf("\n");
        case  2:printf("&");
    }
  return 0;
}
```

4. 下面程序的运行结果是_____。

```
#include <stdio.h>
int main()
{
  int i,j,a=0;
  for(i=0;i<2;i++)
  {
    for(j=0;j<=4;j++)
    {
      if(j%2)  break;
      a++;
    }
    a++;
  }
  printf("%d\n",a);
  return 0;
}
```

5. 下面程序的功能是计算正整数 2345 的各位数字平方和，请填空。

```
#include <stdio.h>
int main()
{
  int n,sum=0;
  n=2345;
  do
  {
    sum=sum+(n%10)*(n%10);
    _____ ;
  }while(n);
  printf("sum=%d",sum);
  return 0;
}
```

三、编程题

1. 设计一个从 5 个数中取最小数和最大数的程序。

2. 输入某年某月某日，判断这一天是这一年的第几天。

3. 求 1!+2!+3!+…+20!。

4. 打印出所有的"水仙花数"。所谓"水仙花数"，是指一个 3 位数，其各位数字立方和等于该数本身。

5. 求数列 a_0, a_1, a_2, a_3, …, a_{20}。已知：

$$a_0=0, \quad a_1=1, \quad a_2=1$$
$$a_3= a_0+2a_1+a_2$$
$$a_4= a_1+2a_2+a_3$$
$$\cdots$$

6. 将一张 100 元的大钞票换成等值的 10 元、5 元、2 元、1 元的小钞票，要求每次换成 40 张小钞票，每种至少一张，试编程找出所有可能的换法。

7. 一个数如果恰好等于它的因子之和，这个数就称为"完数"。例如，6 的因子为 1、2、3，而 6=1+2+3，因此 6 是"完数"。试编写程序找出 6~10000 的所有完数，并按下面的格式输出：

```
6=1+2+3
```

8. 有一个分数数列如下：

$$\frac{2}{1}, \frac{3}{2}, \frac{5}{3}, \frac{8}{5}, \frac{13}{8}, \frac{21}{13}, \cdots$$

求出这个数列的前 20 项之和。

9. 对于任意 4 位数 N，只要各个数位上的数字不全相同，就存在这样的规律：

（1）把组成这个 4 位数的 4 个数字由大到小排列，形成由这 4 个数字构成的最大的 4 位数；再把这 4 个数字由小到大排列，形成由这 4 个数字构成的最小的 4 位数（如果 4 个数字中含有 0，则此数不足 4 位）。

（2）求出以上两个数的差，得到一个新的 4 位数，重复以上过程，最后总能得到一个（也是唯一的一个）序列：6174。

输入：

```
n=5346
```

输出：

```
6543-3456=3087
8730-378=8352
8532-2358=6174
STEP=3
```

编程实现以上过程。

10. 若一个数（首位不为 0）从左向右读与从右向左读都一样，就将其称为回文数。例如，给定一个十进制数 56，将 56 加 65（即把 56 从右向左读），得到的 121 是一个回文数。

又如，对于十进制数 87：

（1）87+78=165；

（2）165+561=726；

（3）726+627=1353；

（4）1353+3531=4884。

在这里的一步是指进行了一次十进制的加法，上面最少用了 4 步得到回文数 4884。试写一个程序，给定一个十进制数 M，将得到回文数的步骤逐步打印出来。

项目 5　模块化编程

通过前面的学习，已经掌握了简单程序设计的方法，但是，随着问题规模的扩大，简单的程序设计已经不能满足我们解决问题的需要。一般来说，复杂问题的解决方法是模块化编程，在 C 语言中，模块化编程是用函数来实现的。本项目主要介绍模块化编程思想、函数、变量以及编译预处理命令。

5.1　案　例　引　入

案例 5-1： 验证哥德巴赫猜想。

哥德巴赫猜想是数论中一个未解决的问题，由 18 世纪的德国数学家克里斯蒂安·哥德巴赫提出。该猜想认为，任何大于 2 的偶数都可以表示为两个素数之和。例如，4=2+2(特例，仅此一个)，6=3+3，8=3+5，…程序要求输入任一偶数，输出 6 到该数范围内的各个满足条件的组合。

案例 5-2： 抽奖游戏。

某商场为了吸引顾客，设置了购物抽奖环节，从键盘上输入任一个两位数（0~100 内），机器随机产生一个数，如果两个数相等即为中奖，发放奖品。

我们来看这样一个例子——设计学生信息管理系统。通过分析，该系统可以分解成学生信息录入、查询、修改、删除 4 个小部分且每个部分在功能上相对独立。这样，就把这个大的问题分解成 4 个小问题来逐个解决，这就是模块化编程思想的初步。

一般来说，在设计复杂的程序时，采用的方法是：把大问题分成几个部分，每部分又分解成若干更细的部分，直至分解成功能单一的小问题，我们把求解较小问题的算法称作"功能模块"。各功能模块可以单独设计，然后求解所有子问题，最后把所有的模块组合起来就是解决原问题的方案，这就是"自顶向下"的模块化程序设计方法。在设计模块时，应注意各模块应该相对独立，接口单一，模块规模适当，分解模块要注意层次。这样，学生信息管理系统的模块框图可用图 5-1 表示。

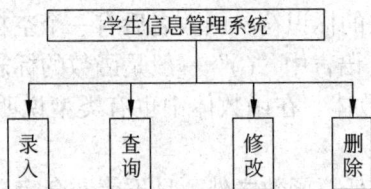

图 5-1　学生信息管理系统的模块框图

在项目 1 中已经介绍过，C 语言源程序是由一个主函数和若干其他函数组成的。在程序设计中，每一个小的功能模块都可由 C 语言的函数来完成。也就是说，C 语言是通过函数来实现模块化程序设计的，所以较大的 C 语言应用程序往往是由多个函数组成的，每个函数分别对应各自的功能模块。C 语言中的函数相当于其他高级语言的子程序。C 语言不仅提供了极为丰富的库函数，还允许用户建立自己定义的函数。用户可把自己的算法编成一个个相对独立的函数模块，然后用调用的方法来使用函数，从而完成每个模块相应的功能。

5.2　模块化设计与函数

5.2.1　函数的定义

在数学中，我们曾学过有关函数的定义：设 x 和 y 是两个变量，I 是一个给定的数集。如果对于每一个数 $x \in I$，按照一定的法则总有确定的 y 值和它对应，则称 y 是 x 的函数，记作 $y=f(x)$，$x \in I$，其中 x 称作自变量，y 称作因变量，I 称作函数的定义域，f 表示 x 与 y 的对应法则，y 所取得的值的集合称作 $f(x)$ 的值域。在 C 语言中，函数的概念与此有类似之处，都是为了完成一定功能的对应法则，这个对应法则就是所谓的函数。但是，其含义不再局限于数学计算中的函数关系或表达式，而是一个处理过程，需要我们去定义。它不仅可以进行数值运算，还可以进行信息处理、决策控制，即将一段程序的工作放在函数中进行，而且函数结束时可以携带处理的结果。C 语言程序处理过程全部都是以函数的形式出现的，程序至少要有一个主函数 main( )，且函数必须先定义，然后才能使用。

在 C 语言中，函数的定义格式如下：

类型说明符　函数名（形式参数类型及说明列表）

```
{
    /* 函数体 */
    局部变量说明
    语句序列
}
```

形式参数（以下简称形参）类型及说明列表的一般形式为

数据类型　形式参数，数据类型　形式参数 ...

其中：

（1）类型说明符和函数名为函数头。类型说明符指明了函数的类型，它实际上是函数返回值的类型。如果不要求函数有返回值，此时函数类型符可以写为 void。

（2）函数名是由用户定义的标识符，函数名后有一个空括号，其中可以有参数，也可以没有，但括号不可少，在 C 语言中"( )"一般是函数的标志。

（3）{} 中的内容称为函数体。在函数体中也有类型说明，这是对函数体内部所用到的变量的类型说明。

（4）函数的定义位置是在任意函数之外，且不能嵌套定义。

注意：每两个参数之间必须用逗号隔开，必须说明每一个形参的类型，数据类型和形参变量之间必须用空格隔开。

【例 5-1】 定义函数。

（1）定义一个有参函数，求两个数中的较大数。

```
int max(int n1,int n2)        /*函数max()定义和形参类型声明语句*/
{
    int m;                    /*局部变量声明语句*/
    if(n1>n2) m=n1;           /*执行语句*/
    else m=n2;
    return m;                 /*返回语句*/
}
```

此函数的作用是：比较 n1、n2 两个数的大小，将较大的赋值给 m，其中，n1、n2 是形参，最后，用返回语句 return 返回较大值 m 给主调函数。

（2）定义一个无参函数，显示"Hello,World!"。

```
void Hello()
{
    printf ("Hello,World!\n");
}
```

这里，Hello 为函数名。Hello( ) 是一个无参函数，当被其他函数调用时，输出"Hello,World！"字符串。

从上面的说明可以看出，函数定义分为两大部分。

（1）函数头部分，其中包括以下部分。

- 函数类型：函数的类型即函数的返回值类型，主调函数调用该函数即得到该类型的数据。
- 函数名：函数名由程序员自己定义，应遵循合法标识符的定义原则，而且应该见名知义。
- 参数列表：参数列表写在括号的内部，参数表可以为空，也可以由一个或多个变量组成，其中多个形参之间用逗号隔开，类型及标识符之间用空格隔开。

类型 标识符 1，类型 标识符 2，...

（2）函数体部分，其中包括：

- 局部变量声明语句；
- 语句序列；
- 返回语句。

返回语句的格式如下：

```
return(表达式);
```

或

```
return 表达式;
```

或

```
return;
```

返回语句的主要作用是：使程序控制从被调用函数返回到主调函数中，同时把返回值带给主调函数。需要注意以下几点。

（1）函数中可有多个 return 语句。

（2）函数的类型应该和 return 语句表达式的类型保持一致，若函数类型与 return 语句中表达式值的类型不一致，以前者为准，通过函数调用自动转换。

（3）若函数的类型为 void，则函数可以无 return 语句，或者 return 语句的表达式为空。

（4）若无 return 语句，遇"}"时，自动返回到主调函数。

5.2.2　函数的声明和调用

1. 函数的声明

要想实现已经定义的函数功能，必须调用该函数。但在调用该函数之前，应先在主调函数里进行声明，其作用是向编译系统声明将要调用此函数，并将有关信息通知给编译系统。函数的声明把函数的名字、函数的类型以及形参的类型、个数通知给编译系统，以便在调用该函数时系统按此进行对照检查。例如，函数名是否正确，实参与形参的类型和个数是否一致等。

函数声明的一般形式为

函数类型　函数名（参数类型 1，参数类型 2，...）；

或

函数类型　函数名（参数类型 1　参数名 1，参数类型 2　参数名 2，...）；

其中，第一种形式是基本的形式。为了便于阅读程序，也允许在函数参数类型后加上参数名，就成了第二种形式，但编译系统不检查参数名。因此，参数名是什么都无所谓，并不苛求必须和函数的定义保持一致。例如，要调用求两个数较大值的函数，可以在主调函数里有如下的声明格式：

```
int max(int,int);          /*第一种形式*/
```

或

```
int max(int x,int y);       /*第二种形式，参数名可以为 x、y*/
```

两种效果完全相同。

说明：

（1）应当保证函数的声明与函数的头部写法上的一致，即函数类型、函数名、参数个数、参数类型和参数顺序必须相同。

（2）以前的 C 语言版本的函数声明方式不是采用以上两种声明方式，而只声明函数名和函数类型，即

函数类型　函数名（）；

不包括参数的类型和参数的个数，系统不检查参数类型和参数的个数，现在也兼容这种用法，但不提倡使用，因为它未进行全面的检查。

（3）实际上，如果没有在函数调用之前对函数进行声明，则编译系统会把第一次遇到的该函数的形式（函数定义或函数调用）作为函数的声明，并默认函数为 int 型。因此，不少 C 语言教材说如果函数类型为整型，可以不必在函数调用前进行函数声明。但是使用这种方法时，系统无法对参数的类型进行检查。例如，调用函数时参数使用不当，在编译时也不出错。因此，为了程序的清晰和安全，建议都对函数进行声明。

（4）如果被调函数的定义出现在主调函数之前，可以不必声明，因为编译系统已经知道了函数类型，会根据函数头提供的信息对函数的调用做正确性的检查。

（5）如果已在定义所有函数之前，在函数的外部进行了函数的声明，则在各个主调函数中不必再对被调函数进行声明。

由于函数声明的位置与函数调用语句的位置比较接近，因此在写程序时便于就近参照函数的声明形式来正确调用函数，不易出错。

2. 函数的调用

在函数声明之后，就可以进行函数调用。C 语言中，有参函数调用的一般形式为

函数名（实参表达式 1, 实参表达式 2, ...）;

无参函数调用的一般形式为

函数名（）;

说明：

（1）实际参数表中的参数可以是常量、变量或其他构造类型数据及表达式。

（2）各实参之间用逗号分隔。

在 C 语言中，按函数在程序中出现的位置来分，可以用以下几种方式调用函数。

（1）函数表达式：函数作为表达式中的一项出现在表达式中，以函数返回值参与表达式的运算。这种方式要求函数是有返回值的。例如，z=max(x,y) 是一个赋值表达式，把 max 的返回值赋予变量 z。

（2）函数语句：函数调用的一般形式加上分号即构成函数语句。例如：

```
printf("%d",a);
scanf("%d",&b);
```

都是以函数语句的方式调用函数。

（3）函数实参：函数作为另一个函数调用的实际参数出现。这种情况是把该函数的返回值作为实参进行传送，因此要求该函数必须是有返回值的。例如：

```
printf("%d",max(x,y));
```

即把 max 调用的返回值又作为 printf( ) 函数的实参来使用。

值得注意的是：在函数调用中还应该注意的一个问题是求值顺序。所谓求值顺序，是指对实参表中各量是自左至右使用，还是自右至左使用。对此，各系统的规定不一定相同。

【例 5-2】 请分析一下程序，讨论执行结果。

```
#include<stdio.h>
int main()
{
```

函数的
调用

```
    int i=8;
    printf("%d%4d\n",++i,++i);
    return 0;
}
```

如按照从右至左的顺序求值。在 VC++ 6.0 环境的运行结果应为

```
10  9
```

如对 printf 语句中的 "++i, ++i" 从左至右求值，结果应为

```
9  10
```

应特别注意的是：无论是从左至右求值，还是自右至左求值，其输出顺序都是不变的，即输出顺序总是和实参表中实参的顺序相同。

在 Visual Studio 2022 和 Dev-C++ 集成环境下的执行结果为 10 10。

3. 程序举例

【例 5-3】 编写一个函数，求 x 的 n 次方的值，其中 n 是整数。

分析：

（1）求任意 n 个 x 的乘积，可把 x 和 n 作为函数的形参，数据从主调函数里传递，以增加程序的灵活性，其流程图如图 5-2 所示。

（2）用循环结构来实现该算法。

（3）返回所得的结果。

```
/* 函数的定义 */
double power(double x,int n)   /* 函数头 */
{/* 函数体 */
    int i=0;
    double p=1.0;
    while(i<n)
    {p=p*x;i++;}
    return p;
}
```

用主函数调用实现其功能为

```
#include<stdio.h>
int main()
{
    doublex,f;
    int n;
    double power(double,int);     /* 函数的声明 */
    printf("enter the number:x,n(int)!\n");
    scanf("%lf,%d",&x,&n);
    f=power(x,n);                 /* 函数的调用 */
    printf("value=%6.2lf\n",f);
    return 0;
}
```

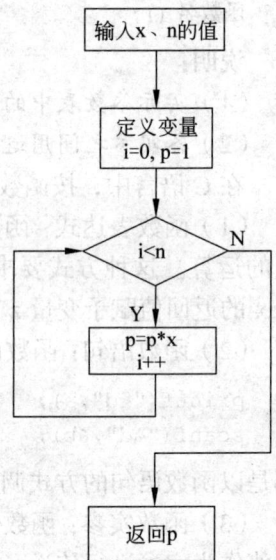

输入x、n的值

定义变量
i=0, p=1

i<n

p=p*x
i++

返回p

图 5-2　求 x 的 n 次方的流程图

注意：x、f 定义为 double 类型，它的格式控制符应为 %lf，请不要写成 %f，以避免出错。

5.2.3 函数的参数传递

前面已经介绍过，函数的参数分为形参和实参两种。在本小节中，将进一步介绍形参、实参的特点和两者的关系。

形参出现在函数定义中，在整个函数体内都可以使用，离开该函数则不能使用，它主要用来接收从主调函数传递来的数据。实参出现在主调函数中，进入被调函数后，实参变量也不能使用。形参和实参的功能是实现数据传送：进行函数调用时，主调函数把实参的值传送给被调函数的形参，从而实现主调函数向被调函数的数据传送，达到被调函数从主调函数接收数据的目的，从而实现数据共享。

函数的形参和实参具有以下特点。

（1）形参变量只有在被调用时才分配内存单元，在调用结束时，立即释放所分配的内存单元。因此，形参只在函数内部有效，函数调用结束且返回主调函数后则不能再使用该形参变量。

（2）实参可以是常量、变量、表达式、函数等，无论实参是何种类型的量，在进行函数调用时，它们都必须具有确定的值，以便把这些值传送给形参，因此应预先用赋值、输入等办法使实参获得确定值。

（3）实参和形参在数量、类型、顺序上应严格一致，否则会发生"类型不匹配"的错误。

（4）函数调用中发生的数据传送是单向的，即只能把实参的值传送给形参，而不能把形参的值反向地传送给实参，因此在函数调用过程中，形参的值会发生改变，而实参中的值不会变。

【例 5-4】 定义一个函数，从主调函数接收两个数据，并使之交换。

```c
#include<stdio.h>
void swap(int a,int b)
{
    int temp;
    temp=a;a=b;b=temp;
}
int main()
{
    int x,y;
    void swap(int,int);
    printf("enter numbers(2):(x,y)\n");
    scanf("%d,%d",&x,&y);
    printf("before x=%d,y=%d\n",x,y);
    swap(x,y);
    printf("after x=%d,y=%d\n",x,y);
    return 0;
}
```

函数的参
数传递

运行结果：

```
enter numbers(2:(x,y)
4,5↙
before x=4,y=5
after x=4,y=5
```

说明： 从上面的运行结果可以看出，并没有达到交换的目的，这是因为这里采用的是传值调用，函数调用时传递的是实参的值，是单向传递过程，形参值的改变对实参不起作用。如图 5-3 所示为程序执行时变量的情况。

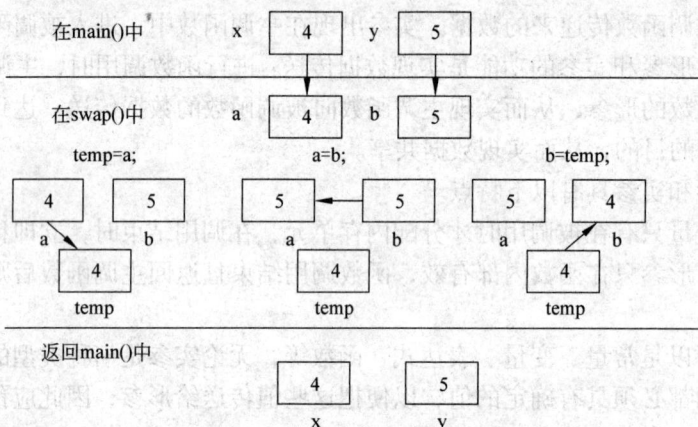

图 5-3　例 5-4 程序执行时变量的情况

5.2.4　函数的嵌套调用

我们知道，在 C 语言中，源程序由一个主函数和若干其他函数组成。在定义函数时，不允许进行嵌套的函数定义，各函数之间是平行的，不存在上一级函数和下一级函数的问题。但是 C 语言允许在一个函数的定义中出现对另一个函数的调用，这样就形成了函数的嵌套调用，即在被调函数中又调用其他函数，如图 5-4 所示。

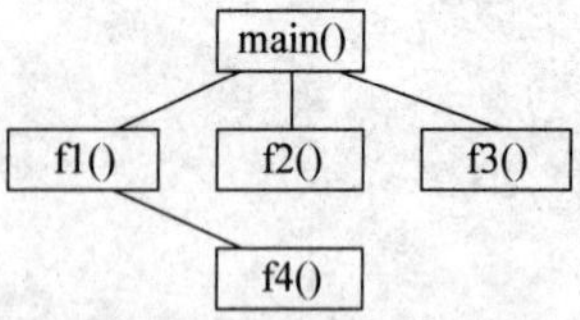

图 5-4　函数的嵌套调用

图 5-4 表示该程序由一个主函数和 4 个子函数 f1( )~f4( ) 组成。在执行时，其过程如下，操作系统从主函数（程序的入口点）开始执行程序，主函数分别调用了函数 f1( )~f3( )，而在调用的过程中，f1( ) 又嵌套调用了 f4( )。

【例 5-5】　求 $s = \dfrac{1}{1!} + \dfrac{1}{2!} + \dfrac{1}{3!} + \dfrac{1}{4!} + \dfrac{1}{5!}$。

分析： 先定义一个求 $n!$ 的函数，再定义一个求 n 个 $1/n$ 和的函数，然后通过主函数调用。

程序如下：

```
#include<stdio.h>
long fun1(int n)
```

```
{
    long data=1;              /*累乘求积的时候赋初值为1*/
    int i;
    if(n<0)
    {printf("input error");data=-1;}
    else if(n==0) data=1;
    else for(i=1;i<=n;i++)
    {
    data=data*i;
    }
    return data;
}
double sum()
{
    int i;
    double s=0;               /*累加求和的时候赋初值为0*/
    for(i=1;i<=5;i++)
    s+=1.0/fun1(i);           /*为了保留小数位,"/"号两边必须有小数类型的数据(如1.0),
                              使之隐式转换为double类型*/
    return s;
}
int main()
{
    printf("%.4lf\n",sum());
    return 0;
}
```

其执行过程如图 5-5 所示。

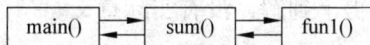

图 5-5 例 5-5 函数嵌套调用

其中,操作系统从主函数 main() 开始执行程序,顺序执行 main() 中的语句,当遇到调用 sum() 的语句时,则跳出主函数 main(),同时保留其断点,开始执行 sum()。在执行 sum() 的过程中又出现了调用 fun1() 的语句,则保留其断点地址,转去执行 fun1()。在执行 fun1() 过程中遇到 return 语句时,则返回 sum() 断点处,并取得返回值。值得一提的是,本例中在 sum() 中连续调用了 5 次 fun1(),就会 5 次从 sum() 中跳出,然后执行 fun1() 并返回。当最后一次执行完成后,返回到 sum() 中的断点处,然后继续执行紧接着的语句,碰到 return 语句时就跳出 sum(),回到调用 sum() 的主函数 main() 的断点处继续执行,直至遇到主函数中 "}" 程序结束。

5.2.5 函数的递归调用

函数可以直接或间接地调用自身,称为递归调用。所谓直接调用自身,就是指在一个

函数的递归调用

函数的函数体中出现了对自身的调用语句，例如：

```
void fun1(void)
{
  ...
  fun1( );                          /*调用 fun1 自身*/
  ...
}
```

下面的情况是函数间接调用自身：

```
void fun1(void)
{
  ...
  fun2( );
  ...
}
void fun2(void)
{
  ...
  fun1( );
  ...
}
```

这里 fun1( ) 调用了 fun2( )，而 fun2( ) 又调用了 fun1( )，于是构成了递归。那么在什么情况下用递归算法呢？

递归算法的实质是将原有的问题分解为新的问题，而解决新问题时又用到了原有问题的解法。按照这一原则分解下去，每次出现的新问题都是原有问题的简化子集，而最终分解出来的问题是一个已知解的问题，这便是有限的递归调用。只有有限的递归调用才是有意义的，无限的递归调用永远得不到解，没有实际意义。

递归的过程有两个阶段。

（1）第一阶段：递推。将原问题不断分解为新的问题，逐渐从未知向已知推进，最终达到已知的条件，即递归结束的条件，这时递推阶段结束。例如，要求 5！，可以这样分解：

5！=5*4！→4！=4*3！→3！=3*2！→2！=2*1！→1！=1*0！→0！=1
未知━━━━━━━━━━━━━━━━━━━━━━━━━━━━━━━━━━→已知

（2）第二阶段：回归。从已知的条件出发，按照递推的逆过程，逐一求值回归，最后达到递推的开始处，结束回归阶段，完成递归调用。例如，求 5！的回归阶段如下：

5！=5*4！=120←4！=4*3！=24←3！=3*2！=6←2！=2*1！=2←1！=1*0！←0！=1

【例 5-6】 用递归算法求 $n!$。

分析：计算 $n!$ 的公式如下。

$$n! = \begin{cases} 1, & n = 0 \\ n(n-1)!, & n > 0 \end{cases}$$

这是一个递推形式的公式，在描述"阶乘"算法时又用到"阶乘"这一概念，因而编程时也自然采用递归算法。递归的结束条件是 n 等于 0。

程序如下：

```c
#include<stdio.h>
long fun(int n)
{
  long s;
  if(n<0){printf("Illegal number！\n"); s=-1;}
  else if(n==0) s=1;
  else s=n*fun(n-1);
  return s;
}
int main()
{
  long fun(int );
  int n;
  printf("Please enter the number(n)(>=0)");
  scanf("%d",&n);
  printf("%d!=%ld\n",n,fun(n));
  return 0;
}
```

运行结果：

```
Please enter the number(n)(>=0)
5↙
5!=120
```

有些问题可以用递归算法，也可以不用递归，如例 5-6 求 n!。但有些问题必须用递归算法，比如下例。

【例 5-7】 汉诺（Hanoi）塔问题。问题是这样的：古代有一个梵塔，塔内有 3 个座 A、B、C，开始时 A 座上有 64 个盘子，盘子大小不等，大的在下，小的在上，如图 5-6 所示。要想把所有盘子从 A 座移到 C 座，且每次只允许移动一个盘子，中间可以利用 B 座过渡，要始终保持大盘在下，小盘在上。要求编程，并描述移动过程。

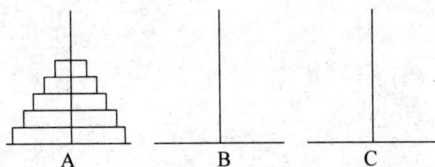

图 5-6　汉诺塔问题示意图

分析：这是一个古典的数学问题，是一个只能使用递归算法解决的问题。

将 n 个盘子从 A 座移到 C 座可以分解为下面 3 个步骤：

（1）将 A 上 $n-1$ 个盘子移到 B 上（借助 C）；

（2）将 A 上剩下的一个盘子移到 C 上；

（3）将 $n-1$ 个盘子从 B 移到 C 上（借助 A）。

事实上，上面步骤包含两种操作：

（1）将多个盘子从一个座移到另一个座上，这是一个递归过程；

（2）将一个盘子从一个座移到另一个座上。

于是用两个函数分别实现上面两种操作，用 hanoi( ) 函数实现第一种操作，用 move( ) 函数实现第二种操作。

程序如下：

```c
#include<stdio.h>
void move(char get,char put)
{
  printf("%c--->%c\n",get,put);
}
void hanoi(int n,char a,char b,char c)
{
  void move(char ,char );
  if(n==1) move(a,c);
  else
  {
    hanoi(n-1,a,c,b);
    move(a,c);
    hanoi(n-1,b,a,c);
  }
}
int main()
{
  int m;
  void hanoi(int ,char ,char ,char );
  printf("Enter the number(<=64)!\n");
  scanf("%d",&m);
  printf("Move %d:\n",m);
  hanoi(m,'A','B','C');
  return 0;
}
```

运行结果：

```
Enter the number(<=64)!
3✓
Move 3:
A--->C
A--->B
C--->B
A--->C
B--->A
B--->C
A--->C
```

5.2.6 系统标准函数

C语言的标准函数在前面已经有所涉及，由C语言系统提供，用户无须定义，也不必在程序中进行类型说明，只需在程序前包含该函数原型所在的头文件即可在程序中直接调用。

C语言强大的功能完全依赖它丰富的函数库，标准函数按功能可分为类型转换函数、字符判别与转换函数、字符串处理函数、标准 I/O 函数、文件管理函数、数学运算函数等，这些库函数分别在不同的头文件中声明。例如，标准输入函数 scanf( )、printf( )、gets( )、puts( )、getchar( )、putchar( ) 等在头文件 stdio.h 中定义，数学函数在 math.h 中定义。

【例 5-8】 求一个整数的绝对值。

分析：可以调用库函数 abs( ) 求之。程序如下：

```
#include<math.h>
#include<stdio.h>
int main()
{
  int m;
  printf("enter a integer！\n");
  scanf("%d",&m);
  printf("|%d|=%d\n",m,abs(m));
  return 0;
}
```

运行结果：

```
enter a integer！
-4
|-4|=4
```

说明： 使用标准函数时应知道其函数名及其功能；应了解所在的头文件，以便在调用前用 #include 编译预处理命令将其包含进去；应了解其形式参数的个数和类型。

5.3 局部变量和全局变量

在讨论函数的形参变量时曾经提到，形参变量只有在函数被调用期间才分配内存单元，调用结束后立即释放。这一点表明形参变量只有在函数内才是有效的，离开该函数就不能再使用。这种变量有效性的范围称为变量的作用域。不仅对于形参变量，C语言中所有的变量都有自己的作用域。变量声明的方式不同，其作用域也不同。C语言中的变量按作用域范围可分为两种，即局部变量和全局变量。

5.3.1 局部变量

在模块化程序设计中，要求每个模块都是独立的。一般来说，在一个模块中对数据

局部变量

113

的操作不会影响其他模块的数据，否则将无法保证数据的安全性，所以往往规定数据的作用域。

局部变量也称为内部变量，它是在函数内进行定义说明的，其作用域仅限于其所在的函数内，离开该函数后再使用这种变量是非法的。

例如：

```
/* 函数 f1 */
int f1(int a)
{
    int b,c;
    ...
}                 } a、b、c 的作用域
int main()
{
    int m,n;
    ...           } m、n 的作用域
    return 0;
}
```

在函数 f1( ) 内定义了 3 个变量，a 为形参，b、c 为一般变量。在 f1( ) 函数的范围内 a、b、c 有效，或者说 a、b、c 变量的作用域限于 f1( ) 内。m、n 的作用域限于 main( ) 内。

【例 5-9】 局部变量的使用。

```
#include<stdio.h>
void fun()
{
    int a=3,b=4;
    printf("%d,%d",a,b);
}
int main()
{
    printf("%d,%d",a,b);
    return 0;
}
```

结果程序在编译时出现两处错误：

• error C2065: 'a' : undeclared identifier。
• error C2065: 'b' : undeclared identifier。

这就说明在函数中定义的变量只能在本函数中使用。

关于局部变量的作用域还要说明以下几点。

（1）主函数中定义的变量只能在主函数中使用，不能在其他函数中使用。同时，主函数中不能使用其他函数中定义的变量。因为主函数也是一个函数，它与其他函数是平行关系，应予以注意。

（2）形参变量属于被调函数的局部变量，实参变量一般情况下属于主调函数的局部变量。

（3）允许在不同的函数中使用相同的变量名，它们代表不同的对象，分配不同的单元，互不干扰，也不会发生混淆。如在例 5-3 中，形参和实参的变量名都为 n，是完全允许的。

（4）在复合语句中也可定义变量，其作用域只在复合语句范围内。例如：

```
int main()
{
  int s,a;
  ...
  {
    int b;
    s=a+b;
    ...
  }
  ...
}
```

b 的作用域

s、a 的作用域

【例 5-10】 在复合语句中定义变量示例。

```
#include<stdio.h>
int main()
{
  int i=2,j=3,k;
  k=i+j;
  {
    int k=8;
    if(i==2){ i=3;printf("k1=%d\n",k); }
  }
  printf("i=%d\nk2=%d\n",i,k);
  return 0;
}
```

运行结果：

```
k1=8
i=3
k2=5
```

本程序在 main( ) 中定义了 i、j、k 三个变量，其中 k 未赋初值。在该程序中又出现了由 "{}" 括起来的复合语句块，而在复合语句块内又定义了一个变量 k，并赋初值为 8。应该注意这两个 k 不是同一个变量。在复合语句块外由 main( ) 定义的 k 起作用，而在复合语句块内则由在复合语句块内定义的 k 起作用，因此程序第 5 行的 k 为 main( ) 所定义，其值应为 5。第 8 行输出 k 值，该行在复合语句块内，由复合语句块内定义的 k 起作用，对于外部定义的 k 起屏蔽作用，其初值为 8，故输出值为 8，第 10 行输出 i、k 的值。其中，i 是在整个程序中有效的，第 8 行对 i 赋值为 3，故输出也为 3。而第 10 行已在复合语句之外，输出的 k 应为 main( ) 所定义的 k，此 k 值为 5，故输出也为 5。

5.3.2 全局变量

我们知道，程序的编译单位是源程序文件，一个文件可以包含一个或若干个函数。在函数内定义的变量是局部变量，而在函数之外定义的变量称为全局变量，也称外部变量，

全局变量

115

它不属于哪一个函数，而属于一个源程序文件，可以被本文件中的所有函数共用。它的作用域为从定义全局变量开始到本文件结束。如果一个函数的定义在全局变量之前，想要使用该全局变量，一般应进行全局变量说明。只有在函数的前面或内部进行了说明，才能使用全局变量。全局变量的说明符为 extern。但在一个函数之前定义的全局变量，在该函数内使用时可不再加以说明。例如：

```c
int a,b;        /*外部变量*/
void f1()       /*函数 f1*/
{
   ...
}
float x,y;      /*外部变量*/
int f2()        /*函数 f2*/
{
   ...
}
int main()      /*主函数*/
{
   ...
   return 0;
}
```

从上例可以看出 a、b、x、y 都是在函数外部定义的外部变量，都是全局变量。但 x、y 定义在函数 f1( ) 之后，而在 f1( ) 内又无对 x、y 的说明，所以它们在 f1( ) 内无效。a、b 定义在源程序最前面，因此即使在 f1( )、f2( ) 及 main( ) 内不加以说明也可使用。

【例 5-11】 输入立方体的长 len、宽 w、高 h，求体积及 3 个面的面积。

```c
#include<stdio.h>
int s1,s2,s3;
int vs( int a,int b,int c)
{
   int v;
   v=a*b*c;
   s1=a*b;
   s2=b*c;
   s3=a*c;
   return v;
}
int main()
{
   int v,len,w,h;
   printf("\nPlease enter length,width,high:\n");
   scanf("%d,%d,%d",&len,&w,&h);
   v=vs(len,w,h);
   printf("v=%d s1=%d s2=%d s3=%d\n",v,s1,s2,s3);
   return 0;
}
```

本程序中定义了 3 个外部变量 s1、s2、s3，分别用来存放 3 个面积，其作用域为整个程序。函数 vs( ) 用来求立方体体积和 3 个面积，函数的返回值为体积 v。由主函数完成长、宽、高的输入及结果输出。由于 C 语言规定函数返回值只有一个，当需要增加函数的返回数据时，用外部变量是一种很好的方式。本例中，如不使用外部变量，在主函数中就不可能取得 v、s1、s2、s3 四个值。而采用了外部变量，在函数 vs( ) 中求得的 s1、s2、s3 值在 main( ) 中仍然有效。因此，外部变量是实现函数之间数据通信的有效手段。

对于全局变量还有以下几点说明。

（1）对于局部变量的定义和说明，可以不加以区分。而对于外部变量则不然，外部变量的定义和外部变量的说明并不是一回事。外部变量定义必须在所有的函数之外，且只能定义一次。其一般形式为

```
[extern] 类型说明符 变量名1[,变量名2,...];
```

其中，方括号内的 extern 可以省略不写。

例如：

```
int a,b;
```

等效于：

```
extern int a,b;
```

而外部变量说明出现在要使用该外部变量的各个函数内，在整个程序内可能出现多次，外部变量说明的一般形式为

```
extern 类型说明符 变量名1[,变量名2,...];
```

外部变量在定义时就已分配了内存单元，外部变量定义可进行初始赋值，外部变量说明不能再赋初始值，只是表明在函数内要使用某外部变量。

（2）外部变量可加强函数模块之间的数据联系，但是又使函数要依赖这些变量，因而使得函数的独立性降低。从模块化程序设计的观点来看这是不利的，因此在不必要时尽量不要使用全局变量。

（3）在同一文件中，允许全局变量和局部变量同名。在局部变量的作用域内，全局变量不起作用。

【例 5-12】 局部变量和全局变量同名示例。

```
#include<stdio.h>
int vs(int len,int w)
{
  extern int h;
  int v;
  v=len*w*h;
  return v;
}
int main()
{
  extern int w,h;
  int len=5;
```

```
    printf("v=%d\n",vs(len,w));
    return 0;
}
int len=3,w=4,h=5;
```

运行结果：

```
v=100
```

本例程序中，外部变量在最后定义，因此在前面函数中必须对要用的外部变量进行说明。外部变量 len、w 和 vs 函数的形参 len、w 同名。外部变量都进行了初始赋值，main( ) 函数中也对 len 进行了初始化赋值。执行程序时，在 printf 语句中调用 vs( ) 函数，实参 len 的值应为 main( ) 中定义的 len 值，等于 5，外部变量 len 在 main( ) 内不起作用；实参 w 的值为外部变量，w 的值为 4，进入 vs 后将这两个值传送给形参 len、w，vs( ) 中使用 的 h 为外部变量，其值为 5，因此 v 的计算结果为 100，返回主函数后输出。

5.4　变量的存储属性

5.3 节已经介绍过，从作用域来分，变量可以分为全局变量和局部变量。从另外一个 角度考虑，即从变量的生存期（即在内存中存在时间）来看，可分为静态存储变量和动态 存储变量。

静态存储变量通常是在系统编译程序时就分配存储单元，直至整个程序结束。动态存 储变量是在程序执行过程中使用它时才分配存储单元，使用完后立即释放。

下面先看一下内存中供用户使用的内存空间的情况，这个存储空间可分为 3 部分，即 程序区、静态存储区、动态存储区。

数据分别存放在静态存储区和动态存储区中。全局变量全部存放在静态存储区中，如 例 5-11 中变量 len、w、h，在程序开始执行时系统给全局变量分配存储区，程序执行完 后，系统才释放其所占内存空间。动态存储区一般存放这样的数据，在变量定义时并不为 其分配存储单元，只是在函数被调用时才予以分配，调用函数完后立即释放，典型的例 子是函数的形式参数。如果一个函数被多次调用，则反复地分配、释放形参变量的存储 单元。

从以上分析可知，静态存储变量所占的内存在程序运行期间是一直存在的，而动态存 储变量则时而存在时而消失，"用之则建，用完则撤"，把这种由于变量存储方式不同而产 生的特性称为变量的生存期。变量生存期表示了变量存在的时间。

生存期和作用域是从时间和空间这两个不同的角度来描述变量的特性，这两者既有联 系，又有区别。一个变量究竟属于哪一种存储方式，并不能仅从其作用域来判断，还应有 明确的存储类型说明。

在 C 语言中，变量有 4 种存储类型，即 auto（自动）变量、register（寄存器）变量、 extern（外部）变量、static（静态）变量。

自动变量和寄存器变量属于动态存储方式，外部变量和静态变量属于静态存储方式。 在介绍了变量的存储类型之后，可以知道对于一个变量，不仅应说明其数据类型，还应说

明其存储类型。因此，变量说明的完整形式应为

存储类型说明符　数据类型说明符　变量名 1[，变量名 2...]；

例如：

```
static int a,b;                  /*说明 a、b 为静态整型变量*/
auto char c1,c2;                 /*说明 c1、c2 为自动字符变量*/
static int a[5]={1,2,3,4,5};     /*说明 a 为静态整型数组*/
extern int x,y;                  /*说明 x、y 为外部整型变量*/
```

5.4.1　自动变量

自动变量的类型说明符为 auto，这种存储类型是 C 语言程序中使用非常广泛的一种类型。C 语言规定，函数内凡未加存储类型说明的变量均视为自动变量，也就是说自动变量可省去说明符 auto。在前面各项目的程序中，凡未加存储类型说明符的局部变量都是自动变量。

例如：

```
void f()
{
  int i,j,k;
  char c;
  ...
}
```

等价于：

```
void f()
{
  auto int i,j,k;
  auto char c;
  ...
}
```

自动变量具有以下特点。

（1）自动变量的作用域仅限于定义该变量的程序体内（函数或复合语句内）。在函数中定义的自动变量只在该函数内有效。在复合语句中定义的自动变量只在该复合语句中有效。例如：

```
int kv(int a)
{
  auto int x,y;
  {
  auto char c;          } c 的作用域        } a、x、y 的作用域
  }
  ...
  }
```

（2）自动变量属于动态存储方式，只有在使用它时，即定义该变量的函数被调用时才分配存储单元，开始它的生存期；函数调用结束后，释放存储单元，结束生存期。因此函数调用结束之后，自动变量的值不能保留。在复合语句中定义的自动变量，在退出复合语句后也不能再使用，否则将引起错误。

【例 5-13】 自动变量应用示例 1。

```c
int main()
{
  auto int a, p;
  printf("\ninput a number:\n");
  scanf("%d",&a);
  if(a>0)
  {
    int s;
    s=a+a;
    p=a*a;
  }
  printf("s=%d p=%d\n",s,p);
  return 0;
}
```

其中，s 是在复合语句内定义的自动变量，只在该复合语句内有效。而程序的第 12 行却是退出复合语句之后用 printf 语句输出 s 的值，这显然会引起错误。

（3）由于自动变量的作用域和生存期都局限于定义它的程序体内（函数或复合语句内），因此不同的程序体中允许使用同名的变量而不会混淆。即使在函数内定义的自动变量也可与该函数内部的复合语句中定义的自动变量同名。

【例 5-14】 自动变量应用示例 2。

```c
#include<stdio.h>
int main()
{
  auto int a,s=100,p=100;
  printf("\ninput a number:\n");
  scanf("%d",&a);
  if(a>0)
  {
    auto int s,p;
    s=a+a;
    p=a*a;
    printf("s=%d p=%d\n",s,p);
  }
  printf("s=%d p=%d\n",s,p);
  return 0;
}
```

本程序在 main( ) 函数中和复合语句内两次定义了变量 s、p 为自动变量。按照 C 语言的规定，在复合语句内，应由复合语句中定义的 s、p 起作用，故 s 的值应为 a+a，p 的值为 a×a。退出复合语句后的 s、p 应为 main( ) 所定义的 s、p，其值在初始化时给定，均为100。从输出结果可以分析出两个 s 和两个 p 虽变量名相同，但却是两个不同的变量。

5.4.2　静态变量

静态变量的类型说明符是 static。静态变量属于静态存储方式，但是属于静态存储方式的变量不一定就是静态变量。例如，外部变量虽属于静态存储方式，但不一定是静态变量，必须由 static 加以定义后才能成为静态外部变量，或称静态全局变量。对于自动变量，前面已经介绍过它属于动态存储方式。但是也可以用 static 定义它为静态局部变量，从而成为静态存储方式。

由此看来，一个变量可由 static 进行再说明，并改变其原有的存储方式。

1. 静态局部变量

在局部变量的说明前再加上 static 说明符就构成静态局部变量。例如：

```
static int a,b;
```

【例 5-15】 将变量说明为自动变量。

```
#include<stdio.h>
int main()
{
  int i;
  void fun();                    /*函数说明*/
  for(i=1;i<=3;i++)
  fun();                         /*函数调用*/
  printf("\n");
  return 0;
}
void fun()                       /*函数定义*/
{
  auto int k=0;
  k++;
  printf("%d\t",k);
}
```

运行结果：

```
1        1          1
```

例 5-15 中定义了函数 fun( )，其中的变量 k 说明为自动变量并赋予初始值为 0。当main( ) 中多次调用 fun( ) 时，k 均赋初值为 0，故每次输出值均为 1。现在把 k 改为静态局部变量，分析如下程序。

【**例 5-16**】 将变量说明为静态变量。

```
#include<stdio.h>
int main()
{
  int i;
  void fun();                        /* 函数说明 */
  for(i=1;i<=3;i++)
  fun();                             /* 函数调用 */
  printf("\n");
  return 0;
}
void fun()                           /* 函数定义 */
{
  static int k=0;
  k++;
  printf("%d\t",k);
}
```

运行结果：

1   2   3

例 5-16 中由于 k 为静态变量，能在每次调用后保留其值并在下一次调用时继续使用，所以输出值成为累加的结果。读者可自行分析其执行过程。

静态局部变量属于静态存储方式，它具有以下特点。

（1）静态局部变量在函数内定义，但不像自动变量那样，当调用时就存在，退出函数时就消失。静态局部变量始终存在着，也就是说它的生存期为整个源程序。

（2）静态局部变量的生存期虽然为整个源程序，但是其作用域仍与自动变量相同，即只能在定义该变量的函数内使用该变量。退出该函数后，尽管该变量还继续存在，但不能使用它。

（3）对基本类型的静态局部变量，若在说明时未赋予初值，则系统自动赋予 0 值。而不对自动变量赋初值，则其值是不定的。

根据静态局部变量的特点，可以看出它是一种生存期为整个源程序的变量。虽然离开定义它的函数后不能使用，但如再次调用定义它的函数，又可继续使用它，而且保存了前次被调用后留下的值。因此，当多次调用一个函数且要求在调用之间保留某些变量的值时，可考虑采用静态局部变量。虽然用全局变量也可以达到上述目的，但全局变量有时会造成意外的副作用，因此仍以采用局部静态变量为宜。

2. 静态全局变量

全局变量（外部变量）的说明之前再冠以 static 就构成了静态的全局变量。全局变量本身就是静态存储方式，静态全局变量当然也是静态存储方式，这两者在存储方式上并无不同。这两者的区别在于非静态全局变量的作用域是整个源程序，当一个源程序由多个文件组成时，非静态的全局变量在各个文件中都是有效的。而静态全局变量则限制了其作用域，即只在定义该变量的文件内有效，在同一源程序的其他文件中不能使用它。由于静态全局变量的作用域局限于一个文件内，只能为该文件内的函数使用，因此可以避免在其他文件中引起错误。从以上分析可以看出，把局部变量改变为静态变量是改变了它的存储方式，即改变了它的生存期。把全局变量改变为静态变量是改变了它的作用域，即限制了它的使用范围。因此，static 这个说明符在不同的地方所起的作用是不同的，应予以注意。

5.4.3　外部变量

外部变量的类型说明符为 extern。

在前面介绍全局变量时已介绍过外部变量。这里再补充说明外部变量的几个特点。

（1）外部变量和全局变量是对同一类变量的两种不同角度的提法：全局变量是从它的作用域提出的；外部变量是从它的存储方式提出的，表示了它的生存期。

（2）当一个源程序由若干个文件组成时，在一个文件中定义的外部变量在其他文件中也有效。例如，有一个源程序由文件 F1.C 和 F2.C 组成。

F1.C:

```
int a,b;                    /*外部变量定义*/
char c;                     /*外部变量定义*/
int main()
{...}
```

F2.C:

```
extern int a,b;             /*外部变量说明*/
extern char c;              /*外部变量说明*/
func (int x,y)
{...}
```

在 F1.C 和 F2.C 两个文件中都要使用 a、b、c 三个变量。在 F1.C 文件中把 a、b、c 都定义为外部变量。在 F2.C 文件中用 extern 把 3 个变量说明为外部变量，表示这些变量已在其他文件中定义，编译系统不再为它们分配内存空间。

5.4.4　寄存器变量

上述各类变量都存放在存储器内，因此当对一个变量频繁读写时，必须反复访问内存储器，从而花费大量的存取时间。为此，C 语言提供了另一种变量，即寄存器变量。这种变量存放在 CPU 的寄存器中，使用时不需要访问内存，而直接从寄存器中读写，这样可提高效率。寄存器变量的说明符是 register。对于循环次数较多的循环控制变量及循环体内反复使用的变量均可定义为寄存器变量。

【例5-17】 求 1+2+3+…+100。

```c
#include<stdio.h>
int main()
{
    register i,sum=0;
    for(i=1;i<=100;i++)
        sum=sum+i;
    printf("sum=%d\n",sum);
    return 0;
}
```

本程序循环 100 次，i 和 sum 都将频繁使用，因此可定义为寄存器变量。

对寄存器变量还要说明以下几点。

（1）只有局部自动变量和形式参数才可以定义为寄存器变量，因为寄存器变量属于动态存储方式。凡需要采用静态存储方式的量不能定义为寄存器变量。

（2）在 Dev-C++ 等编程环境下使用 C 语言，实际上是把寄存器变量当作自动变量进行处理的，因此速度并不能提高。而在程序中允许使用寄存器变量只是为了与标准 C 保持一致。

（3）即使能真正使用寄存器变量的计算机，由于 CPU 中寄存器的个数是有限的，因此使用寄存器变量的个数也是有限的。

5.5 内部函数和外部函数

函数一旦定义后就可被其他函数调用，但当一个源程序由多个文件组成时，在一个文件中定义的函数能否被其他文件中的函数调用呢？为此，C 语言又把函数分为两类：内部函数和外部函数。

5.5.1 内部函数

如果在一个文件中定义的函数只能被本文件中的函数调用，而不能被同一源程序其他文件中的函数调用，这种函数称为内部函数。

在定义内部函数时，在函数的类型前面加上 static，即

static 类型说明符 函数名（形参表）

例如：

static int f(int a,int b);

内部函数也称为静态函数，但此处 static（静态）的含义已不是指存储方式，而是指对函数的调用范围只局限于本文件。因此，在不同的文件中定义同名的静态函数不会引起混淆。

5.5.2　外部函数

在定义函数时，在函数的类型前面加上 extern，即

extern 类型说明符 函数名 (形参表)

例如：

```
extern int f(int a,int b);
```

表示此函数是外部函数，外部函数在整个源程序中都有效。

如果在函数定义中没有说明 extern 或 static，则隐含为 extern。在一个文件的函数中调用其他文件中定义的外部函数时，应用 extern 说明被调函数为外部函数。

F1.C（文件一）：

```
int main()
{
    extern int f1(int i);    /*外部函数说明，表示 f1() 函数在其他文件中 */
    ...
}
```

F2.C（文件二）：

```
extern int f1(int i)        /*外部函数定义 */
{...}
```

5.6　编译预处理

编译预处理是 C 语言编译系统的一个重要组成部分。在编译程序开始编译之前，先由预处理程序对源程序中的预处理命令进行处理，然后才进行编译。预处理命令是源程序文件中以"#"开始的命令，常用的有文件包含命令、宏定义命令和条件编译命令。

5.6.1　文件包含

在 C 语言中，扩展名为 .h 的文件被称为头文件。它们包含了大量的符号常量定义、函数说明等。编程时若需要使用这些文件，就用文件包含命令把它们插入源程序中。

文件包含命令是以 #include 开始的预处理命令，其主要功能是将指定的文件内容嵌入文件包含命令所在的地方，取代该命令，从而把指定的文件和当前的源程序文件组成一个源文件。其使用形式有两种，即 #include" 文件名 " 与 #include< 文件名 >。

两种形式的区别是：用双撇号时，预处理程序首先在当前文件所在的文件目录中寻找文件，若找不到再到系统指定的文件夹中查找；用尖括号时，预处理程序在系统指定的文件夹中寻找文件。

一个大的程序可能分成几个模块，由多个程序员共同编写。公用信息可以单独组成一个文件，在其他文件中使用时，就可以用文件包含命令将其嵌入，节省了编程时间，提高了效率。

注意：

（1）文件包含命令放在源程序的开头较好，因为被包含文件的内容是被嵌入该文件包含命令所在的位置。

（2）一条文件包含命令只能包含一个文件，如想包含多个文件就需要多条命令。

（3）文件包含命令中的文件名必须包括文件名及其扩展名。

5.6.2　宏定义

C 语言源程序中允许用一个标识符来表示一个字符串，称为"宏定义"，其中，标识符称为"宏名"。若一个宏简单地表示一个常量，则该宏称为符号常量。在编译预处理时，对程序中所有出现的"宏名"，都用宏定义中的字符串去代换，称为"宏代换"或"宏展开"。

宏定义由源程序中的宏定义命令完成。宏展开由编译预处理程序自动完成。在 C 语言中，宏分为无参数宏和有参数宏两种。

1. 无参数宏

一般定义格式为

```
#define 标识符 字符串
```

其中：

（1）# 代表本行是编译预处理命令。

（2）define 是宏定义命令。

（3）标识符是所定义的宏名。

（4）字符串是宏名所代替的内容，可以是常数、表达式等。

【例 5-18】 计算半径已知的圆的面积和周长。

```
#define PI 3.14159
#include<stdio.h>
int main()
{
  float r,len,area;
  r=3.0;
  len=2*PI*r;
  area=PI*r*r;
  printf("len=%.2f\n",len);
  printf("area=%.2f\n",area);
  return 0;
}
```

其中，当编译预处理时，将用 3.14159 来代替程序中出现的 PI，相当于将所有出现 PI 的地方全部写成 3.14159。宏展开后，源程序即为

```
int main()
{
  float r,len,area;
  r=3.0;
  len=2*3.14159*r;
```

```
        area=3.14159I*r*r;
        printf("len=%.2f\n",len);
        printf("area=%.2f\n",area);
        return 0;
    }
```

说明：

（1）宏定义使用宏名来代替字符串，编译预处理程序对它不进行任何检查，如果有错误，只能在已经展开宏的源程序中发现。

（2）习惯上宏名用大写字母来表示，以区别于变量名。

（3）行末一般不加分号，若加分号，则把分号也看作字符串的一部分。

（4）宏定义必须写在函数之外，作用域从宏定义命令开始直到源程序的结束。

（5）在程序中不能对宏名赋值。

（6）宏定义允许嵌套，在宏定义的字符串中可以使用已经定义的宏名。例如：

```
#define PI 3.14159
#define R 3.0
#define AREA PI*R*R
```

2. 有参数宏

有参数宏类似于有参函数，它的定义形式为

```
#define 标识符（形式参数表）字符串
```

形式参数表类似于函数参数表，但是参数没有类型说明，它由用逗号分隔开的标识符组成，这些标识符在字符串中出现。例如：

```
#define S(a,b) a*b
```

其中 S 是宏名，a、b 是形式参数。当程序调用 S(3,2) 时，分别用实参 3、2 代替形参 a、b。即用 area=S(3,2) 代替 area=3*2。

有参数宏展开的规则是：在程序中如果有带实参的宏定义，则按照 #define 命令行中指定的"字符串"从左到右进行替换。如果串中包含宏定义中的形参，则用程序中相应的实参代替形参，其他字符原样保留，形成了替换后的字符串。

注意：

（1）有参数宏展开还是一个字符串的替换过程，只是将形参部分的字符串用相应的实参字符串替换。

（2）可以用 #undef 命令把原来的宏定义撤销。

【例 5-19】 用有参数宏定义表示两数中的较大数。

```
#define MAX(a,b) (a>b)?a:b
#include <stdio.h>
int main()
{
    int i=15,j=20;
    printf("MAX=%d\n",MAX(i,j));
    return 0;
}
```

宏展开后源程序为

```
int main()
{
  int i=15,j=20;
  printf("MAX=%d\n",(i>j)?i:j);
  return 0;
}
```

即宏展开时，将 a、b 用 i、j 替换，其他不变。

【例 5-20】 宏展开过程中参数替换示例。

```
#define S(a,b) a*b
#include <stdio.h>
int main()
{
  int x,y,area;
  printf(input 2 numbers:);
  scanf("%d,%d",&x,&y);
  area=S(x+y,x);
}
```

在该程序中，宏 S 的形参是 a 和 b，宏调用的实参是 x+y 和 x。宏展开的结果为 x+y*x，这与预期的结果不一样。在程序中为了实现求形参 a、b 的乘积，必须用

```
#define S(a,b) (a)*(b)
```

定义宏。这样宏展开后，其结果才为

```
(x+y)*(x)
```

由此可知，宏展开就是简单的符号替换，与函数调用有本质的不同。从以上例题可以看出宏调用很容易出错，因此使用有参数宏时必须十分小心，否则很容易出现意想不到的错误。建议尽量使用函数，避免不必要的麻烦。使用有参数宏时应注意以下事项。

（1）宏名与参数表之间不能有空格。有空格就变成了无参数宏定义。例如：

```
#define S(r) PI*r*r
area=S(3.0);
```

宏替换后成为

```
area=PI*3.0*3.0
```

（2）在宏定义中的形参是标识符，而宏调用中的实参可以是任意字符串（包括表达式）。

（3）在宏定义中，字符串内的形参最好用括号括起来，以避免出错。

（4）有参数宏和函数很相似，但有本质上的不同，主要的不同点如表 5-1 所示。

表 5-1 有参数宏和函数主要的不同点

参数	有 参 数 宏	函 数
形参	形参标识符不是变量，不分配内存单元，不进行类型说明	形参是局部与函数的变量，分配内存单元，必须进行类型说明
实参	实参是一个字符串，用它去代换形参标识符	实参是表达式，它的值被传给形参
结合	替换时只进行符号代换，不存在值传递的问题	调用时，实参把值传递给形参，进行值传递

5.6.3　条件编译

条件编译指令可以限定程序中的某些内容要在满足一定的条件下参与编译，以产生不同的目标代码。例如，可以在调试程序时增加一些调试语句，以达到跟踪的目的，并利用条件编译指令，限定当程序调试好后，重新编译时，使调试语句不参与编译。常用的条件编译语句有下列 5 种形式。

形式一：

```
#if 常量表达式
程序段
#endif
```

说明： 当"常量表达式"非零时编译"程序段"。

形式二：

```
#if 常量表达式
程序段 1
#else
程序段 2
#endif
```

说明： 当"常量表达式"非零时编译"程序段 1"，否则编译"程序段 2"。

形式三：

```
#if 常量表达式 1
   程序段 1
#elif 常量表达式 2
   程序段 2
   ...
#elif 常量表达式 n
   程序段 n
#else
   程序段 n+1
#endif
```

说明： 当"常量表达式 1"非零时编译"程序段 1"；当"常量表达式 1"为零，"常量表达式 2"非零时编译"程序段 2"；当"常量表达式 1""常量表达式 2"……"常量表达式 $n-1$"均为零，"常量表达式 n"非零时编译"程序段 n"；其他情况下编译"程序段 n+1"。

形式四：

```
#ifdef 标识符
   程序段 1
#else
   程序段 2
#endif
```

说明： 如果"标识符"经 #define 定义过，并且未经 #undef 删除，则编译"程序段 1"；否则编译"程序段 2"。如果没有"程序段 2"，则 #else 可以省略为

```
#ifdef 标识符
    程序段 1
#endif
```

形式五：

```
#ifndef 标识符
    程序段 1
#else
    程序段 2
#endif
```

说明： 如果"标识符"#define 未经定义过,或者虽定义过,但未经 #undef 删除,则编译"程序段 1"；否则编译"程序段 2"。如果没有"程序段 2",则 #else 可以省略为

```
#ifndef 标识符
    程序段 1
#endif
```

【例 5-21】 条件编译示例。

```
#define TRUE 1
#define MAX(X,Y) (X>=Y?X:Y)
#define MIN(X,Y) (X<=Y?X:Y)
#include<stdio.h>
int main()
{
  int a,b,s;
  printf("Please enter 2 numbers:(a,b)");
  scanf("%d,%d",&a,&b);
#if TRUE
  s=MAX(a,b);
  printf("MAX(%d,%d)=%d\n",a,b,s);
#else
  s=MIN(a,b);
  printf("MIN(%d,%d)=%d\n",a,b,s);
#endif
#undef TRUE
#ifdef TRUE
  printf("The resust is %d\n",s);
#else
  printf("NO result!\n");
#endif
  return 0;
}
```

说明： 本例中共使用了两种条件编译形式,即形式二和形式四。在使用形式二的过程中,用宏 TRUE 作为条件编译的判断条件,然后用 #undef 对宏 TRUE 进行了取消。使用形式四时,根据宏 TRUE 是否已定义来编译相应的程序段。

经过编译与处理后,等价的程序段如下：

```
#include<stdio.h>
#define TRUE 1
#define MAX(X,Y) (X>=Y?X:Y)
#define MIN(X,Y) (X<=Y?X:Y)
int main()
{
  int a,b,s;
  printf("Please enter 2 numbers:(a,b)");
  scanf("%d,%d,%d",&a,&b);
  s=MAX(a,b);
  printf("MAX(%d,%d)=%d\n",a,b,s);
  printf("NO result!\n");
}
```

所以，程序的运行结果如下：

```
Please enter 2 numbers:(a,b)3,4↙
MAX(3,4)=4
NO result!
```

需要说明的是，条件编译当然可以用条件语句来实现，但是用条件语句将会对整个源程序进行编译，生成的目标代码很长。而采用条件编译，根据条件只编译其中相应的程序段，生成的目标程序较短。因此，如果条件选择的程序段很长，采用条件编译的方法是十分必要的。

5.7 案例分析与实现

下面对 5.1 节中的案例进行分析与实现。

案例 5-1： 验证哥德巴赫猜想。

案例分析：

（1）判断质数：质数是指除了 1 和它本身外没有其他因子的整数。一般用穷举法，从 2 至该数的平方根之间逐一进行比较，如其中有一个数是该数的因子就不是质数；否则便是质数。

（2）验证哥德巴赫猜想：对一个偶数，分解为两个质数的和，即 n=a+b。方法是从找最小的质数 a 为 3 开始（因为 2 是偶数，另一个必定是偶数，不可能是质数），判断 b=n-a 是否为质数，若 b 也是质数，则 n 符合要求；否则，找下一个质数 a，再判断 b。

程序如下：

```
#include<stdio.h>
#include<math.h>
int isprime(int m)
{
  int flag=1;
  int i;
  for(i=2;i<=sqrt(m);i++)
    if(m%i==0)
```

```
        {flag=0;break;}
    return flag;
}
int main()
{
    int n,x,a,b;
    printf("enter a even number:");
    scanf("%d",&x);
    for(n=6;n<=x;n+=2)
    for(a=3;a<=n/2;a+=2)
      if(isprime(a))
        {
        b=n-a;
        if(isprime(b))
        {
        printf("%d=%d+%d\n",n,a,b);
        break;
        }
        }
    return 0;
}
```

运行结果：

```
enter a even number:24↙
6=3+3
8=3+5
10=3+7
12=5+7
14=3+11
16=3+13
18=5+13
20=3+17
22=3+19
24=5+19
```

案例 5-2：抽奖游戏。

案例分析：

（1）用模块化编程思想，定义一个函数判断是否为获奖者，主函数只需要获得数据调用函数判断即可。

（2）在编写函数时，需要调用产生随机数的库函数 srand( ) 和 rand( )。

程序如下：

```
#include<stdio.h>
#include<stdlib.h>
int iswinner(int m)
{
    int x,seed;
```

```
    static int i=0;
    seed=++i;
    srand(seed);           /* 该库函数的功能是将随机种子传给 srand() 函数 */
    x=1+rand()%100;        /* rand() 函数功能是产生随机数, 和 100 取余的作用是产生
                              100 以内的整数 */
    printf("the computer's data is %d\n",x);
      if(x==m)
    return 1;
    else
    return 0;
}
int main()
{
    int iswinner(int)
    int data;
    int flag;
    do
    {
      printf(" Please enter your data:");
      scanf("%d",&data);
      if(iswinner(data))    /* 调用子函数来作为判断条件 */
        printf("You are winner!\n");
      else
        printf("You are loser!\n");
      printf("Again?(1/0)");
      scanf("%d",&flag);
      }while(flag);
    return 0;
}
```

运行结果:

```
Please enter your data:77↙
the computer's data is 46
You are loser!
Again?(1/0)1↙
Please enter your data:49↙
the computer's data is 49
You are winner!
Again?(1/0)0↙
```

小　　结

在模块化程序设计中, 函数是模块抽象的基本单位。编写函数的作用主要是实现模块化程序设计的编程思路, 将一个复杂的问题分解成若干相对独立的小问题, 便于"分工合作、分而治之", 这种方法在编写大的程序时非常有用。

一个 C 语言程序中有且只有一个主函数和若干个其他函数。主函数是程序的入口，主函数调用其他函数，其他函数之间可以互相调用。

函数的分类如下。

（1）库函数：由 C 语言系统提供的函数。

（2）用户定义函数：由用户自己定义的函数。

我们可以直接使用系统提供的库函数，只需在使用前用编译预处理命令 #include 把它所在的头文件包含进去即可。当然，库函数是十分有限的，我们往往需要自己定义函数。

函数定义的一般形式（方括号内为可选项）为

[extern/static] 类型说明符 函数名（[形参表]）

函数说明的一般形式为

[extern] 类型说明符 函数名（[形参表]）;

函数调用的一般形式为

函数名（[实参表]）

函数的参数分为形参和实参两种，形参出现在函数定义中，实参出现在函数调用中，发生函数调用时，将把实参的值传送给形参。

函数的值是指函数的返回值，它是在函数中由 return 语句返回的。

C 语言中，允许函数的嵌套调用和函数的递归调用。

从 3 个方面对变量分类，即变量的数据类型、变量作用域和变量的存储类型。之前主要介绍了变量的数据类型，本项目中介绍了变量的作用域和变量的存储类型。

变量的作用域是指变量在程序中的有效范围，分为局部变量和全局变量。

变量的存储类型是指变量在内存中的存储方式，分为静态存储和动态存储，表示了变量的生存期。

定义变量时不但要说明其类型，有时也要说明其存储属性，表示变量的生存期。变量存储属性说明可分为 4 类：自动（auto）变量、寄存器（register）变量、静态（static）变量和外部（extern）变量。

当一个源程序由多个文件组成时，C 语言又把函数分为两类，即内部函数和外部函数。内部函数不能被同一源程序其他文件中的函数调用，需要加 static 关键字来限定；外部函数在整个源程序中都有效，在一个文件的函数中调用其他文件中定义的外部函数时，应用 extern 说明被调函数为外部函数。

最后，简单介绍了 C 语言中编译预处理命令：文件包含、宏定义和条件编译及其用法。

习　题

一、选择题

1. 以下叙述不正确的是（　　　）。

　　A. 一个 C 语言源程序可以由一个或多个函数组成

　　B. 一个 C 语言源程序必须包含一个 main( ) 函数

　　C. C 语言程序的基本组成单位是函数

　　D. 在 C 语言程序中，注释说明只能位于一条语句的后面

2. C 语言中规定：在一个源程序中 main( ) 函数的位置（　　　）。

　　A. 必须在最开始　　　　　　　　　B. 必须在系统调用的库函数的后面

　　C. 可以任意　　　　　　　　　　　D. 必须在最后

3. 若程序中定义了以下函数：

```
double myadd(double a,double b)
{return (a+b);}
```

并将其放在调用语句之后，则在调用之前应该对该函数进行说明，以下选项中错误的说明是（　　　）。

　　A. double myadd(double a,b);　　　　B. double myadd(double,double);

　　C. double myadd(double b,double a);　　D. double myadd(double x,double y);

4. 有以下程序：

```
#include<stdio.h>
char fun(char x,char y)
{
  if(x<y)  return x;
  return y;
}
int main()
{
  int a='9',b='8',c='7';
  printf("%c\n",fun(fun(a,b),fun(b,c)));
  return 0;
}
```

程序的运行结果是（　　　）。

　　A. 函数调用出错　　　B. 8　　　　　　　C. 9　　　　　　　　D. 7

5. 下列叙述错误的是（　　　）。

　　A. 主函数中定义的变量在整个程序中都是有效的

　　B. 复合语句中定义的变量只在该复合语句中有效

　　C. 其他函数中定义的变量在主函数中不能使用

　　D. 形参是局部变量

6. 若函数的类型和 return 语句中表达式的类型不一致，则（　　　）。

　　A. 编译时出错

　　B. 运行时出现不确定的结果

　　C. 不会出错，且返回值的类型以 return 语句中表达式的类型为准

　　D. 不会出错，且返回值的类型以函数类型为准

7. 在函数调用语句 "f(g(x,y),z=x+y,(x,y));" 中，实参的个数是（　　　）。

　　A. 3　　　　　　　B. 4　　　　　　　C. 5　　　　　　　D. 7

8. 设函数 fun( ) 的说明形式为"void fun(int,int*);"，利用函数 fun( ) 对整数 5 和整型变量 j 进行实参调用，正确的调用形式是（　　　）。

    A. fun(&5,&j)　　　　B. fun(5,j)　　　　C. fun(5,&j)　　　　D. fun(&5,j)

9. 下面的函数定义正确的是（　　　）。

    A.

```
float fun(float x;float y)
{return x*y;}
```

    B.

```
float fun(float x,y)
{return x*y;}
```

    C.

```
float fun(x,y)
{int x,y;return x*y;}
```

    D.

```
float fun(int x,int y)
{return x*y;}
```

10. C 语言中形参的默认存储类型是（　　　）。

    A. 自动（auto）　　　　　　　　B. 静态（static）

    C. 寄存器（register）　　　　　　D. 外部（extern）

11. 以下由 for 语句构成的循环执行了（　　　）次。

```
#define N 2
#define M N+1
#define NUM (M+1)*M/2
int main()
{
  int i,n=0;
  for(i=1;i<=NUM;i++)
    {n++;printf("%d",n);}
  printf("\n");
  return 0;
}
```

    A. 5　　　　　　　　B. 6　　　　　　　　C. 8　　　　　　　　D. 9

二、程序分析题

1. 写出程序的运行结果。

```
#include<stdio.h>
int m=10;
void f(int n)
{
  n=9/n;m=m/2;
}
int main()
{
  int n=3;
  f(n);
  printf("m=%d,n=%d\n",m,n);
  return 0;
}
```

2. 写出程序的运行结果。

```c
#include<stdio.h>
int isprime(int m)
{
  int i;
  for(i=2;m%i!=0;i++);
    return(i==m);
}
int main()
{
  int m=5;
  while(isprime(m))
  {
    printf("yes!%d\n",m);
    m++;
  }
  printf("not!%d\n",m);
  return 0;
}
```

3. 写出程序的运行结果。

```c
#include<stdio.h>
int m=1;
int fun(int m)
{
  int n=1;
  static int i=1;
  n++;
  i++;
  return m+n+i;
}
int main()
{
  int i;
  for(i=1;i<3;i++)
    printf("%4d",fun(m++));
  printf("\n");
  return 0;
}
```

三、编程题

1. 编写两个函数，分别求两个整数的最大公约数和最小公倍数。

2. 编写一个函数，求出 3 个数中的最大数。

3. 编写函数，功能为求圆柱的表面积和体积。编写程序调用，半径和高从键盘输入。

4. 编写一个函数 fun(n)，求任意整数的逆序数，如当 n=1234 时，函数值为 4321。

5. 定义一个宏，将大写字母变成小写字母。

项目 6 数 组

前面已经学习过简单的数据类型，如单个数据的变量，利用这些变量可以处理单个数据的存储、运算等。如果处理批量的同一类型数据，用变量处理起来比较麻烦，同时也不易实现。为了方便处理，把具有相同类型的一批变量按有序的形式组织起来，这些按序排列的同类数据元素的集合称为数组。在 C 语言中，数组属于构造数据类型。一个数组可以分解为多个数组元素，这些数组元素可以是基本数据类型，也可以是构造类型。按照数组元素的类型不同，数组又可分为数值数组、字符数组、指针数组、结构体数组等。一般情况下，在处理大批量数据时，将数组与循环结合使用。本项目主要介绍怎样使用数组处理同类型的批量数据。

6.1 案 例 引 入

案例 6-1：开灯问题。

有 n 盏灯，编号为 $1\sim n$，第 1 个人把所有灯打开，第 2 个人按下所有编号为 2 的倍数的开关（这些灯将被关掉），第 3 个人按下所有编号为 3 的倍数的开关（其中关掉的灯将被打开，开着的灯将被关闭），以此类推。一共有 k 个人，问最后有哪些灯开着？输入 n 和 k，输出开着的灯编号，$k \leqslant n \leqslant 1000$。

案例 6-2：字符串连接。

文档中常常会进行这样的操作：将一段文字粘贴到文档的某个指定位置，或者是删除选中的一段文字。用字符串的连接操作模拟文字的复制及粘贴：输入两个字符串 string1 和 string2，要求将 string2 连接到 string1 的末尾，输出连接后的字符串。

数组通过索引高效访问元素，广泛应用于数据存储、算法实现、字符串处理和多维数据处理等场景。学完相关知识后读者很容易就能实现上述案例。

6.2 一 维 数 组

6.2.1 一维数组的定义

一维数组
的定义

当数组中每个元素只带有一个下标时，称这样的数组为一维数组。一维数组常用来处理数列或一组数。一维数组的定义形式如下：

类型符 数组名 [整型常量表达式];

例如:

```
int a[10];
```

表示定义了一个名称为 a 的数组, 包括 10 个元素, 元素的类型均为 int 型。

说明:

(1) 数组的数据类型是 int 型, 规定了每个元素只能是 int 型。

(2) 数组名称的命名规则和变量的命名规则完全相同: 在同一个函数中, 数组的名称不能和其他局部变量的名称相同。

(3) 常量表达式表示数组元素的个数, 即数组所包含的最大元素个数, 在定义时需要指定。常量表达式中可以包括常量和符号常量。

(4) C 语言编译程序将为数组 a 在内存中开辟 10 个连续的存储单元, 如图 6-1 所示。

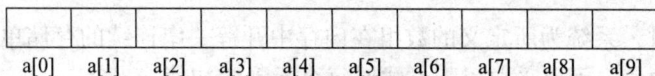

a[0]	a[1]	a[2]	a[3]	a[4]	a[5]	a[6]	a[7]	a[8]	a[9]

图 6-1 数组 a 在内存中的存储

(5) 最后用分号结尾。

注意: 在定义数组时, 数组大小必须是常量, 不能是变量或变量表达式。下面的代码试图动态定义数组的大小。

```
int n=5;
int a[n];              // 非法, n 是从变量传来的一个可变的值
```

该段代码将会导致编译出错, 因为 n 是一个变量。

如果在被调用的函数(不包括主函数)中定义数组, 其长度可以是变量或非常量表达式, 这种情况称为 "可变长度数组", 允许在每次调用 fun_max( ) 函数时, n 有不同值, 但在执行时, n 的值是不变的。例如:

```
void fun_max(int n)
{
  int a[2*n];         // 合法, n 的值是从实参传来一个确定的值
     ...    }
```

如果指定数组为静态存储方式 (static), 则不能用 "可变长度数组"。

6.2.2 一维数组元素的引用

C 语言规定, 不能直接存取整个数组, 对数组进行操作时需要引用数组的元素, 引用的格式为

数组名 [下标]

说明:

(1) 下标可以是整型变量或整型表达式。下标的最小值是 0, 最大值为数组的长度减 1。

(2) 定义 "folat a[5];" 中的 a[5] 在实际引用时不存在, 最后一个元素是 a[4]。

一维数组元素的引用

（3）一个数组元素实质上就是一个变量名，代表内存中的一个存储单元。一个数组占有一串连续的存储单元，因此不能整体引用一个数组。

（4）定义数组和引用数组元素时一定要使用下标运算符 []，不能使用括号。因为数组下标可以是整型变量，一般情况下可以利用一重循环结构对数组元素进行操作。

例如，把 1~10 存放在数组 a 中。

```
int a[10],i;
for(i=0;i<10;i++)
   {a[i]=i+1;}
```

结果是把 1~10 共 10 个整数依次存放在 a[0]~a[9] 共 10 个数据单元中。

6.2.3 一维数组的初始化

当定义数组时，系统为所定义的数组在内存中开辟一串连续的存储单元，这些存储单元中并没有确定的值，可以采取以下方式对每个元素赋初值。

在定义数组时对数组元素赋初值，格式为

类型符 数组名 [常量表达式]={ 表达式 1, 表达式 2, ..., 表达式 n};

这种赋值方式表示，在定义一个数组的同时，给各数组元素赋初值规则是：将第一个表达式的值赋给第一个数组元素，第二个表达式的值赋给第二个数组元素，以此类推。表达式的个数不能超过数组元素个数（即常量表达式的值）：如果小于元素的个数，则后面的元素为空（即数值型的补 0，字符型的补空字符）。

例如：

```
int c[5]={1,2,3,4,5};
```

初始化后的结果如图 6-2 所示。

1	2	3	4	5
c[0]	c[1]	c[2]	c[3]	c[4]

图 6-2　数组 c 初始化后的结果

说明：

（1）表达式列表要用大括号括起来，表达式列表为数组元素的初值列表。

（2）表达式之间用逗号分隔。

（3）表达式的个数不能超过数组元素的个数。

（4）如果在定义数组时未给变量赋初值，可以省略定义数组的大小，系统自动认定数组的大小为初值列表中表达式的个数。例如，下面定义的数组 d 的大小为 3。

```
int d[]={3,4,5};
```

但是，数组如果没有赋初值，在定义时则不能省略数组的大小。

（5）不能用数组名直接对另一个数组赋值。数组名不是代表全部的数组元素，而是代表数组在内存的首地址常量，数组名称不能被赋值。如果要复制一个数组，只能将数组中的每个元素逐个复制。

6.2.4 一维数组的程序举例

面积排序

【例 6-1】 有 10 个地区的面积，要求对它们按由小到大的顺序排列输出。

分析：排序方法是一种最重要的、基本的算法。排序的方法有很多，本例用起泡法排序。排序的基本思路是，每次将相邻两个数进行比较，将较小的数调到前面。排序过程如下，首先将第一个元素与第二个元素进行比较，若为逆序（a[0]>a[1]），则将两个元素交换，其次比较第二个元素和第三个元素。以此类推，直到第 $n-1$ 个元素完成比较为止。上述过程称为第一趟起泡排序过程，其结果使得最大的元素被放在了最后一个元素的位置上。然后，进行第二趟起泡排序，对前 $n-1$ 个元素进行同样的操作，将次大的元素放在第 $n-1$ 个元素的位置上。

假设有 6 个数：9、8、5、4、2、0，第一次先将前面的两个数 8 和 9 对调（见图 6-3），j=1 时第 2 和第 3 个数（9 和 5）不需要调换……如此共进行 5 次调整，最大的数 9 已"沉底"，成为最下面一个数，而小的数已"上升"。经过第 1 趟（共 5 次比较与交换）后，已得到最大的数 9。

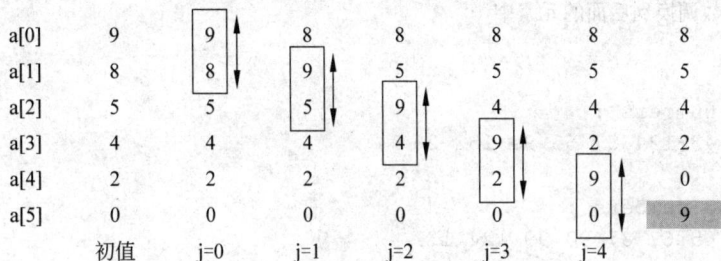

a[0]	9	9	8	8	8	8	8
a[1]	8	8	9	5	5	5	5
a[2]	5	5	5	9	4	4	4
a[3]	4	4	4	4	9	2	2
a[4]	2	2	2	2	2	9	0
a[5]	0	0	0	0	0	0	9
	初值	j=0	j=1	j=2	j=3	j=4	

图 6-3 第 1 趟比较后每个元素存放的值

然后进行第 2 趟比较，对余下的前 5 个数（8，5，4，2，0）进行新一轮的比较，以便使次大的数"沉底"。按以上方法进行第 2 趟比较，如图 6-4 所示。经过这一趟的 4 次比较与交换，得到次大的数 8。

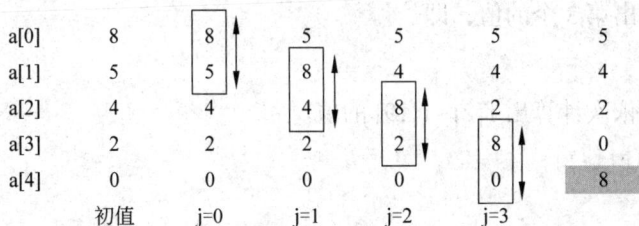

a[0]	8	8	5	5	5	5
a[1]	5	5	8	4	4	4
a[2]	4	4	4	8	2	2
a[3]	2	2	2	2	8	0
a[4]	0	0	0	0	0	8
	初值	j=0	j=1	j=2	j=3	

图 6-4 第 2 趟比较后每个元素存放的值

当元素两两比较时，对比的是 a[0]~a[5] 中当前存放的数。即当 j=0 时，a[0]~a[5] 中当前存放的数是初值；当 j=1 时，a[0]~a[5] 中当前存放的数是 j=0 时的结果；当 j=2 时，a[0]~a[5] 中当前存放的数是 j=1 时的结果，以此类推。例如，当 j=2 时比较的是 a[2] 与 a[3]，这两个元素的当前值为 j=1 时的对应结果，即 a[2]=8，a[3]=2；比较交换后为 j=2 时的结果，即 a[2]=2，a[3]=8。

如果有 n 个数，则要进行 $n-1$ 趟比较。在第 1 趟比较中要进行 $n-1$ 次两两比较，在

第 j 趟比较中要进行 $n-j$ 次两两比较。

程序如下：

```
#include <stdio.h>
int main()
{
  int a[10];
  int i,j,t;
  printf("input 10 numbers :\n");
  for (i=0;i<10;i++)
    scanf("%d",&a[i]);
  printf("\n");
  for(j=0;j<9;j++)
  // 进行 9 次循环，实现 9 趟比较
    for(i=0;i<9-j;i++)
      // 在每一趟中进行 9-j 次比较
      if(a[i]>a[i+1])
        // 实现两个相邻元素比较，把大的
          数调换到后面的元素中
                                      { t=a[i];
                                        a[i]=a[i+1];
                                        a[i+1]=t;
                                      }
  printf("the sorted numbers :\n");
  for(i=0;i<10;i++)
    printf("%d ",a[i]);
  printf("\n");
  return 0;
}
```

运行结果：

```
input 10 numbers :
34 67 90 43 124 87 65 99 132 26

the sorted numbers :
26 34 43 65 67 87 90 99 124 132
```

【例 6-2】 用数组来求 Fibonacci 数列问题。

分析：在例 4-13 中是用简单变量处理的，程序可以顺序计算并输出各数，但不能在内存中保存这些数。如果想直接输出数列中第 15 个数是很困难的。如果用数组来处理，每一个数组元素代表数列中的一个数，依次求出各数并存储在对应的数组元素中即可。

例如，定义数组长度为 20，初始化前两个元素 f[0] 和 f[1] 为 1，根据数列的特点，由前面两个元素计算出第 3 个的值，即

```
f[2]=f[0]+f[1];
```

在循环中可以依次计算出 f[2]~f[19] 的值。

```
f[i]=f[i-2]+f[i-1];
```

程序如下：

```
#include <stdio.h>
int main()
{
  int i;
  int f[20]={1,1};
  // 对最前面两个元素 f[0] 和 f[1] 赋初值 1
  for(i=2;i<20;i++)
    f[i]=f[i-2]+f[i-1];
    // 先后求出 f[2]~f[19] 的值
  for(i=0;i<20;i++)
  {
    if( i%5 == 0 )  printf("\n");
    // 控制每输出 5 个数后换行
    printf("%12d",f[i]);
    // 输出一个数
  }
  printf("\n");
  return 0;
}
```

运行结果：

```
    1      1      2      3      5
    8     13     21     34     55
   89    144    233    377    610
  987   1597   2584   4181   6765
```

6.3 二 维 数 组

6.3.1 二维数组的定义

当数组中每个元素带有两个下标时，称这样的数组为二维数组。一般情况下，在逻辑上可以把二维数组看作一个具有行和列的表格或一个矩阵。

二维数组的定义形式为

类型符　　数组名 [整型常量表达式 1] [整型常量表达式 2]

例如：

```
float pay[3][6];
```

定义了一个 3×6（3 行 6 列）的数组，共 18 个元素，数组名为 pay，数组元素的类型为 float 型。

说明：

（1）数据类型符、数组名称和整型常量表达式的用法和一维数组相同。

（2）元素的个数是两个常量表达式之积。可以把"常量表达式 1"看作行，"常量表达式 2"看作列，即：元素个数＝行数×列数。

（3）二维数组说明符中必须有用两个方括号括起来的常量表达式，第一个方括号中的下标代表行号，称为行下标；第二个方括号中的下标代表列号，称为列下标。

二维数组在形式上很像一个矩阵或者一个二维的表格，在内存中占一系列连续的存储单元，按行的顺序排放。

例如：

```
int bb[2][3]={{1,2,3},{4,5,6}};
```

可以把二维数组 bb 的所有元素放在一个二维表中，如图 6-5 所示。

说明：

（1）二维数组在定义后，系统为它申请内存。如果是一个 $m×n$ 的二维数组，需要申请 $m×n$ 的内存单元，每个内存单元所需的字节数取决于二维数组的类型。例如，上述的二维数组 bb，因为 int 型变量占用 4 字节（Visual Studio 2022 环境），那么 bb 数组需要 2×3×4=24 字节的内存。

（2）二维数组元素在内存中顺序排放，排列顺序是按行存放。即先顺序存放第一行的数组元素，然后存放第二行的数组元素，以此类推。上述的二维数组 bb 在内存中的映像如图 6-6 所示（假设系统为 bb 分配内存的首地址为 5C80）。

二维数组的定义

143

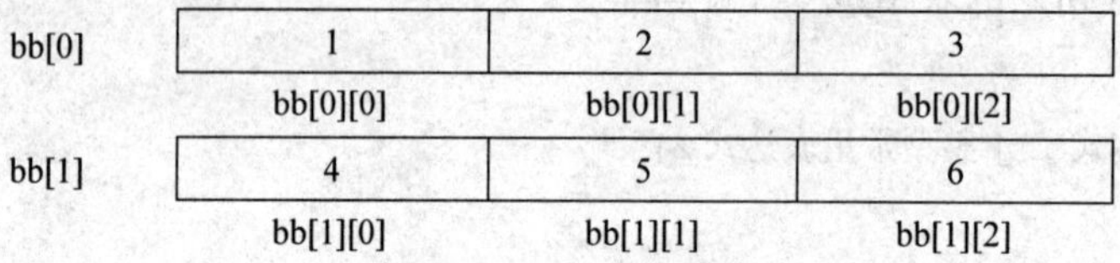

内存地址（十六进制）	数组元素
5C80	
5C81	
5C82	bb[0][0]
5C83	
5C84	
5C85	
5C86	bb[0][1]
5C87	
⋮	⋮
⋮	⋮
5CA0	
5CA1	
5CA2	bb[1][2]
5CA3	

bb[0]	1	2	3
	bb[0][0]	bb[0][1]	bb[0][2]
bb[1]	4	5	6
	bb[1][0]	bb[1][1]	bb[1][2]

图 6-5　二维数组 bb 元素存放及其对应的值　　图 6-6　二维数组 bb 在内存中的映像

（3）可以把二维数组每行看作一维数组，每行就是一维数组名。例如，上例二维数组可以看作由两个一维数组组成，即一维数组 bb[0] 和 bb[1]，而且 bb[0] 和 bb[1] 是一维数组名。

超过二维的数组称为多维数组，多维数组的定义、引用和存储等方式与二维数组相似。例如，可以定义一个三维的数组：

```
int c[2][3][4];
```

多维数组元素在内存中的排列规则是：最左面的下标变化得最慢，最右面的下标变化得最快。上述三维数组 c 的数组元素排列顺序如下：

```
c[0][0][0]=>c[0][0][1]=>c[0][0][2]=>c[0][0][3]=>
c[0][1][0]=>c[0][1][1]=>c[0][1][2]=>c[0][1][3]=>
c[0][2][0]=>c[0][2][1]=>c[0][2][2]=>c[0][2][3]=>
c[1][0][0]=>c[1][0][1]=>c[1][0][2]=>c[1][0][3]=>
c[1][1][0]=>c[1][1][1]=>c[1][1][2]=>c[1][1][3]=>
c[1][2][0]=>c[1][2][1]=>c[1][2][2]=>c[1][2][3]
```

6.3.2　二维数组元素的引用

二维数组元素的引用

引用二维数组元素时，必须带有两个下标。

二维数组元素的引用形式为

数组名 [下标] [下标]

例如：

```
int aa[4][3];
```

定义了一个4行3列的数组，那么它的12个数组元素为

```
aa[0][0],aa[0][1],aa[0][2],
aa[1][0],aa[1][1],aa[1][2],
aa[2][0],aa[2][1],aa[2][2],
aa[3][0],aa[3][1],aa[3][2]
```

说明：

（1）这12个数组元素相当于12个int型的变量，可以直接对它们进行操作。

```
a[0][0]=1;              // 将第一个元素赋值为1
a[0][1]=a[0][0]*2;      // 将第二个元素赋值为第一个元素的值乘2
```

（2）二维数组上下界范围。如果定义了一个 $m \times n$ 的二维数组，那么"行下标"的范围是 $0 \sim m-1$，"列下标"的范围是 $0 \sim n-1$。

（3）与一维数组元素的应用类似，二维数组元素引用的下标也可以是整型变量，一般情况下利用两重循环实现。下面的代码利用循环将一个 4×3 二维数组的所有数组元素赋值为0。

```
int i,j,aa[4][3];
for(i=0;i<4;i++)
{ for(j=0;j<3;j++)
  { aa[i][j]=0; }
}
```

6.3.3 二维数组的初始化

在定义二维数组时给数组元素赋初值有以下几种形式。

例如：

```
int a[3][4]={{1,2,3,4},{5,6,7,8},{9,10,11,12}};
```

说明：

（1）分行对数组元素赋初值。利用大括号和逗号实现，内部的大括号个数与行数依次对应，表示行的括号内的元素也是依次对应。赋初值后数组各元素为

```
1   2   3   4
5   6   7   8
9   10  11  12
```

（2）按照数组的内存映像顺序为数组元素赋初值，未指定的元素赋0。例如：

```
int a[3][4]={{1},{0,6},{0,0,11}};
```

初始化后的数组元素为

```
1    0    0    0
0    6    0    0
0    0    11   0
```

（3）如果只有一个大括号，也是按顺序赋值，未指定的元素赋0。例如：

`int a[3][4]={1,2,3,4,5,6,7,8,9};`

赋初值后数组各元素为

```
1    2    3    4
5    6    7    8
9    0    0    0
```

这种方法不如第（1）种，容易遗漏也不易检查。

（4）如果提供全部的初值数据，此时可以不指定第一维的长度。例如：

`int a[][3]={1,2,3,4,5,6,7,8,9};`

系统会根据初值数据的个数和第二维长度自动计算a的第一维长度，则a是3行3列的数组。但是，不能同时省略第二维的长度，否则初始化代码会导致编译出错。

6.3.4　二维数组的程序举例

【例6-3】 将一个二维数组行和列的元素互换后，存到另一个二维数组中。例如，将

$$a=\begin{bmatrix} 1 & 2 & 3 \\ 4 & 5 & 6 \end{bmatrix}$$

互换后变成

$$b=\begin{bmatrix} 1 & 4 \\ 2 & 5 \\ 3 & 6 \end{bmatrix}$$

分析：根据题意，定义两个二维数组，并给 a 数组直接赋初值，然后利用两重嵌套循环控制二维数组的下标实现，即将 a 数组的行下标转化为 b 数组的列下标，a 数组的列下标转化为 b 数组的行下标。使用循环并结合元素赋值直接实现。

程序如下：

```
#include<stdio.h>
int main()
{
    int i,j;
    int b[3][2],a[2][3]={{1,2,3},{4,5,6}};     //定义数组b、a,并给数组a赋初值
    for(i=0;i<2;i++)
    {
        for(j=0;j<3;j++)
```

二维数组
行和列元
素互换

```
        {
            b[j][i]=a[i][j];              // 利用两重循环把 a 的行和列互换，并存在数组 b 中
        }
    }
    for(j=0;j<3;j++)
    {
        for(i=0;i<2;i++)
        {
            printf("%6d ",b[j][i]);        // 利用两重循环把数组 b 输出
        }
        printf("\n");                      // 控制换行
    }
    return 0;
}
```

运行结果：

```
1    4
2    5
3    6
```

【例 6-4】　输入 $m \times n$ 整数矩阵，将矩阵中最大元素所在的行和最小元素所在的行对调后输出（m、n 小于 10）。

分析：因为 m、n 都是未知量，要进行处理的矩阵行列大小是变量。但我们可以定义一个比较大的二维数组，只使用其中的部分数组元素。本例中 m、n 均小于 10，可以定义 10×10 的二维数组。首先使用嵌套循环遍历二维数组的每个元素，从中找到最大元素和最小元素，同时记录最大元素和最小元素的行号 nMaxI 和 nMinI。用一个 n 次的循环，将 nMaxI 行的所有元素和 nMinI 行的所有元素互换。

程序如下：

```
#include<stdio.h>
int main()
{
    long lMatrix[10][10],lMin,lMax,lTemp;
    int i,j,m,n,nMaxI=0,nMinI=0;
    printf(" 输入矩阵的 m 值 :\n");           // 输入矩阵的 m 和 n
    scanf("%d",&m);
    printf(" 输入矩阵的 n 值 :\n");
    scanf("%d",&n);
    printf("\n 按行列输入矩阵 Matrix(%d*%d) 的每个元素 :\n",m,n);
                                           // 输入矩阵的每个元素
    for(i=0;i<m;i++)
    for(j=0;j<n;j++)
    {
        scanf("%ld",&lTemp);
        lMatrix[i][j]=lTemp;
    }
```

```
// 遍历二维数组的每个元素，记录最大元素所在的行号和最小元素所在的行号
lMin=lMax=lMatrix[0][0];
for(i=0;i<m;i++)
for(j=0;j<n;j++)
{
  if(lMatrix[i][j]>lMax)
  {
    lMax=lMatrix[i][j];
    nMaxI=i;
  }
  if(lMatrix[i][j]<lMin)
  {
lMin=lMatrix[i][j];
nMinI=i;
  }
}
for(j=0;j<n;j++)                    // 用循环将最大行和最小行的所有元素互换
{
lTemp=lMatrix[nMaxI][j];
lMatrix[nMaxI][j]=lMatrix[nMinI][j];
lMatrix[nMinI][j]=lTemp;
}
printf("\n 打印输出结果：\n");        // 打印输出结果
for(i=0;i<m;i++)
{
  for(j=0;j<n;j++)
    printf("%-5ld  ",lMatrix[i][j]);
  printf("\n");
}
return 0;}
```

运行结果：

输入矩阵的 m 值：

4

输入矩阵的 n 值：

4

按行列输入矩阵 Matrix(4×4) 的每个元素：

1	4	57	7
43	5	6	8
-1	4	6	8
5	6	7	8

打印输出结果：

-1	4	6	8
43	5	6	8
1	4	57	7
5	6	7	8

6.4　字符数组与字符串

C 语言本身并没有设置一种类型来定义字符串变量，字符串的存储完全依赖于字符数组。因此，在 C 语言中，字符串被系统当作字符数组来处理，但字符数组与字符串变量又不完全相同。

字符数组与字符串的区别是：字符数组的每个元素中可存放一个字符，但它并不限定最后一个字符是什么字符。如果字符数组的最后一个字符是结束标志 '\0'，则认为存储的是字符串。可以说：字符串是字符数组的一种具体应用。

6.4.1　一维字符数组

一维字符
数组

用来存放字符型数据的数组称为字符数组，它的每个数组元素存放一个字符。字符数组作为数组的其中一个类型，它的定义、初始化和引用的规则和前面所述的数组规则完全相同。

字符数组的输入/输出方法可分为两种：①逐个字符输入/输出，即用格式符 %c；②将整个字符串一次性输入/输出，即用格式符 %s。

例如，初始化一个字符数组并输出其内容。

```
char c[]={'I',' ','a','m',' ','h','a','p','p','y'};
int i;
printf("%s",c);               // 结果不确定，因为没有结束符
```

与下面不同：

```
for(i=0;i<10;i++)
  printf("%c",c[i]);
```

结果为

```
I am happy
```

说明：

（1）输出的字符中不包括结束符 '\0'。

（2）用 %s 格式符输出字符串时，printf( ) 函数中的输出项是字符数组名，而不是数组元素名。同时上例不能用 "printf("%s",c);" 语句输出，因为没有结束符。

（3）在字符数组中，遇到第一个 '\0' 时就结束输出。

（4）用 scanf( ) 函数输入字符串时，以空格为分隔符。如果输入多个字符串，应注意空格分隔符的作用是否得体。例如：

```
char str1[5],str2[5],str3[5];
scanf("%s%s%s",str1,str2,str3);
```

输入数据为

```
How are you?
```

则实际映像如图 6-7 所示。

H	0	w	\0	\0
a	r	e	\0	\0
y	0	u	?	\0

图 6-7　数组 str1~str3 在内存中的实际映像

【例 6-5】　输出一个已知的字符串。

分析：先定义一个字符数组，用初始化列表对其赋初值，然后用循环逐个输出字符数组中的字符。

程序如下：

```
#include <stdio.h>
int main()
{
char c[15]={'I',' ','a','m',' ','a',' ','s','t','u','d','e','n',
't','.'};
int i;
for(i=0;i<15;i++)
  printf("%c",c[i]);
printf("\n");
return 0;
}
```

运行结果：

```
I am a student.
```

6.4.2　字符串

字符串是常量，即用双引号括起来的字符序列，一般用字符数组存储。

1. 用一维数组存放字符串

（1）对字符串的约定。字符串借助于字符型一维数组存放，并规定以字符 '\0' 作为字符串的结束标志。\0 是 ASCII 码值等于 0 的字符，它是一个不可显示的字符，即"空操作符"。其作用只是作为一个标志，占用一个存储空间，不计入字符串的实际长度。

（2）表示字符串常量的约定。在表示字符串常量时，不需要人为在其末尾加入 '\0'，C 语言编译器会自动加上。

（3）字符串常量给出的是地址值。

若定义"char c[10];"，则"c=" China";"是不合法的。因为字符串常量在赋值过程中给出的是这个字符串在内存中所占的一串连续存储单元的首地址，而 c 是一个不可重新赋值的数组名，因此赋值不合法。

例如：

```
char c[]={"China"};
```

说明：字符串常量在内存中是以字符数组的形式来保存的。特别需要注意的是，数组的最后一个单元的值被系统自动加上一个字符 '\0'。换句话说，字符串是一种以字符 '\0' 为结尾的字符数组。这个 '\0' 的作用是标志字符串的结束。所以，字符串 "China" 在内存中的映像如图 6-8 所示。

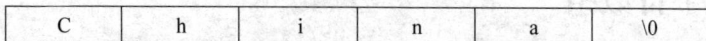

C	h	i	n	a	\0

图 6-8　字符串 "China" 在内存中的映像

实际上字符串 "China" 占用了 6 个内存单元。

2. 赋初值的方式，即给一维字符数组赋字符串

（1）与给一维数组赋初值相同，即把所赋初值依次放在一对大括号中，如 "char c[]={'C','h','i','n','a','\0'};" 等价于 "char c[]="China""。但注意并不等价于 "char c[]={'C','h','i','n','a'};"。前者比后者多一个空字符 '\0'，占用的单元多一个。

（2）在赋初值时直接赋字符串常量。例如，"char c[]={" I am happy"};" 习惯上省略大括号，即 "char c[]=" I am happy ";"。

对于字符数组 c，系统会自动加上 '\0'，所以不必加入 '\0'。

例如：

```
char c[10]={'C','h','i','n','a'};
```

C 语言程序有足够的空间，即数组的前 5 个元素被赋初值，后 5 个元素均被赋值为 0，0 和空字符 '\0' 从数值上看是完全相同的，因此等价于 "char c[10]="China";"。

3. 在程序执行时赋值，即在程序执行时给一维字符数组赋字符串

（1）不可以用赋值语句给字符数组整体赋一串字符。例如，定义一个字符数组 "char str[10];"，则下面的语句不合法：

```
str="C Program! ";
```

因为字符串常量给出的是地址值，而数组名 str 是一个地址常量，不能被重新赋值。

（2）给数组元素逐个赋字符值，最后加入字符串结束标志。例如：

```
char str[10];
int i;
for(i=0;i<9;i++)
scanf("%c",&str[i]);
str[i]= '\0';
```

4. 多个结束标志在字符串中的处理

如果在一个字符串中包括多个 '\0'（结束标志符），则遇到第一个时，表示字符串结束，把它前面的字符组成一个字符串。例如：

```
char str[]={'H','e','l','l','o','\0','O','K','\0'};
printf("%s,%d",str,strlen(str));
```

用 %s 格式符与数组名配合输出时遇到第一个 '\0' 时结束，strlen(str) 也是测试第一个 '\0'

前的字符串的长度，其中不计 '\0'，则结果为

```
Hello,5
```

6.4.3　二维字符数组

二维字符
数组

行代表字符串的个数，列代表存放字符串的长度。

（1）二维字符数组。数组中的每个元素又是一个存放字符串的一维数组，根据前面学过的二维数组，可以将一个二维字符数组看作一个字符串数组。例如：

```
char str[10][20];
```

可以理解为：数组 str 共有 10 个元素，每个元素可以存放 20 个字符。因此，二维字符数组的第一个下标决定了字符串的个数，第二个下标决定了字符串的长度。

（2）二维字符数组在定义时赋初值。例如，"char str[3][6]={ "Hello","are","you"};" 在内存中的存储如图 6-9 所示。

str[0]	H	e	l	l	o	\0
str[1]	a	r	e	\0	\0	\0
str[2]	y	o	u	\0	\0	\0

图 6-9　数组 str 在内存中的存储

（3）二维字符数组引用与二维数组一样，可以把 str[0]、str[1]、str[2] 看作 3 个一维字符数组名。例如：

```
char str[3][6]={ "Hello","are","you"};
printf("%s,%c,%s\n",str,str[1][1],str[1]);
```

str 作为整个二维字符数组输出，遇到第一个 '\0' 时结束，等价于 str[0]；str[1][1] 是输出第 2 行第 2 列的元素，具体位置如图 6-9 所示；str[1] 作为字符串名是输出第 2 个字符串，则结果为 "Hello,r,are"。

【例 6-6】　输出一个棱形图。

分析：平面棱形图案每行包括 5 个字符，其中有的是空白字符，有的是 '*' 字符。定义一个二维字符数组，用初始化列表进行初始化，然后用嵌套的 for 循环输出字符数组中的所有元素。

程序如下：

```
#include <stdio.h>
int main()
{ char diamond[][5]={{' ',' ','*'},{' ','*',' ','*'},{'*',' ',' ',
                     ' ','*'},{' ','*',' ','*'},{' ',' ','*'}};
  int i,j;
  for (i=0;i<5;i++)
  {
    for (j=0;j<5;j++)
```

```
        printf("%c",diamond[i][j]);
      printf("\n");
   }
   return 0;
}
```

运行结果：

```
    *
  *   *
*       *
*       *
    *
```

6.4.4　常用的字符串处理库函数

字符串
输出

1. 字符串输出

1）printf( ) 函数

用 printf( ) 函数输出字符串时，其调用形式如下：

```
printf("%c",字符数组元素);
```

或

```
printf("%s",字符数组名或字符串常量);
```

使用 printf( ) 函数输出字符串时可以使用 %c 格式符，利用循环逐个输出字符串的字符，利用字符串结束符 '\0' 作为循环中止的条件，打印字符串中的所有字符。例如：

```
char str[]="How are you";
int i;
for(i=0;str[i]!='\0';i++)
  printf("%c",str[i]);
```

还可以使用 printf( ) 函数的格式控制符 %s 输出字符串。

注意：与 %s 对应的是字符数组的名称或字符串常量。例如：

```
char str[]="How are you ";
printf("%s",str);
printf("%s"," How are you ");
```

2）puts( ) 函数

用 puts( ) 函数输出字符串时，其调用形式如下：

```
puts(字符数组名或字符串常量);
```

例如：

```
char str[]="How are you";
puts(str);
puts("How are you");
```

提示：不要试图输出一个没有字符串结束符的字符数组。下面是错误的代码：

```
char str[]={'h','e','l','l','o'};
printf("%s",str);
puts(str);
```

由于字符数组 str 没有 '\0'，printf( ) 和 puts( ) 会在输出 hello 以后，继续遍历后续的内存单元，直到遇到 '\0' 为止。这样的代码会导致不确定的字符输出。

2. 字符串输入

字符串输入

1）scanf( ) 函数

用 scanf( ) 函数输入字符串，用格式控制符 %s 时，其调用形式如下：

```
scanf("%s",字符数组名);
```

scanf( ) 函数在输入字符串时使用格式控制符 %s，与 %s 对应的是字符数组的名称，此时空格和回车符均作为输入数据的分隔符而不能被读入。例如：

```
char str[100];
scanf("%s",str);
printf("%s",str);
```

说明：程序运行到 scanf 语句后，假如用户输入 hello 并按 Enter 键，hello 这 5 个字符将被保存到 str[0]~str[4] 5 个数组元素中，并且 '\0' 被写到 str[5] 中。但使用 scanf 语句和格式控制符 %s 时有一些不足，当遇到空格时，scanf 的输入操作将中止。因此，无法使用 scanf 输入一个包含空格的字符串。如果上面的例子中，用户输入 hello world，保存到 str 数组里的将只有 hello，而不是完整的字符串 hello world。可以利用 scanf( ) 函数连续输入多个字符串。输入时字符串之间要用空格分隔。例如：

```
char s1[100],s2[100],s3[100];
scanf("%s%s%s",s1,s2,s3);
```

如果输入 how are you 并按 Enter 键，s1 中将存放 how，s2 中存放 are，s3 中存放 you。

2）gets( ) 函数

gets( ) 函数可以接收输入包含空格的完整句子，直到遇到换行符时结束。gets( ) 函数的调用形式为

```
gets(字符数组名);
```

gets( ) 函数的功能是接收用户键盘输入，将输入的字符串保存在字符数组中，如果接收到 Enter 键则返回，并在字符串的末尾加上字符串结束符 '\0'。例如：

```
char str[100];
gets(str);
puts(str);
```

如果用户输入 how are you 并按 Enter 键，how are you 这些字符将被保存在 str 里，并通过 puts 语句输出。

提示：Visual Studio 2022 不识别 gets( ) 函数，可以用 fgets( ) 替代，它允许指定接收字符串的最大长度，从而避免缓冲区溢出。例如，gets(str) 替换为 fgets(str, sizeof(str), stdin)。

注意：不论是使用 scanf( ) 还是 gets( )，存放输入字符串的字符数组都要定义成足够大，否则会造成数组越界操作，有可能导致程序异常。

3. 字符串比较

字符串比较可以使用 strcmp( ) 函数，使用时应包含头文件 string.h。其调用形式为

```
strcmp(字符串1,字符串2);
```

字符串比较
比较

如果字符串 1 和字符串 2 完全相等，函数返回 0；如果字符串 1 大于字符串 2，函数返回一个正整数；如果字符串 1 小于字符串 2，函数返回一个负整数。

字符串比较的规则是：将两个字符串从左至右逐个字符按照 ASCII 码值进行比较，直到出现不相等的字符或遇到 '\0' 为止。如果所有字符都相等，则这两个字符串相等。如果出现了不相等的字符，以第一个不相等字符的比较结果为准。下面的代码表示输入两个字符串，比较它们的大小并输出结果：

```
char s1[100],s2[100];
int i;
scanf("%s%s",s1,s2);
i=strcmp(s1,s2);
if(i==0)
  printf("s1==s2");
else if(i>0)
  printf("s1>s2");
else
  printf("s1<s2");
```

提示：不能通过直接比较两个字符数组的名称来决定两者是否相等。以下是错误的代码：

```
char s1[100],s2[100];
scanf("%s%s",s1,s2);
if(s1==s2)
  printf("same!");
```

s1 和 s2 是数组名称，它们代表的是数组的首地址，永远不可能相等。

4. 字符串复制

字符串的复制（或赋值）可以使用 strcpy( ) 函数，使用时应包含头文件 string.h。其调用形式为

```
strcpy(字符数组1,字符串2);
```

strcpy( ) 函数的功能是将字符串 2 的内容复制到字符数组 1 中，包括结尾的字符串结束符 '\0'。例如：

```
char s1[50];
char s2[]="word";
strcpy(s1,s2);
printf("%s",s1);
```

结果输出 word，说明 strcpy 已经将 s2 的字符串复制到了 s1 中。

例中的 s1 在定义时一定要足够大，以容纳 s2 的字符串；否则将造成数组越界操作，可能产生异常。下面的错误代码比较隐蔽：

```
char s2[]="ABC";
char s1[3];
strcpy(s1,s2);
printf("%s",s1);
```

表面上看 s2 只有 3 个元素，s1 长度定义为 3 就够了。但 strcpy 执行过程中将字符串结束符也一起复制过去，因此 s1 的长度应该至少定义为 4。

提示：不能用 s1=s2 这种方式来复制字符串，必须使用 strcpy( ) 函数进行。

5. 字符串连接

strcat( ) 函数可以将两个字符串连接起来，形成一个新的字符串，使用时应包含头文件 string.h。strcat( ) 函数的调用形式为

```
strcat(字符数组1，字符数组2);
```

功能：将字符串 2 续接到字符串 1 后面。例如：

```
char s1[50]="Good";
char s2[]="morning"
strcat(s1,s2);
printf("%s",s1);
```

结果输出：

```
Goodmorning
```

注意：s1 的总长度应该大于 s1 中存放的字符串的长度与 s2 中存放的字符串长度之和，否则连接将发生错误。

6. 取字符串长度

用 strlen( ) 函数可以取得一个字符串的长度，不包括结束符 '\0'（如果一个字符数组中有多个结束符，则取第一个结束符前的字符串的长度），使用时应包含头文件 string.h。strlen( ) 函数的调用形式为

```
strlen(字符串);
```

例如：

```
char str[]={'H','e','l','l','o','\0','a','r','e','\0','y','o','u','\0'};
printf("%d",strlen(str));
```

输出结果为

```
5
```

7. 其他

strlwr( ) 函数可以将字符数组中字符串的所有字母转换成小写字母。调用形式为

strlwr(字符数组名);

strupr( )函数可以将字符数组中字符串的所有字母转换成大写字母。调用形式为

strupr(字符数组名);

例如:

```
char s1[]="aaBB";
char s2[]="aaBB"
strlwr(s1);
strupr(s2);
```

程序运行后,s1 的字符串将被转换为 "aabb",s2 的字符串将被转换为 "AABB"。

6.4.5 字符数组程序举例

【例 6-7】 判断一个字符串是否是回文字符串。所谓回文字符串,就是正读和反读都一样的字符串。比如,"agpga" 是一个回文字符串。

分析:回文字符串的特征是,如果字符数组有 n 个元素,那么 a[0] 和 a[n-1] 是相同的;a[1] 和 a[n-2] 是相同的……以此类推。如果 n 为偶数,进行 $n/2$ 次比较;如果 n 为奇数,a[$n/2$] 这个元素正好是 n 个元素的中间元素,不用进行比较,也进行 n 次比较。

程序如下:

```
#include<stdio.h>
#include<string.h>
int main()
{
  char s[100];
  int i,nLen,nResult=1;
  printf("\n 输入字符串: ");        // 输入字符串
  gets(s);
  nLen=strlen(s);                  // 检查字符串是否是回文字符串
  for(i=0;i<nLen/2;i++)
    if(s[i]!=s[nLen-1-i])
    {
    nResult=0;                    // 不是回文字符串
    break;
    }
  if(nResult==1)                   // 根据 nResult 的值输出结果
    printf(" 这个字符串是回文字符串 ");
  else
    printf(" 这个字符串不是回文字符串 ");
  return 0;
}
```

运行结果:

输入字符串:

radar

输出：

这个字符串是回文字符串

统计英文
单词

【例 6-8】 输入一行字符，统计其中单词的个数（单词之间可能有多个空格）。

分析：问题的关键是怎样判断"出现了一个新的单词"。判断是否出现新单词，可以
由是否有空格出现来决定（连续多个空格作为一次空格，一行开头的空格不统计）。用变
量 word=1 表示新单词的出现，num 统计单词个数，如表 6-1 所示。

表 6-1　单词的判断与计数

当前字符为空格	前一个字符为空格	操　作
Y		未出现新单词：word=0，num 不累加
N	Y(word=0)	出现新单词：num+1，word=1
	N(word=1)	未出现新单词：num 不累加

如果当前字符为非空格字符，前一个字符为空格则表示新单词出现了，此时 word 置
为 1，num 累加 1；如果当前字符为非空格字符而前一个字符也是非空格，意味着一个单
词的继续，num 不变。

程序如下：

```
#include <stdio.h>
int main()
{
  char string[81];
  int i,num=0,word=0;
  char c;
  gets(string);                              // 输入一个字符串给字符数组 string
  for(i=0;(c=string[i])!='\0';i++)           // 只要字符不是 '\0' 就循环
    if(c==' ') word=0;                       // 若是空格字符，使 word 置 0
    else if(word==0)                         // 如果不是空格字符且 word 原值为 0
      {word=1;                               // 使 word 置 1
       num++;                                //num 累加 1，表示增加一个单词
      }
  printf("There are %d words in this line.\n",num);    // 输出单词数
  return 0;
}
```

运行结果：

```
I am a boy.
There are 4 words in this line.
```

6.5　数组作为函数的参数

函数调用时涉及的参数分为实参和形参，数组作为一种数据结构类型分两种情况参与
参数的传递：第一种情况是数组元素作为实参，第二种情况是数组名作为实参和形参。

6.5.1　数组元素只能作函数实参

函数的形参是在函数被调用时临时分配存储单元的,而数组是一个整体,在内存中占连续的一段存储单元,因此,不可能再为一个数组元素单独分配存储单元。所以,数组元素不能用作函数的形参,只能用作函数的实参。

数组元素的作用与变量相当,其用法与变量相同,向形参传递数组元素的值,即是"值传递"方式,数据传递方向是"从实参传到形参,单向传递"。

【例 6-9】 输入 10 个整数并存放在数组中,输出最大的整数及其序号。

分析:首先利用 for 循环输入 10 个整数并存放在数组 a 中,自编函数 max( ) 的功能是求两个数中较大的,然后利用主函数调用 max( ),依次比较数组 a 的元素,得出最大元素,并利用变量 n 记录该元素下标。

程序如下:

```
#include <stdio.h>
int main()
{int max(int x,int y);              // 函数声明
int a[10],m,n,i;
printf("enter 10 integer numbers:");
for(i=0;i<10;i++)                   // 输入 10 个整数, 并保存在数组 a 中
   scanf("%d",&a[i]);
printf("\n");
for(i=1,m=a[0],n=0;i<10;i++)        // 遍历数组, 求出最大的元素, 并用 n 记录下标
   {
if(max(m,a[i])>m)                   // 数组元素作为实参, 传值
      {m=max(m,a[i]);
       n=i;
       }
   }
   printf("The largest number is %d\nit is the %dth number.\n",m,n+1);
return 0 ;
}

int max(int x,int y)               // 比较两个数的大小, 返回较大的数
{
return(x>y?x:y);
}
```

运行结果:

```
enter 10 integer numbers:4 7 0 -3 4 34 67 -42 31 -76
The largest number is 67
it is the 7th number.
```

6.5.2 数组名作函数参数

数组名也可以作为函数的实参和形参，传递的是数组第一个元素的地址。数组名作函数实参时，向形参（数组名或指针变量）传递的是数组第一个元素的地址。它与数组元素不同之处是：数组元素作为实参时，向形参传递的是数组元素的值。

数组名作为实参时，被调用的函数首部有 3 种形式：sort(int *array)、sort(int array[])、sort(int array[10])。

【例 6-10】 利用选择排序法对 10 名学生的成绩进行递增排序，并输出排序结果。

分析：选择排序法的基本思路是，从所有元素中找出最小的元素并和第 1 个元素交换，接着从余下的元素中找出最小的元素并和第 2 个元素交换，再从余下的元素中找出最小的元素并和第 3 个元素交换，以此类推。

加底色的区域表示已排好序的元素，每一趟需要交换的元素和排序结果如图 6-10 所示。

	s[0]	s[1]	s[2]	s[3]	s[4]	s[5]	s[6]	s[7]	s[8]	s[9]
初值，未进行排序	90	80	87	65	50	93	81	66	72	100
第1趟结果	50	80	87	65	90	93	81	66	72	100
第2趟结果	50	65	87	80	90	93	81	66	72	100
第3趟结果	50	65	66	80	90	93	81	87	72	100
第4趟结果	50	65	66	72	90	93	81	87	80	100
第5趟结果	50	65	66	72	80	93	81	87	90	100
第6趟结果	50	65	66	72	80	81	93	87	90	100
第7趟结果	50	65	66	72	80	81	87	93	90	100
第8趟结果	50	65	66	72	80	81	87	90	93	100
第9趟结果	50	65	66	72	80	81	87	90	93	100

图 6-10 选择排序法每一趟需要交换的元素和排序结果

程序如下：

```c
#include <stdio.h>
void sort(int array[],int n)    //实现对 n 个数选择排序的函数，数组 array 作为形参
{
  int i,j,temp,p;
  for(i=0;i<n-1;i++)
    {
      p=i;
      for(j=i+1;j<n;j++)
        if(array[j]<array[p])
          p=j;
      if(p!=i)
        {
```

```
            temp=array[p];
            array[p]=array[i];
            array[i]=temp;
        }
    }
}
int main()
{
    int s[10];                        // 定义存放学生成绩的一维数组
    int i;
    printf("enter array: \n");
    for(i=0;i<10;i++)
        scanf("%d",&s[i]);
    sort(s,10);                       // 函数的调用，把数组名 s 当作实参进行地址传递
    printf("The sorted array: \n");
    for(i=0;i<10;i++)                 // 输出排序好的学生成绩
        {
            printf(" %d",s[i]);
            if((i+1)%5==0)            // 控制每行输出 5 个元素
                printf("\n");
        }
    return 0;
}
```

运行结果：

```
enter array:
90  80  87  65  50  93  81  66  72  100
The sorted array:
50  65  66  72  80
81  87  90  93  100
```

说明：

（1）用数组名作函数参数，在主调函数和被调函数里分别定义数组，本例中 s 是实参数组名，array 是形参数组名。

（2）实参数组与形参数组类型应一致，否则将出错。

（3）形参数组可以不指定长度，在定义数组时在数组名后面跟一个空的方括号即可。

（4）用数组名作函数实参时，不是把数组元素的值传递给形参，而是把实参数组的首元素地址传递给形参数组，这样两个数组就共同占用一段内存单元。所以，形参数组中各元素的值发生变化会使实参数组元素的值同时发生变化。

6.6　案例分析与实现

下面对 6.1 节中的案例进行分析与实现。

案例 6-1： 开灯问题。

案例分析：可以用数组 a[1],a[2],…,a[n] 表示编号为 1，2，…，n 的灯是否开着，如果

是开着，该值为 1，否则为 0，然后把开着的灯输出即可。

memset(a,0.sizeof(a)) 的作用是把数组 a 清零，它在 string.h 中定义。设置了一个标志变量 first，可以表示当前要输出的变量是否为第一个，是为了避免输出多余的空格。

程序如下：

```
#include<stdio.h>
#include<string.h>
#define MAXN 1000+10
int a[MAXN];
int main()
{
  int i,j,n,k,first=1;
  memset(a,0,sizeof(a));
  printf(" 输入 n  k: ");
  scanf("%d%d",&n,&k);
  for(i=1;i<=k;i++)
  for(j=1;j<=n;j++)
    if(j%i==0)
      a[j]=!a[j];
  for(i=1;i<=n;i++)
    if(a[i])
    { if(first)
      first = 0;
      else
      printf(" ");
      printf("%d", i); }
  printf("\n");
  return 0;
}
```

运行结果：

输入 n k:

7 3

输出：

1 5 6 7

案例 6-2：字符串连接。

案例分析：编写函数 mystrcat( )，实现和 strcat( ) 完全相同的功能。首先确定 mystrcat( ) 函数的输入和输出。函数输入是两个字符串，输出是一个连接后的字符串，函数没有返回值。函数参数是两个 char 型数组的指针。函数头可以写成 void mystrcat(char chStr1[],char chStr2[]) 或者 void mystrcat(char *psz1, char *psz2)。

函数内部的算法：可以先计算字符串 1 的长度，从字符串 1 的长度 +1 位置（也就是字符串 1 结束符的位置）开始，利用循环依次将字符串 2 的所有字符复制到字符串 1 中。遍历字符串元素时，可以利用字符串结束符结束循环，同时要注意最后一个字符

字符串连接

一定是 '\0'。复制过程结束后，要确保连接后的字符串有字符串结束符，否则会产生错误。

程序如下：

```c
#include<stdio.h>
void mystrcat(char chStr1[],char chStr2[])
{
  int i=0,j=0;
  while(chStr1[i]!='\0')
                // 计算 chStr1 的长度，循环结束后 i 的值等于 chStr1 的长度加 1
    {
    i++;
    }
  while(chStr2[j]!='\0')          // 在 chStr1 后添加 chStr2 的每个字符
    {
    chStr1[i++]= chStr2[j++];
    }
  chStr1[i]='\0';                 // 最后一定要加上字符串结束符

}
int main()
{

  char s1[80],s2[40];
              // 定义两个字符数组 s1 和 s2，注意 s1 要足够大，可以容纳连接后的字符串
  printf("input string1:\n");    // 输入 s1 和 s2
  gets(s1);
  printf("input string2:\n");
  gets(s2);
  mystrcat(s1,s2);                    // 调用函数进行处理
  printf("\nThe new string is:%s\n",s1);   // 打印输出结果
  return 0;
}
```

运行结果：

```
input string1:
Hello
input string2:
World !

The new string is: Hello World !
```

如果使用指针方式，函数 mystrcat( ) 可以写得更简练一些，下面是使用指针的一个例子（main( ) 函数可以不进行改动）：

```c
void mystrcat(char *psz1,char *psz2)
{
  while(*psz1) psz1++;   // 将指针 psz1 拨到字符串末尾
  while(*psz1++=*psz2++);// 在 psz1 后添加 psz2 的每个字符,注意循环最后一次复制了 '\0'
}
```

小　　结

　　本项目重点讲述一维和二维数组的定义、引用、内存映像和初始化；字符数组、字符串的概念、基本操作和它们之间的关系，以及常用的字符串处理函数；同时还对多维数组进行简单的讲解。结合数组相关知识点，进行案例分析和实现。最后，详细描述了数组元素作为函数的实参和数组名作为函数的参数的用法，并运用以上知识点完成几个综合例题。

　　重点掌握以下易混易错的知识点。

　　（1）数组定义时，编译系统在内存中开辟了连续的空间。因此，不能直接存取整个数组，对数组进行操作时需要引用数组的元素，一般在引用时配合循环进行使用。

　　（2）一维数组：在定义数组时，数组大小必须是常量，不能是变量或变量表达式，如果没有赋初值，在定义时则不能省略数组的大小；同时，注意区别数组大小与下标的关系。在被调用的函数（不包括主函数）中定义数组，其长度可以是变量或非常量表达式，理解"可变长度数组"的使用环境。

　　（3）二维数组：不能用数组名直接对两个数组赋值；二维数组元素在内存中顺序排放，排列顺序是按行存放；可以把二维数组每行看作一维数组，每行就是一维数组名。

　　（4）字符数组：字符数组与字符串的区别是，字符串是字符数组的一种具体应用，当字符数组最后一个字符是结束标志 '\0' 时，称字符数组就是字符串，一般的字符数组没有这种规定；在表示字符串常量时，不需要人为在其末尾加入 '\0'，C 语言编译器会自动加上；如果在一个字符串中包括多个 '\0'（结束标志符），则遇到第一个时，表示字符串结束，把它前面的字符组成一个字符串。不可以用赋值语句给字符数组整体赋一串字符，不能把字符常量直接赋给数组名，因为数组名是地址常量。

　　（5）常用的字符串处理库函数：scanf( ) 函数在输入字符串时使用格式控制符 %s，与 %s 对应的是字符数组的名称，此时空格和回车符均作为输入数据的分隔符而不能被读入；gets( ) 函数可以接收包含空格的完整句子，直到遇到换行符时结束；用 strlen( ) 函数可以取得一个字符串的长度，不包括结束符 '\0'（如果一个字符数组中有多个结束符，则取第一个结束符前的字符串的长度）。

　　（6）数组作为函数的参数：数组元素不能用作函数的形参，可以用作函数的实参；数组名则既可用作函数的实参也可用作形参。

　　（7）在使用数组时，尤其是赋值、输入和输出时，要时刻注意循环的重数与数组的维数配合，不能对数组进行整体操作。

习　　题

一、选择题

1. 下面错误的初始化语句是（　　　　）。

A. char str[]="hello";　　　　　　　　　B. char str[100]="hello";

C. char str[]={'h','e','l','l','o'};　　　　D. char str[]={'hello'};

2. 定义了一维 int 型数组 a[10] 后，下面错误的引用是（　　　）。

A. a[0]=1;　　　　　B. a[10]=2;　　　　C. a[0]=5*2;　　　　D. a[1]=a[2]*a[0];

3. 下面的二维数组初始化语句中，错误的是（　　　）。

A. float b[2][2]={0.1,0.2,0.3,0.4};　　　B. int a[][2]={{1,2},{3,4}};

C. int a[2][]= {{1,2},{3,4}};　　　　　D. float a[2][2]={0};

4. 引用数组元素时，数组下标可以是（　　　）。

A. 整型常量　　　　B. 整型变量　　　　C. 整型表达式　　　　D. 以上均可

5. 定义了 int 型二维数组 a[6][7] 后，数组元素 a[3][4] 前的数组元素个数为（　　　）。

A. 24　　　　　　B. 25　　　　　　C. 18　　　　　　D. 17

6. 下列初始化字符数组的语句中，错误的是（　　　）。

A. char str[5]="hello";　　　　　　　B. char str[]={'h','e','l','l','o','\0'};

C. char str[5]={"hi"};　　　　　　　D. char str[100]="";

7. strlen("A\0B\0C") 的结果为（　　　）。

A. 0　　　　　　B. 1　　　　　　C. 2　　　　　　D. 3

8. 下面程序的运行结果是（　　　）。

```
main()
{
  int a[][3]={1,2,3,4,5,6};
  printf("%d",a[1][1]);
}
```

A. 3　　　　　　B. 4　　　　　　C. 5　　　　　　D. 6

9. 下面程序的运行结果是（　　　）。

```
main()
{
  char s1[20]="Good!";
  char s2[15]="AB";
  printf("%d",strlen(strcpy(s1,s2)));
}
```

A. 20　　　　　　B. 15　　　　　　C. 5　　　　　　D. 2

10. 下面程序的运行结果是（　　　）。

```
main()
{
  char s1[20]="ABCDEF";
  int i=0;
  while(s1[i++]!='\0')
  printf("%c", s1[i++]);
}
```

A. ABCDEF　　　　B. BDF　　　　C. ABCDE　　　　D. BCDE

二、填空题

1. 阅读下列程序，写出程序的功能和当输入以下数据时的输出结果。

```
12, 23, -1, 5, 8
-16, 3, 5, 0, 1
-8, 4, 3, 10, 11
-20, 100, 78, 29, 1
```

程序如下：

```c
#include <stdio.h>
#define MAX 20
main()
{
    int n[20];
    int i;
    printf("Please input 20 nubmers:\n");
    for(i=0;i<MAX;i++)
        scanf("%d",&n[i]);
    for(i=0;i<MAX;i++)
        if(n[i]>=0)
            printf("%4d",n[i]);
}
```

2. 下列程序的作用是将一个数组中的数据逆序输出，请将编号【1】、【2】、【3】、【4】空白处补充完整。

```c
#include <stdio.h>
main()
{
    int n[10];
    int i,j,tmp;
    printf("Please 10 numbers:\n");
    for(i=0;i<10;i++)   scanf("%d",&n[i]);
    printf("Origin numbers:\n");
    for( 【1】 )
        printf(" %d",n[i]);
    i=0;j=9;
    while( 【2】 )
    {
        tmp=n[i];
        n[i]=n[j];
        n[j]=tmp;
        【3】 ;
        【4】 ;
    }
    printf("Reversing numbers:\n");
    i=0;
    while(i<10)
```

```
    {
      printf(" %d",n[i]);
      i++;
    }
}
```

3. 下列程序是求矩阵 m[5][5] 两条对角线元素值的和，请将编号【1】、【2】、【3】空白处补充完整。

```
#include <stdio.h>
main()
{
    int m[5][5],sum1,sum2,i,j;
    printf("Please elements:\n");
    for(i=0;i<5;i++)
      scanf("%d%d%d%d%d", 【1】 );
    printf("Enter:\n");
    for(i=0;i<5;i++){
      for(j=0;j<5;j++)
        printf("%d",m[i][j]);
    printf("\n");}
    sum1= 【2】 ;
    sum2= 【3】 ;
    printf("The results:\n%d %d\n",sum1,sum2);
}
```

4. 下列程序的作用是任意输入一个字符串，将其中的字符按 ASCII 码值从小到大重新排序并输出，请将编号【1】、【2】、【3】空白处补充完整。

```
#include <stdio.h>
#include <string.h>
main()
{
    char input[30],temp;
    int length,i,j;
    printf("Enter a string:\n");
    gets( 【1】 );
    length= 【2】 ;
    for(i=0;i<length;i++)
      for(j=i+1;j<length;j++)
        if( 【3】 )
        {
          temp=input[i];
          input[i]=input[j];
          input[j]=temp;}
    printf("After sorting:\n%s\n",input);
}
```

三、编程题

1. 输入若干学生的成绩（学生数≤100），统计优、良、及格和不及格的人数。（优：分数≥85；良：85>分数≥70；及格：70>分数≥60；不及格：分数<60）

2. 输入 n 个整数（n≤20），存放在一个一维数组中，然后在第 m 个整数后插入一个输入的整数（后续数组元素后移一位），输出最终的数组。

3. 编写程序，可以实现 $n×n$ 方阵的转置（n≤10）。

4. 输入一个 4×5 的矩阵，求其中最大元素所在的行号和列号。

5. 编写程序，从键盘输入一个字符串，将其中的数字字符存储到一个数组中，并将其转换为整数输出。例如，用户输入字符串 "1243abc3"，则将 "12433" 取出，以整数的形式输出。

6. 编程实现 strupr 的功能，即输入一个字符串，经过处理后将该字符串里的所有字母变成大写字母（不能使用字符处理函数）。

7. 输入一个字符串 str1。将 str1 左面的 n 个字符复制到 str2 中，并输出 str2 的结果。

8. 输入一个字符串和一个字符，删除字符串中和输入字符相同的所有字符，输出处理后的字符串。

9. 排序问题：给定一个包含若干个整数的数组，如何将所有数组元素从小到大（或从大到小）排列？

10. 蛇形填数。在 $n×n$ 方阵里填入 $1,2,\cdots,n×n$，要求填成蛇形。例如，n=4 时方阵为

```
10   11   12   1
9    16   13   2
8    15   14   3
7    6    5    4
```

要求：直接输入方阵的维数，即 n 的值（n≤100）。

项目 7 指 针

指针是 C 语言中一个重要的概念，也是 C 语言的精华部分。利用指针可以有效地表示复杂的数据结构，实现动态分配内存，更方便、灵活地使用数组、字符串，为函数间各类数据的传递提供了简便的方法。正确而灵活地运用指针，可以编制出简练紧凑、功能强而执行效率高的程序。

7.1 案 例 引 入

案例 7-1：数据排序问题。

3 个整数按照从小到大的顺序输出，一般要采用数据的两两交换，先将前 3 个数两两进行比较，找出其中的最小值并放到第一个变量里，然后将后两个数进行比较，最大的放在最后一个变量里。

案例 7-2：有 n 个整数，使其前面各数顺序向后移 m 个位置，最后 m 个数变成最前面的 m 个数。

定义函数实现前面各数顺序向后移 m 个位置，最后 m 个数变成最前面的 m 个数，在主函数里实现数据的输入和输出。

案例 7-3：约瑟夫环问题。

有 n 个人围成一圈，顺序排号。从第一个人开始报数（从 1 到 5 报数），凡报到 5 的人退出圈子，问最后留下的是原来第几号的人。

C 语言的自由性很大部分体现在指针的灵活运用上，指针可以使 C 语言程序的设计具有灵活、实用、高效的特点。后面依次给出指针的定义、引用，指针在数组、函数等方面的应用，以实现上述案例。

7.2 指针的概念

7.2.1 地址与指针

计算机的内存储器被划分为一个个的内存单元。存储单元按一定的规则编号，这个编号就是存储单元的地址。地址编码的最基本单位是字节（每字节由 8 个二进制位组成），也就是说每字节是一个基本内存单元，对应一个地址。计算机就是通过这种地址编码的方式来管理内存数据，进行读 / 写的准确定位的。如图 7-1（a）所示为内存简化结构框图。

地址与
指针

在程序中如何在内存中进行数据的存取？一是通过变量名，二是通过地址。程序中不同类型的数据所占用的内存单元数不等，如短整型数据占 2 个单元，字符数据占 1 个单元等。具有静态生存期的变量在程序开始运行前，也就是在编译的时候就已经分配了内存空间；具有动态生存期的变量是在程序运行时遇到变量的声明语句时才被分配内存空间的。在变量获得内存空间的同时变量名也就成为相应内存空间的名称，代表内存中的数据，所以我们可以通过变量名来访问内存空间，在程序中通过变量名来访问变量内容。但是，有时使用变量名不够方便或者根本没有变量名可用，这时就需要直接用地址来访问内存单元。例如，在不同的函数之间传送大量的数据时，如果不是传递变量值，而是传递变量地址，就会减小系统开销，提高效率。如果是动态分配的内存单元，则没有名称，只能通过地址访问。

对内存单元的访问管理可以和学生公寓的情况类比，如图 7-1（b）所示。假设每个学生住一间房，每个学生就相当于一个变量的内容，房间就是存储单元，房号就是存储地址。如果知道了学生姓名，可以通过这个名字来访问该学生，这里相当于用普通变量名访问数据。如果知道了房号，同样也可以访问该学生，这里相当于通过地址访问数据。

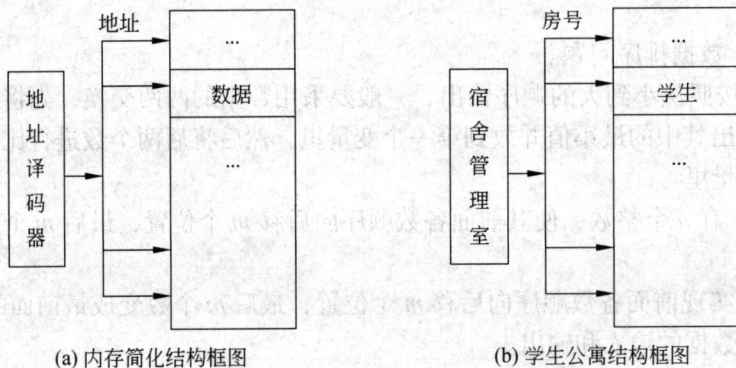

(a) 内存简化结构框图　　　　　　(b) 学生公寓结构框图

图 7-1　对内存单元的访问管理和学生公寓的情况类比

在高级语言程序设计中，内存地址称为指针，在 C 语言中有专门用来存放内存单元地址的数据类型，称为指针类型。

7.2.2　指针变量

指针也是一种数据类型，具有指针类型的变量称为指针变量，指针变量是用于存放内存单元地址的。在不会引起混淆的情况下，也将指针变量简称为指针。

指针变量也是先声明，后使用的，声明指针变量的语法形式如下：

数据类型 *标识符；

其中，* 表示后面声明的变量是指针类型的变量。指针变量一旦被赋值，就说明该指针变量有了指向。"数据类型"可以是任意类型，指的是指针所指向的对象类型，这说明了指针所指向的内存单元可以用于存放什么类型的数据，称为指针的类型。例如，语句

```
int *p;
```

的含义是声明了一个指针变量 p，它指向的数据类型是 int 型的，p 专门用来存放 int 型数据的地址。

定义指针变量时指定的数据类型不是指针变量本身的数据类型，而是指针变量所指向的对象的数据类型。例如，float 型指针变量只能指向浮点型变量（即只能存放浮点型变量的地址）。

指针变量和普通变量的共同点是：它们都能存放数据，而又有自己的地址。不同的是：普通变量中直接存放通常意义下的数据，而指针变量中存放的是地址。

需要特别提出的是，指针变量和指针所指向的变量是两个不同的概念。指针变量是用于存放内存单元地址的变量，指针所指向的变量是指针变量中所保存的内存地址对应的变量。

7.2.3 指针运算

由于指针是一种数据类型，与其他数据类型一样，指针也可以参与部分运算，包括算术运算、关系运算和赋值运算。

1. 与指针相关的运算符 * 和 &

C 语言提供了两个与地址相关的运算符 * 和 &。* 称为指针运算符，也称为取内容运算符，表示指针所指向的变量的值。* 是单目运算符，其结合性为自右至左。在 * 运算符之后跟的变量必须是指针变量。需要注意的是，指针运算符 * 和指针变量说明中的指针说明符 * 不是一回事。在指针变量说明中，* 是类型说明符，表示其后的变量是指针类型。而表达式中出现的 * 则是一个运算符，用以表示指针变量所指的变量。& 是取地址运算符，是单目运算符，其结合性为自右至左，其功能是取变量的地址。

例如：

```
int *p;              /* 声明 p 是一个 int 型指针 */
```

* 出现在执行语句或声明语句的初值表达式中作为一元运算符时，表示访问指针所指变量的内容。例如：

```
printf("%d",*p);     /* 输出指针 p 所指向的内容 */
```

& 在给变量赋初值时出现在等号右边或在执行语句中作为一元运算符出现时表示取变量的地址。

2. 指针的赋值运算

声明一个指针后，只是得到了一个用于存放地址的指针变量。指针变量同普通变量一样，使用之前不仅要定义说明，而且必须赋予具体的值，未经赋值的指针变量一般情况下不能使用，否则将造成系统混乱，甚至死机。对指针变量的赋值只能赋予地址，绝对不能赋予任何其他数据，否则将引起错误。对指针赋初值也有两种方法。

（1）在声明指针的同时进行初始化赋值，语法形式为

数据类型 *指针变量名 = 初始地址；

（2）在声明后单独使用赋值语句，赋值语句的语法形式为

指针变量名 = 地址；

设有指向整型变量的指针变量 p，如要把整型变量 a 的地址赋予 p，有以下两种方式。

（1）指针变量初始化的方法。

```
int a,array[10];
int *p=&a;
int *p1=array;
```

（2）赋值语句的方法。

```
int a,array[10];
int *p,*p1;
p=&a;
p1=array;
```

不允许把一个数赋予指针变量，故下面的赋值是错误的：

```
int *p;
p=1000;
```

被赋值的指针变量前不能再加 * 说明符，如写为 *p=&a 也是错误的。一旦指针变量被赋值后，我们就说指针指向了该变量，就可以通过指针变量对该内存空间的数据进行读 / 写。另外，因为是指针变量，它的指向是可以改变的。

需要特别指出的是，可给指针变量赋"空"值。例如：

```
int *p;
p=NULL;
```

为什么有时需要用这种方法将一个指针设置为空指针呢？这是因为有时在声明一个指针时，并没有一个确定的地址可以赋予它，在程序运行到某个时刻时才会将某个地址赋给该指针。这样，从指针变量诞生起到它具有确定的值之前这一段时间，其中的值是随机的，如果误用这个随机的值作为地址去访问内存单元，将会造成不可预见的错误。因此，在这种情况下应首先将指针设置为空，说明该指针不指向任何变量。

"空"指针用 NULL 表示，NULL 是在头文件 stdio.h 中定义的符号常量，其值为 0。在使用时，应加上 #include<stdio.h>。也可以直接用下面的语句给指针赋"空"值。

```
p=0;
```

3. 指针算术运算

指针可以和整数进行加减运算，但是运算规则比较特殊。前面介绍过声明指针变量时必须指出它所指的数据是什么类型。这里将看到指针进行加减运算的结果与指针的类型密切相关。比如，有指针 p1 和整数 n，p1+n 表示指针 p1 当前所指位置后方第 n 个数的地址，p1-n 表示指针 p1 当前所指位置前方第 n 个数的地址。p1++ 或 p1-- 表示指针 p1 当前所指位置下一个或前一个数据的地址。如图 7-2 所示为指针变量 p 加减运算的简单示意图。

一般来讲，指针的算术运算和数组的使用是相联系的，因为只有在使用数组时，才会得到连续分布的可操

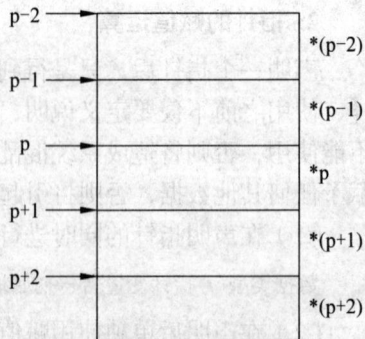

指针算术运算

图 7-2　指针加减速运算示意图

作的内存空间。对于一个独立变量的地址，如果进行算术运算，然后对其结果所指向的地址进行操作，有可能会意外地破坏该地址中的数据或代码。因此，对指针进行算术运算时，一定要确保运算结果所指向的地址是程序中分配使用的地址。

4. 指针关系运算

指针变量的关系运算指的是相同类型数据的指针之间进行的关系运算，如果两个相同类型的指针相等，就表示这两个指针指向同一个地址。

例如，p 和 q 是两个同类型的指针变量，则 p<q、p>q、p==q、p!=q 都是允许的。在执行 p<q 的运算时，其含义为如果 p 所指元素在 q 所指元素之前，则表达式结果为真。指针的关系运算在指向数组的指针中有着广泛的应用，在后面会经常提到。

注意：指针在进行关系运算之前，必须给其赋值，即有确定的指向。不同类型的指针之间或指针与非 0 整数之间的关系运算是毫无意义的。

7.3　指针与变量

在定义一个指针变量以后，就可以用该指针变量指向一个已经存在的变量，通过指针变量对该内存存放的数据进行读 / 写。

1. 通过指针变量给所指向的变量赋值

【例 7-1】 通过指针变量给所指向变量赋值。

分析：定义两个整型变量，定义两个指针变量分别指向这两个整型变量，通过访问指针变量，找到它们所指向的变量，从而得到这些变量的值。

```
#include <stdio.h>
int main()
{
  int *p1,*p2, a,b;
  scanf("%d,%d",&a,&b);
  p1=&a;p2=&b;
  printf("%d,%d",*p1,*p2);
  return 0;
}
```

运行结果：

3,4↙
3,4

程序中定义了两个指针变量 p1、p2 和两个整型变量 a、b。系统会给 a、b 分配内存空间，通过 scanf( ) 取得数值，然后通过赋值语句使 p1 指向了 a，p2 指向了 b，如图 7-3 所示。

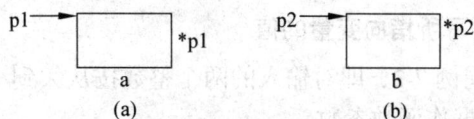

图 7-3　指针指向变量

引用指针变量

173

2. 通过改变指针变量的指向来访问不同的变量

【例 7-2】 输入 a 和 b 两个整数，按先大后小的顺序输出 a 和 b。

分析：定义两个整型变量 a 和 b，定义两个指针变量分别指向 a 和 b，不交换 a 和 b 的值，而是交换两个指针变量的值。

```
#include <stdio.h>
int main()
{
    int *p1,*p2,*p,a,b;
    printf("integer numbers:");
    scanf("%d,%d",&a,&b);
    p1=&a;    p2=&b;                  /*p1 指向 a, p2 指向 b*/
    if(a<b)
        {  p=p1; p1=p2; p2=p; }      /*p1 和 p2 交换指向*/
    printf("a=%d,b=%d\n",a,b);
    printf("%d,%d\n",*p1,*p2);        /*输出指针所指向空间的内容*/
    return 0;
}
```

运行结果：

```
integer numbers:5,9↙
a=5,b=9
9,5
```

注意：

（1）a 和 b 的值并未交换，它们仍保持原值。

（2）但 p1 和 p2 的值改变了。p1 的值原为 &a，后来变成 &b；p2 原值为 &b，后来变成 &a，如图 7-4（a）所示。

（3）这样在输出 *p1 和 *p2 时，实际上是输出变量 b 和 a 的值，所以先输出 9，然后输出 5，如图 7-4（b）所示。

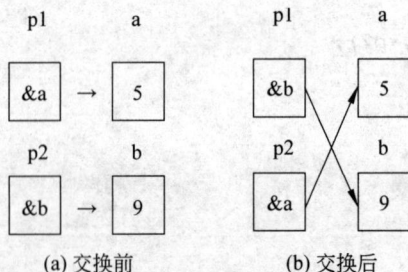

图 7-4　指针变量的指向对比图

3. 通过指针变量来改写所指向变量的值

【例 7-3】 题目要求同例 7-2，即对输入的两个整数按从大到小顺序输出。现用函数处理，而且用指针类型的数据作函数参数。

分析：定义两个整型变量 a 和 b，再定义两个指针变量，并分别指向这两个整型变量。

定义一个函数 swap，指针变量作为实参，在函数中通过指针实现交换两个变量的值。

```c
#include <stdio.h>
int main()
{
  void swap(int *p1,int *p2);          /*声明 swap 函数 */
  int a,b;
  int *pointer_1,*pointer_2;
  printf("please enter a and b:");
  scanf("%d,%d",&a,&b);
  pointer_1=&a;
  pointer_2=&b;                        /*pointer_1 指向, apointer_2 指向b*/
  if (a<b)  swap(pointer_1, pointer_2);
  printf("max=%d,min=%d\n",a,b);
  return 0;
}
void swap(int *p1,int *p2)
{
  int temp;
  temp=*p1;
  *p1=*p2;
  *p2=temp;                            /* 通过 p1 和 p2 交换其所指向的变量的值 */
}
```

运行结果：

```
please enter a and b:5,9↙
max=9,min =5
```

通过以上 3 个例子可以看出，可以通过指针变量和变量分别来读 / 写数据，但指针变量必须要有指向。改变指针变量的指向和通过指向来改变所指内存空间的值是不同的方式。

7.4　指针与数组

指针变量可以指向基本类型的变量，还可以指向其他数据类型的变量，最常用的是指向数组及其元素。指针加减运算的特点使得指针特别适合处理存储在一段连续内存空间中的同类数据，而数组恰好是具有一定顺序关系的若干同类型变量的集合体。数组元素的存储在物理上也是连续的，数组名就是数组存储的首地址。这样，便可以用指针来对数组及其元素方便而快速地操作。

7.4.1　指针和一维数组

首先定义一个一维数组和一个指针变量，例如：

```c
char array[10]={'1','2','3','4','5','6','7','8','9','10'},*p;
```

指向一维
数组的指
针变量

当 p=array 时，就使得 p 指向了 array 数组的第一个元素，此时 p 与数组 array 的关系如图 7-5 所示。

| 指针变量p | 数组array及其地址 | 数组元素 |

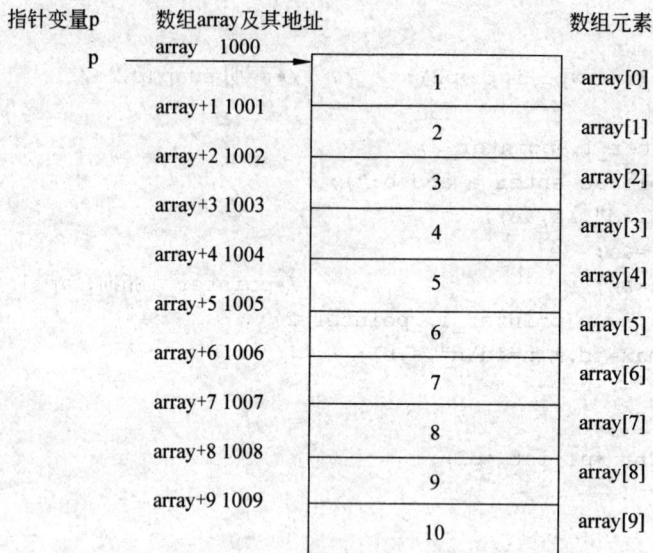

图 7-5　指针 p 与数组 array 的关系

数组名 array 是数组的首地址，则 array+1 是数组元素 array[1] 的地址，与 &array[1] 等价；同样，当 p 指向数组 array 的首地址后，p+1 代表 array[1] 的地址。所以，&array[i]、array+i、p+i 都是数组元素 array[i] 的地址。由于本例中 array 是字符型数组，每个元素占 1 字节，假定首地址为 1000，则 &array[i]、array+i、p+i 的地址值为 array+i*1。

由此可见如下的等价关系成立：

```
p=array=&array[0]              /*表示数组元素的首地址*/
p+i=array+i=&array[i]          /*表示第 i 个数组元素的地址*/
*(p+i)=*(array+i)=array[i]     /*表示第 i 个数组元素*/
```

在 C 语言编译系统中还允许将 *(p+i) 直接以 p[i] 形式表示。

通常用 array[i]、*(array+i)、*(p+i) 表示数组元素，用 &array[i]、array+i、p+i 表示数组元素的地址。

所以，通常访问数组元素有 3 种方式。

• 下标法：数组名 [下标]。
• 首地址法：*(首地址 + 偏移量)。
• 指针变量法：* 指针变量。

【例 7-4】 有一个整型数组 a，有 10 个元素，要求输出数组中的全部元素。

分析：引用数组中各元素的值有 3 种方法。

（1）下标法。

```
#include <stdio.h>
int main()
{
```

```
  int a[10];
  int i;
  printf("please enter 10 integer numbers:");
  for(i=0;i<10;i++)
    scanf("%d",&a[i]);
  for(i=0;i<10;i++)
    printf("%d ", a[i]);          /* 数组元素用数组名和下标表示 */
  printf("%\n");
  return 0;
}
```

（2）通过数组名计算数组元素地址，找出元素的值。

```
#include <stdio.h>
int main()
{
  int a[10];
  int i;
  printf("please enter 10 integer numbers:");
  for(i=0;i<10;i++)
    scanf("%d",&a[i]);
  for(i=0;i<10;i++)
    printf("%d ",*(a+i));   /* 通过数组名和元素序号计算元素地址，从而找到该元素 */
  printf("\n");
  return 0;
}
```

（3）用指针变量指向数组元素。

```
#include <stdio.h>
int main()
{
  int a[10];
  int *p,i;
  printf("please enter 10 integer numbers:");
  for(i=0;i<10;i++)
    scanf("%d",&a[i]);
  for(p=a;p<(a+10);p++  )
    printf("%d ",*p);          /* 用指针指向当前的数组元素 */
  printf("\n");
  return 0;
}
```

运行结果：

```
please enter 10 integer numbers:0 1 2 3 4 5 6 7 8 9
0 1 2 3 4 5 6 7 8 9
```

应当注意以下几个问题。

（1）引用数组元素与指针变量的效率不同。

① 使用下标法引用数组元素：引用速度慢，先计算出数组元素的地址"(a+i)"，然后找到它指向的存储单元，读入或写入它的值，但是比较直观。

② 用指针变量 p 指向数组元素：速度快，不必每次计算数组元素地址，但不直观，与当前指针的位置有关。

（2）使用指针法访问数组元素时，也要注意"下标是否越界"。

（3）使用指向数组元素的指针变量时，要特别注意指针变量的当前值。例如：

```
p=array;
for(i=0;i<5;i++)
  scanf("%d",p++);            /*注意指针变量当前值*/
```

（4）p 与 array 的区别：两者同样表示数组 array 的地址，在表现形式上也可以互换，如 array+i、p+i、*(array+i)、*(p+i) 等，但它们的本质不同，p 为指针变量，而 array 是数组名，是地址常量。

（5）*p++ 与 (*p)++ 的区别：*p++ 的 ++ 运算作用于指针变量，即先取指针所指向的值，再对指针进行运算，改变指针的指向；而 (*p)++ 的 ++ 运算作用于指针所指向的值，即指针所指变量的值自增。

【例 7-5】 将数组 a 中 n 个整数按相反顺序存放。

分析：将 a[0] 与 a[n-1] 对换，如图 7-6 所示，a[1] 与 a[n-2] 对换，直到将 a[int(n-1)/2] 与 a[int(n-1)/2-1] 对换。用循环处理此问题，用函数 inv 实现交换。实参用数组名 a，形参可用数组名，也可用指针变量名。

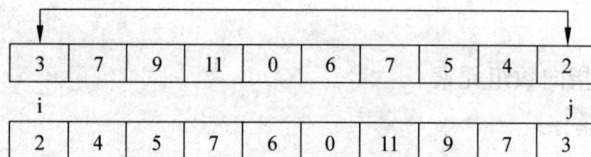

3	7	9	11	0	6	7	5	4	2

i   j

2	4	5	7	6	0	11	9	7	3

图 7-6　第一次互换数组元素后的结果

```
#include <stdio.h>
int main()
{
  void inv(int x[],int n);              /* inv 函数声明 */
  int i,a[10]={3,7,9,11,0,6,7,5,4,2};
  printf("The original array:\n");
  for(i=0;i<10;i++)
    printf("%d ",a[i]);                 /*输出未交换时数组各元素的值*/
  printf("\n");
  inv(a,10);                            /*调用 inv 函数，进行交换*/
  printf("The array has been inverted:\n");
  for(i=0;i<10;i++)
    printf("%d ",a[i]);                 /*输出交换后数组各元素的值*/
  printf("\n");
  return 0;
```

```
}
void inv(int x[],int n)              /*形参 x 是数组名*/
{
  int temp,i,j,m=(n-1)/2;
  for(i=0;i<=m;i++)
  {
    j=n-1-i;
    temp=x[i]; x[i]=x[j]; x[j]=temp;   /*把 x[i] 和 x[j] 交换*/
  }
}
```

运行结果：

```
The original array:
3 7 9 11 0 6 7 5 4 2
The array has been inverted:
2 4 5 7 6 0 11 9 7 3
```

7.4.2 指针和二维数组

1. 二维数组的特点

根据数组的定义，从本质上讲，一个二维数组是由若干一维数组所组成的，但其中每个元素值不再是单一的数据而是包含若干个相同元素个数的一维数组。例如，如下定义二维数组 a：

```
int a[3][4];
```

则该二维数组有如下特点。

（1）a 可以看作由 a[0]、a[1]、a[2] 构成的一维数组，而它的每个元素 a[i] 又是一个一维数组，且都含有 4 个元素（相当于 4 列），每个元素 a[i] 为指向该行（本例为 4 个元素）的首地址。例如，a[0] 所代表的一维数组所包含的 4 个元素为 a[0][0]、a[0][1]、a[0][2]、a[0][3]，a 数组名可以解释为指向 int 类型的一维数组指针常量。

（2）a[0] 可以看作由 a[0][0]、a[0][1]、a[0][2]、a[0][3] 这 4 个元素组成的一维数组，可将 a[0] 这个特殊的数组名解释为指向 int 类型的数据简单指针常量，a[i] 具有与 a[0] 相同的性质。如图 7-7 所示为二维数组 a 中的地址与元素关系示意图。

2. 二维数组元素的引用方法

与一维数组相似，二维数组元素的引用也可以通过数组名和指针变量。任意二维数组 a 通过数组名引用数组元素有以下两种方式。

（1）下标法：第 i 行、第 j 列的元素可表示为 a[i][j]。

（2）数组名法：由于二维数组名相当于二级指针常量，则 *(a+i) 即 a[i] 相当于一级指针常量，则 a[i]+j 是元素 a[i][j] 的地址，*(a[i]+j) 即代表 a[i][j] 的值，且 *(a[i]+j) 也可表示为 *(*(a+i)+j)。所以，通过数组名表示数组元素可以用 *(a[i]+j) 和 *(*(a+i)+j)，两者实质上是相同的。

179

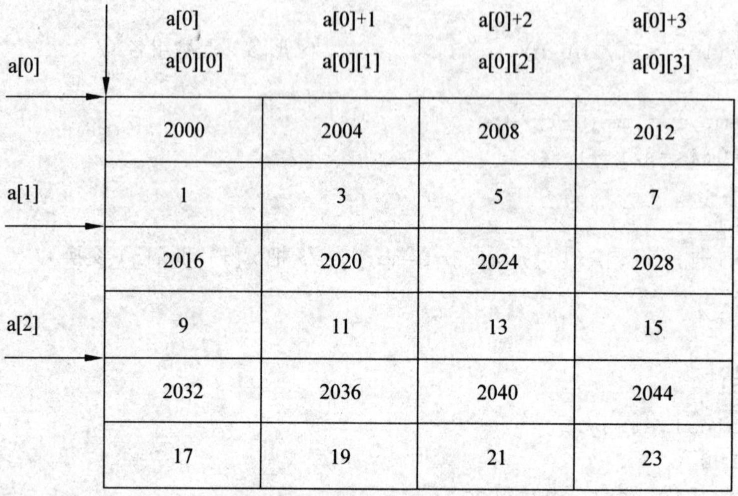

a[0]	a[0] a[0][0]	a[0]+1 a[0][1]	a[0]+2 a[0][2]	a[0]+3 a[0][3]
	2000	2004	2008	2012
a[1]	1	3	5	7
	2016	2020	2024	2028
a[2]	9	11	13	15
	2032	2036	2040	2044
	17	19	21	23

图 7-7　二维数组 a 中的地址与元素对应关系

通常，使用指针方式引用二维数组元素有以下两种方式。

（1）指向二维数组数据元素的简单指针变量。

根据指针变量引用一维数组元素的相同原理，要引用二维数组，可以定义一个指针变量，如 int*p，让 p 指向数组的开始。

【例 7-6】　有一个 3×4 的二维数组，要求输出二维数组各元素的值。

分析：二维数组中的所有元素都是整型的，定义一个 int * 型指针变量指向数组元素。

```c
#include <stdio.h>
int main()
{
int a[3][4]={1,3,5,7,9,11,13,15,17,19,21,23};
int *p;                          /*p 是 int* 型指针变量 */
for(p=a[0];p<a[0]+12;p++)
{
  if((p-a[0])%4==0) printf("\n");     /*p 移动 4 次后换行 */
  printf("%4d",*p);
}
printf("\n");
return 0;
}
```

运行结果：

```
1    3    5    7
9    11   13   15
17   19   21   23
```

（2）指向一维数组的指针变量。

【例 7-7】　输出二维数组中任一行任一列元素的值。

分析：定义 3×4 的二维数组，用指向一维数组的指针变量实现任一行或任一列元素值的输出。

```
#include <stdio.h>
int main()
{
int a[3][4]={1,3,5,7,9,11,13,15,17,19,21,23};
int (*p)[4],i,j;                        /*p 所指的对象是有 4 个整型元素的一维数组 */
p=a;
printf("please enter row and column:");
scanf("%d,%d",&i,&j);
printf("a[%d,%d]=%d\n",i,j,*(*(p+i)+j));
return 0;
}
please enter row and column:1, 2
a[1,2]=13
```

注意:

（1）程序中指针变量的形式为 int(*p)[4]，它表示 p 为指针类型变量，指向一个包含 4 个元素的一维数组，数组元素为整型。注意，*p 两侧的括号不可缺少，它表示 p 是指针变量，先与"*"结合。反之意义就会改变，如写成 int *p[4]，就表示指针数组。

（2）由于二维数组名 a 指向一个包含 4 个元素的 a[0]，a+1 就指向了包含 4 个元素的 a[1]，所以每加上偏移量 1 就等于指向了下一行元素的位置，这和 int (*p)[4] 中指针变量 p 的含义吻合，p+1 就等于指向了下一行由 4 个元素组成的一维数组，所以 p[i][j] 就相当于 a[i][j]。

（3）p[i][j] 还有一种表示方法 *(*(p+i)+j)，其含义和 *(*(a+i)+j) 是一样的。p+i 是第 i 行地址；*(p+i) 表示第 i 行第 0 列元素的地址，是一个一级指针；*(p+i)+j 表示第 i 行第 j 列元素的地址；*(*(p+i)+j) 表示第 i 行第 j 列元素的值。

7.4.3 指针数组

因为指针是变量，因此可设想用指向同一数据类型的指针来构成一个数组，这就是指针数组。数组中的每个元素都是指针变量，根据数组的定义，指针数组中每个元素都为指向同一数据类型的指针。指针数组的定义格式为

类型标识 *数组名 [整型常量表达式]；

例如：

```
int *a[10];
```

定义了一个指针数组，数组中的每个元素都是指向整型变量的指针，该数组由 10 个元素组成，即 a[0], a[1], a[2], …, a[9]，它们均为指针变量。a 为该指针数组名，和数组一样，a 是常量，不能对它进行增量运算。a 为指针数组元素 a[0] 的地址，a+i 为 a[i] 的地址，*a 就是 a[0]，*(a+i) 就是 a[i]。指针数组和普通数组一样，允许在定义时初始化，但由于指针数组的每个元素是指针变量，它只能存放地址。

【例 7-8】 用指针数组方式显示二维数组的所有元素。

分析：定义了一个指针数组，数组中的每个元素都是指向一维整型数组的指针。

```
#include<stdio.h>
```

```
int main()
{
    int a[3][4]={0,1,2,3,4,5,6,7,8,9,10,11};
    int *p[3]={a[0],a[1],a[2]},i,j;
    for(i=0;i<3;i++)
    {
        for(j=0;j<4;j++)
            printf("%4d",*(p[i]+j));
        printf("\n");
    }
    return 0;
}
```

运行结果：

```
0   1   2   3
4   5   6   7
8   9   10  11
```

从例 7-8 可以看到，指针数组 *p[3] 与二维数组之间建立了如图 7-8 所示的关系后，可以用多种形式表示数组元素。从应用角度来说，可以避开这些烦琐的表示，相应指针的概念可以淡化一些，仍使用下标法直观地表示。

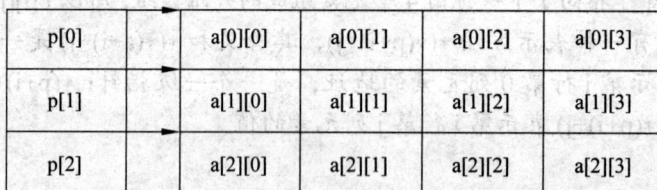

p[0]		a[0][0]	a[0][1]	a[0][2]	a[0][3]
p[1]		a[1][0]	a[1][1]	a[1][2]	a[1][3]
p[2]		a[2][0]	a[2][1]	a[2][2]	a[2][3]

图 7-8　指针数组与二维数组

如以下定义：

```
int a[3][4];
int (*p1)[4];
int *p2[4];
```

指向一维数组的指针变量、指针数组与二维数组 a 之间的关系如下。

（1）直接用地址 a[i]、a 引用 a[i][j] 数组元素：

`*(a[i]+j), *(*(a+i)+j)`

（2）用指向一维数组 int (*p1)[4] 的指针变量引用 a[i][j] 数组元素：

`*(p1[i]+j), *(*(p1+i)+j), p1[i][j]`

（3）用指针数组 int *p2[4] 方式引用 a[i][j] 数组元素：

`*(p2[i]+j), *(*(p2+i)+j), p2[i][j]`

这里 a[i] 是地址常量，p1[i] 是地址变量。可见，用指向一维数组 int (*p1)[4] 的指针变量引用 a[i][j] 数组元素和用指针数组 int *p2[4] 方式引用 a[i][j] 数组元素有异曲同工之妙。

它们的地址含义表达形式不同，但本质上一致。注意，无论用指向一维数组 int (*p1)[4] 的指针变量还是指针数组 int *p2[4]，都可以用 p[i][j] 方式。

7.5 指针与字符串

由于字符串可以存放在字符数组内，在 C 语言程序中，也可以用字符指针指向字符串。本节仅讨论通过字符指针来访问字符数组。

7.5.1 字符指针与字符数组

有如下定义：

```
char str[10],*p;
```

其中，str 是字符数组，可最多存放 10 个字符；p 是指向字符类型的指针变量，存放的是字符类型的地址。字符数组和字符指针都可以处理字符串，但它们有区别，如表 7-1 所示。需要注意的是：在 C 语言中，可以直接用字符串给字符指针初始化或赋值，但它和对字符数组进行初始化有本质的区别。例如：

```
char s[]="this is a book";
```

其含义是：系统首先给数组 s 分配相应的内存空间（根据字符串的元素个数决定，对本例来说应该是 15 字节），然后把字符串逐个字符（包括结束符 '\0'）赋给相应的元素。

表 7-1 字符数组与字符指针的区别

项目	字 符 数 组	字 符 指 针
定义	char str[10];	char *p;
初始化	char str[10]="Hello";	"char *p="hello";" 或 "char *p=str;" /*str 为左边已初始化的字符数组名 */
赋值	str[0]='H';str[1]='e';... /* 数组名是地址常量，不能对其赋值，只能逐个数组元素赋值 */	p="Hello"; /* 指针变量指向字符串常量的首地址 */
输入	"scanf("%s",str);" 或 "gets(str);"	p=str 或者动态为 p 分配内存空间 /* 应在字符指针有确定指向后才从键盘进行如下操作："scanf("%s",p);" 或 "gets(p);" */
运算	字符数组名 str 是常量,不能进行自增或自减运算,不能作为赋值运算的左值出现	p 是指针变量，可以进行自增和自减运算，能作为赋值运算的左值出现

```
char*s="this is a book";
```

或

```
char *s;s="this is a book";
```

其含义是：系统首先给字符串 "this is a book" 分配一段连续的内存空间，然后把其首地址赋给指针变量。

但如果有下面的语句：

```
char *s;
gets(s);
```

程序会出现无法预知的错误。因为在给指针变量 s 输入元素前，并没有让它指向一段连续的内存空间，如此下去，输入的字符串就没办法存放，因此就会出错。所以，应该注意指针变量的指向这个问题。

【例 7-9】 定义一个字符数组，在其中存放字符串 "I love China!"，输出该字符串和第 8 个字符。

分析：定义字符数组 string，对它进行初始化；用数组名 string 和输出格式 %s 可以输出整个字符串；用数组名和下标可以引用任一数组元素。

程序如下：

```
#include <stdio.h>
int main()
{
    char string[]="I love China! ";    /* 定义字符数组 string*/
    printf("%s\n",string);              /* 用输出格式 %s 可以输出整个字符串 */
    printf("%c\n",string[7]);           /* 用 %c 格式输出一个字符数组元素 */
    return 0;
}
```

运行结果：

```
I love China!
C
```

定义字符数组 string 时未指定长度，初始化后确定了它的长度，用 13 字节存放 "I love China! " 这 13 个字符，最后的字节存放字符串结束符 '\0'，长度应为 14。数组名 string 代表字符数组首元素的地址。题目要求输出字符串的第 8 个字符，由于数组元素的序号从 0 开始，输出 string[7]，代表数组中序号为 7 的元素的值。string[7] 就是 *(string+7)，string+7 是一个地址，指向字符 C。

用字符指针变量指向一个字符串常量，通过字符指针变量引用字符串常量。

【例 7-10】 通过字符指针变量输出一个字符串。

分析：不定义字符数组，只定义一个字符指针变量，用它指向字符串常量中的字符。通过字符指针变量输出该字符串。

```
#include <stdio.h>
int main()
{
    char *string="I love China! ";     /* 定义字符指针变量 string 并初始化 */
    printf("%s\n",string);              /* 输出字符串 string*/
    return 0;
}
```

运行结果：

```
I love China!
```

说明：在程序中没有定义字符数组，只定义了一个 char * 型的指针变量 string，并对它初始化。C 语言对字符串常量是按字符数组处理的，在内存中开辟了一个字符数组用来存放该字符串常量，但是这个字符数组没有名字，不能通过数组名引用，只能通过指针变量 string 来引用。在 C 语言中，字符串文字的类型是数组 char，但在 C++ 中，它是数组 const char，因此声明指针时采用 const char*，如图 7-9 所示。

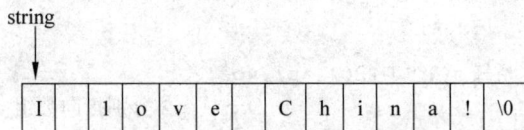

图 7-9 用指针 p 引用数组元素

```
char *string="I love China!";
```

等价于下面两行：

```
char *string;
*string="I love China!";
```

string 被定义为一个指针变量，基类型为字符型。它只能指向一个字符类型数据，而不能同时指向多个字符数据，不是把 "I love China!" 这些字符存放到 string 中，因为指针变量只能存放地址，也不是把字符串赋给 *string。只是把 "I love China!" 的第 1 个字符的地址赋给指针变量 string。

【例 7-11】 将字符串 a 复制为字符串 b，然后输出字符串 b。

分析：定义两个字符数组 a 和 b，对 a 数组初始化并向其赋值 "I am a student."。将 a 数组中的字符逐个赋值到数组 b 中。使用不同的方法引用并输出字符数组。

字符串
复制

```
#include <stdio.h>
int main()
{
char a[]="I am a student.",b[20];        /*定义字符数组*/
   int i;
   for(i=0;*(a+i)!='\0';i++)
       *(b+i)=*(a+i);                     /*将 a[i] 的值赋给 b[i]*/
   *(b+i)='\0';                           /*在 b 数组的有效字符之后添加 '\0'*/
   printf("string a is:%s\n",a);          /*输出数组 a 中的元素*/
   printf("string b is:");
   for(i=0;b[i]!='\0';i++)
       printf("%c",b[i]);                 /*逐个输出数组 b 中的元素*/
   printf("\n");
   return 0;
}
```

运行结果：

```
string a is: I am a student.
string b is: I am a student.
```

程序中将 a 和 b 都定义为字符数组，通过地址访问其数组元素。

【例 7-12】 将字符串 a 复制为字符串 b，然后输出字符串 b，用指针变量来处理。

分析：定义两个指针变量 p1 和 p2，分别指向字符数组 a 和 b。改变指针变量 p1 和 p2 的值，使它们顺序指向数组中的各元素，实现对应元素的复制。

```
#include <stdio.h>
int main()
{
    char a[]="I am a boy.",b[20],*p1,*p2;
    p1=a;   p2=b;                    /*p1、p2 分别指向数组 a 和 b 中的第一个元素 */
    for(  ; *p1!='\0'; p1++,p2++)    /*p1、p2 每次增加 1*/
        *p2=*p1;                     /* 将 p1 所指向的元素的值赋给 p2 所指向的元素 */
    *p2='\0';                        /* 复制所有字符后添加 '\0'*/
    printf("string a is:%s\n",a);
    printf("string b is:%s\n",b);
    return 0;
}
```

运行结果：

```
string a is: I am a student.
string b is: I am a student.
```

p1 和 p2 是指向字符型数组的指针变量。p1、p2 分别指向数组 a 和 b 中的第 1 个元素。for 语句中的 p1++ 和 p2++ 使 p1 和 p2 同步移动。

7.5.2　字符指针数组

字符指针数组为处理字符串提供了更大的方便和灵活性。例如，有若干字符串需要存储在一个数组中，用一个字符型一维数组存放一个字符串，如果有 13 个字符串，最长的为 13 个字符（加上 '\0' 为 14 个字符），则应定义一个 13 行 14 列的二维数组，如：

```
static char name[13][14]={
    "Illegal month",
    "January",
    "February",
    "March",
    "April",
    "May",
    "June",
    "July",
    "August",
    "September",
    "October",
    "November",
    "December"
};
```

如果有一个字符串比较长，则要求列数按此长度定义，这样就会浪费许多内存单元。此时，可以用指针变量指向字符串，可以用 13 个指针变量来指向 13 个字符串，这就是指针数组：

```
static char *name[13] ={
    "Illegal month",
    "January",
    "February",
    "March",
    "April",
    "May",
    "June",
    "July",
    "August",
    "September",
    "October",
    "November",
    "December"
    };
```

需要指出的是，用二维数组和指针数组初始化时，在内存的情况是不同的，用二维数组时每行的长度相同，而用指针数组时未定义行的长度，只是分别在内存中存储了长度不同的字符串，然后用指针数组中的元素分别指向它们，不会浪费内存空间。

字符指针数组对字符串的排序有着特殊的作用，如以下定义：

```
char *string[]={"Data Structure","C language","Visual Basic"};.
```

如要对字符串排序，不能像一般的数据类型进行数据的直接交换，因为每个字符串长度不同，无法直接交换字符串的位置，故采用交换指针值改变指向的方法。排序前后结果如图 7-10 所示。

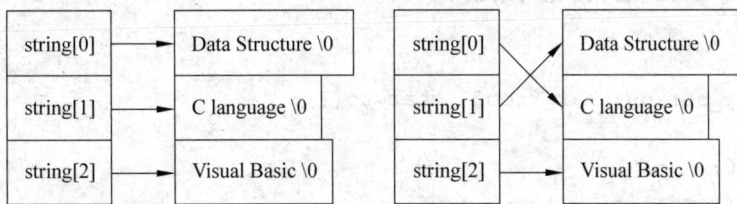

图 7-10 排序前后结果

【例 7-13】 用函数调用实现字符串的复制。

分析：用地址传递的办法把一个字符串从一个函数"传递"到另一个函数；在被调用的函数中可以改变字符串的内容；在主调函数中可以引用改变后的字符串。

（1）用字符数组名作为函数参数。

```
#include<stdio.h>
int main()
{
    void copy_string(char from[],char to[]);
```

用函数调用实现字符串的复制

```
    char a[]="I am a teacher.";
    char b[]="you are a student.";
    printf("a=%s\nb=%s\n",a,b);
    printf("copy_string a to string b:\n");
    copy_string(a,b);                          /*用字符数组名作为函数参数 */
    printf("a=%s\nb=%s\n",a,b);
    return 0;
}
void copy_string(char from[],char to[])        /*形参为字符数组 */
{
    int i=0;
    while(from[i]!='\0')
    { to[i]=from[i];
      i++;
    }
    to[i]='\0';
}
```

（2）用字符型指针变量作实参。

```
#include<stdio.h>
int main()
{
  void copy_string(char from[],char to[]);
  char a[]="I am a teacher.";
  char b[]="you are a student.";
  char *from=a,*to=b;                /*from 指向 a 数组首元素，to 指向 b 数组首元素 */
  printf("a=%s\nb=%s\n",a,b);
  printf("copy_string a to string b:\n");
  copy_string(from,to);             /*实参为字符指针变量 */
  printf("a=%s\nb=%s\n",a,b);
  return 0;
  }
void copy_string(char from[],char to[]);
{
    int i=0;
    while(from[i]!='\0')
    {   to[i]=from[i];
        i++;
    }
    to[i]='\0';
}
```

copy_string 函数不变，在 main( ) 函数中定义字符指针变量 from 和 to，分别指向两个字符数组 a、b。

（3）用字符指针变量作形参和实参。

```
#include<stdio.h>
```

```
int main()
{
  void copy_string(char *from,char *to);
  char *a="I am a teacher.";          /*a是char*指针变量*/
  char b[]="you are a student.";      /*b是字符数组*/
  char *p=b;                          /*指针变量p指向b数组首元素*/
  printf("a=%s\nb=%s\n",a,b);
  printf("copy string a to string b:\n");
  copy_string(a,p);                   /*调用copy_string函数,实参为指针变量*/
  printf("a=%s\nb=%s\n",a,b);
  return 0;
  }
void copy_string(char *from,char *to);
{
  for(  ;*from!='\0'; from++,to++)
    {  *to=*from;    }
  *to='\0';
}
```

运行结果:

```
string a=I am a teacher.
string b=You are a student.

copy string a to string b:
string a=I am a teacher.
string b=I am a teacher.
```

7.6 指针与函数

可以定义一个指向函数的指针变量,用来存储某一函数的起始地址,这就意味着指针变量指向该函数。

例如:

```
int (*p)(int,int);
```

指针与函数的关系归纳起来主要有如下3种:

- 指针作为函数参数;
- 返回指针的函数;
- 指向函数的指针。

7.6.1 指针作为函数形式参数

函数形式参数不仅可以是前面讨论的基本类型,也可以是指针类型。利用指针作为函数参数,多个函数之间可以共享内存空间,一方面可以实现函数之间多个数据传递,另一

指针作为
函数形式
参数

189

方面可以通过形参对数据的改变影响到实参值。

形参作为指针变量，则对应的实参必须是一个地址值，可以是变量的地址、指针变量或数组名。调用时将实参传递给形参，也就使实参和形参指向同一存储单元。

【例 7-14】 用函数求整数 a 和 b 中的大者。

分析：定义一个函数 max，实现求两个整数中的较大者。在主函数中调用 max 函数，可以通过函数名调用，也可以通过指向函数的指针变量来实现。

（1）通过函数名调用函数。

```
#include <stdio.h>
int main()
{
  int max(int,int);
  int a,b,c;
  printf("please enter a and b:");
  scanf("%d,%d",&a,&b);
  c=max(a,b);
  printf("%d,%d,max=%d\n",a,b,c);
  return 0;
}
int max(int x,int y)
{
  int z;
  if(x>y)      z=x;
      else    z=y;
  return(z);
}
```

（2）通过指针变量调用它所指向的函数。

```
#include <stdio.h>
int main()
{
  int max(int,int);
  int (*p)(int,int);            /*定义指向函数的指针变量 p*/
  int a,b,c;
  p=max;                        /*p 指向 max 函数*/
  printf("please enter a and b:");
  scanf("%d,%d",&a,&b);
  c=(*p)(a,b);                  /*通过指针变量调用 max 函数*/
  printf("%d,%d,max=%d\n",a,b,c);
  return 0;
}
int max(int x,int y)
{
int z;
if(x>y)      z=x;
```

```
    else        z=y;
    return(z);
}
```

运行结果：

```
please enter a and b:45,87
a=45
b=87
max=87
```

说明：

（1）程序（2）的第 5 行"int (*p)(int,int);"定义 p 是一个指向函数的指针变量，最前面的 int 表示函数的返回值是整型。最后面的括号中有两个 int，表示这个函数有两个 int 参数。*p 两侧的括号不能省略，表示 p 先与 * 结合，是指针变量，然后与后面的 ( ) 结合，( ) 表示是函数，即该指针变量指向的是函数。

（2）p 是指向函数的指针变量，它只能指向函数的入口处而不可能指向函数中间的某一条指令处，因此不能用 *(p+1) 来表示函数的下一条指令。

赋值语句"c=(*p)(a,b);"和"c=max(a,b);"等价。用指针实现函数的调用。

【例 7-15】 输入两个整数，然后让用户选择 1 或 2，选 1 时调用 max 函数，输出二者中的大数；选 2 时调用 min 函数，输出二者中的小数。

分析：定义两个函数 max 和 min，分别用来求大数和小数；在主函数中根据用户输入的数字 1 或 2，使指针变量指向 max 函数或 min 函数。

```
#include <stdio.h>
int main()
{
    int max(int,int);                  /* 函数声明 */
    int min(int x,int y);              /* 函数声明 */
    int (*p)(int,int);                 /* 定义指向函数的指针变量 */
    int a,b,c,n;
    printf("please enter a and b: ");
    scanf("%d,%d",&a,&b);
    printf("please choose 1 or 2: ");
    scanf("%d",&n);
    if (n==1) p=max;
    else if (n==2) p=min;
    c=(*p)(a,b);                       /* 调用 p 指向的函数 */
    printf("a=%d,b=%d\n",a,b);
    if (n==1) printf("max=%d\n",c);
    else  printf("min=%d\n",c);
    return 0;
}
int max(int x,int y)
{
    int z;
```

```
    if(x>y)      z=x;
    else         z=y;
    return(z);
}
int min(int x,int y)
{
    int z;
    if(x<y)     z=x;
    else        z=y;
    return(z);
}
```

运行结果：

（1）输入 a、b 的值 34 和 89，选择模式 1。

```
please enter a and b: 34,89
please choose 1 or 2:1
a=34,b=89
max=89
```

（2）输入 a、b 的值 34 和 89，选择模式 2。

```
please enter a and b: 34,89
please choose 1 or 2:2
a=34,b=89
min=34
```

7.6.2　返回指针的函数

返回指针
的函数

除了 void 类型的函数外，函数在调用结束之后都要有返回值，指针同样可以是函数的返回值。当一个函数的返回值是指针类型时，称为返回指针的函数或者指针型函数。使用指针型函数的最主要目的就是要在函数结束时把大量的数据从被调函数返回到主调函数中。而通常非指针型函数调用结束后，只能返回一个变量。

返回指针函数的一般定义形式如下：

数据类型 ＊函数名（参数表）

{

函数体

}

数据类型表明函数返回指针的类型，函数名和"＊"标识了一个指针型函数，参数表中是函数的形参列表。

【例 7-16】　有 a 个学生，每个学生有 b 门课程的成绩。要求在用户输入学生序号以后，能输出该学生的全部成绩。用指针函数来实现。

分析：定义输出某学生全部成绩的函数 search，它是返回指针的函数，形参是行指针和整型。主函数将 score 和要找的学号 k 传递给形参。函数的返回值是 &score[k][0]。

```
#include<stdio.h>
int main()
{
    float score[][4]={{60,70,80,90},{56,89,67,88},{34,78,90,66}};
    float  *search(float (*pointer)[4],int n);           /* 函数声明 */
    float  *p;
    int i,k;
    printf("enter the number of student:");
    scanf("%d",&k);
    printf("The scores of No.%d are:\n",k);
    p=search(score,k);              /* 调用 search 函数,返回 score[k][0] 的地址 */
    for(i=0;i<4;i++)
      printf("%5.2f\t",*(p+i));     /* 输出 score[k][0]~score[k][3] 的值 */
    printf("\n");
    return 0;
}
float *search(float(*pointer)[4],int n)
{
    float *pt;
    pt=*(pointer+n);
    return(pt);
}
```

运行结果:

```
enter the number of student:1
The scores of No.%d are:
70.00    80.00    90.00    56.00
```

说明:函数 search 定义为指针型函数,它的形参 pointer 是指向包含 4 个元素的一维数组的指针变量。pointer+1 指向 score 数组序号为 1 的行,如图 7-11 所示。*(pointer+1) 指向 1 行 0 列元素。search 函数中的 pt 是指针变量,它指向 float 型变量。p 是指向 float 型数据的指针变量,*(p+i) 表示该学生第 i 门课程的成绩。

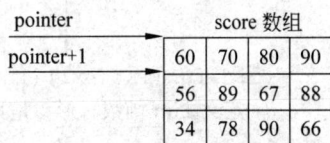

图 7-11　指针 pointer 与数组名 score 的关系

7.6.3　指向函数的指针

1. 指向函数的指针的定义

在 C 语言中规定,一个函数总是占用一段连续的内存区,而函数名就是该函数所占内存区的首地址。通常,可以把函数的这个首地址(或称入口地址)赋予一个指针变量,使该指针变量指向该函数。然后,通过指针变量就可以找到并调用这个函数。我们把这种指向函数的指针变量称为"函数指针变量"或"函数指针"。指向函数的指针变量定义的一般形式为

类型说明符（*指针变量名）（形参列表）;

指向函数
的指针

193

其中：

（1）"类型说明符"表示被指函数的返回值的类型。

（2）"(* 指针变量名)"表示 * 后面的变量是定义的指针变量。

（3）最后的小括号表示指针变量所指的是一个函数。

（4）"形参列表"给出函数指针变量所指向函数的形参信息。

例如：

```
int(*pf)(int a,int b);
```

表示 pf 是一个指向函数入口的指针变量，该函数的返回值（函数值）是整型，pf 所指向的函数有两个形式参数。

2. 函数指针的作用

函数指针概念不是凭空臆造的，其作用在于：

• 使用函数指针调用函数；

• 实现函数指针作为参数的功能。

3. 函数指针作为参数

指向函数的指针变量的一个重要用途是把函数的入口地址作为参数传递给其他函数。指向函数的指针可以作为函数参数，把函数的入口地址传递给形参，这样就能够在被调用的函数中使用实参函数。原理简述如下：有一个函数 fun，有两个形参 x1 和 x2，定义 x1 和 x2 为指向函数的指针变量。在调用 fun 时，实参为两个函数名 f1 和 f2，给形参传递的是函数 f1 和 f2 的入口地址。在函数 fun 中就可以调用 f1 和 f2 函数了。例如：

```
实参函数名          f1                  f2
                   │                   │
                   │                   │
                   ↓                   ↓
void fun(int(*x1)(int), int(*x2)(int,int))
/*定义 fun 函数，形参是指向函数的指针变量*/
{
    int a,b,i=3,j=5;
    a=(*x1)(i);          /*调用 f1 函数，i 是实参*/
    b=(*x2)(i,j);        /*调用 f2 函数，i、j 是实参*/
}
```

在 fun 函数中声明形参 x1 和 x2 为指向函数的指针变量，x1 指向的函数有一个整型形参，x2 指向的函数有两个整型形参。i 和 j 是调用 f1 和 f2 函数时所要求的实参。主函数调用 fun 函数时，把实参函数 f1 和 f2 的入口地址传递给形参指针变量 x1 和 x2，使 x1 和 x2 指向函数 f1 和 f2。在函数 fun 中，用 *x1 和 *x2 就可以调用函数 f1 和 f2。"(*x1)(i)"相当于 f1(i)，"(*x2)(i,j)"相当于 f2(i,j)。

下面通过例子来说明用指针形式实现对函数调用的方法。

【例 7-17】 有两个整数 a 和 b，由用户输入 1、2 或 3。如输入 1，程序就给出 a 和 b 中的大者；输入 2，就给出 a 和 b 中的小者；输入 3，则求 a 与 b 之和。

分析：与例 7-15 相似，但现在用一个函数 fun 实现以上功能。

```c
#include <stdio.h>
int main()
{
  void fun(int x,int y, int (*p)(int,int));
  int max(int,int);
  int min(int,int);
  int add(int,int);
  int a=34,b=-21,n;
  printf("please choose 1,2 or 3:");
  scanf("%d",&n);
  if (n==1)        fun(a,b,max);
  else if (n==2)   fun(a,b,min);
  else if (n==3)   fun(a,b,add);
return 0;
}
int fun(int x,int y,int (*p)(int,int))
{
  int result;
  result=(*p)(x,y);
  printf("%d\n",result);
}
int max(int x,int y)
{
  int z;
  if(x>y)  z=x;
  else     z=y;
  printf("max=");
  return(z);
}
int min(int x,int y)
{
  int z;
  if(x<y)   z=x;
  else      z=y;
  printf("min=");
  return(z);
}
int add(int x,int y)
{
  int z;
  z=x+y;
  printf("sum=");
  return z;
}
```

运行结果：

（1）选择 1，调用 max 函数。

```
please choose 1,2 or 3:1
max=34
```

（2）选择 2，调用 min 函数。

```
please choose 1,2 or 3:1
min=-21
```

（3）选择 3，调用 add 函数。

```
please choose 1,2 or 3:3
sum=13
```

使用函数指针变量应注意以下几点。

（1）函数指针变量不能进行算术运算，这是与数组指针变量不同的地方。数组指针变量加减一个整数可使指针移动指向后面或前面的数组元素，而函数指针的移动是毫无意义的。

（2）函数调用中"(* 指针变量名)"两边的括号不可少，其中的 * 不应该理解为求值运算，在此处它只是一种表示符号。

（3）要求函数指针的特征和函数的特征一致，即返回类型以及形参的类型和个数都要一致。

函数指针的性质与数据类型指针性质相同。所不同的是数据指针指向内存的数据区，而函数指针指向内存的程序代码区。在 C 语言中，函数指针的主要作用体现在函数间的传递函数，这种传递是传递函数执行代码的入口地址，即函数的调用控制。当被调函数的形参是函数指针时，可以用不同的函数名实参与形参对应，从而实现在不对主调函数进行任何修改的前提下调用不同的函数，完成不同的功能。或者用函数指针变量作实参，当给该指针变量赋不同的函数入口值（指向不同的函数）时，也可实现在主调函数中调用不同的函数。

与数据指针不同的是，函数指针指向函数入口代码区，因此对其进行算术运算是没有意义的。

7.7　指向指针的指针

指针可以指向各种类型，包括基本类型、数组（数组元素）、函数，同样也可以指向指针。

如果一个指针变量指向的变量仍然是一个指针变量，就构成指向指针变量的指针变量，简称指向指针的指针，也称为二级指针。在图 7-12 中，变量 p 指向一个变量，该变量仍然是指针类型，它指向一个 int 类型变量 a。

指向指针的指针变量p　　　　　指针变量s　　　　　int类型变量a

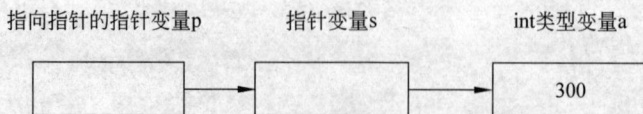

图 7-12　指向指针的指针

1. 指向指针的指针声明形式

指向指针的指针声明形式如下：

类型 ∗∗ 指针变量名；

比如，图 7-12 可以用以下的语句表示：

```
int **p,*s,a=300;
s=&a;
p=&s;
```

其中，定义了一个指针变量 s 和一个指向指针变量的指针变量 p。s=&a 使 s 指向了简单整型变量 a，而 p=&s 使 p 又指向了指针变量 s。所以，对整型变量 a 的访问可以用变量名 a，也可以用 ∗s，当然还可以使用指向指针变量的指针变量 p。下面详细介绍一下。

（1）p 是指针变量，它的值是指向"指向 int 类型的指针变量"。

（2）∗p 取上述 p 的内容，得到一个指针值 s，该指针值"指向 int 类型的变量"。

（3）∗∗p 即"∗(∗p)"，取上述 ∗p 的内容，即得到 int 类型的变量。

因此，使用指向指针变量的指针变量 p 来存取 a 的值可以通过 ∗∗p 的方式。需要指出的是，虽然 p 和 s 都是指针变量，其值都是地址，但以下赋值语句是错误的：

```
p=&a;
```

因为 p 只能指向另一个指针变量，而不能指向一个整型变量，即二级指针与一级指针是两种不同类型的数据，不可互相赋值，尽管它们的值都是地址。

从理论上讲，还可以有"多级指针"，但多级指针使用起来容易出错，不提倡使用，一般用到二级指针就足够了。

2. 指向指针的指针的应用

指向指针的指针在实际程序中有很大用处，经常使用指针数组来实现指向指针的指针。

【例 7-18】　用指向指针的指针输出二维数组元素。

```
#include<stdio.h>
int main()
{
    static int a[3][4]={1,2,3,4,5,6,7,8,9,10,11,12};
    int *arr[3]={a[0],a[1],a[2]};
    int **p,i;
    for(p=arr;p<arr+3;p++)     /*p++ 分别使 p 指向 a[0]、a[1]、a[2]*/
    {
        for(i=0;i<4;i++)
          printf("%4d",*(*p+i));
    /*"*p+i" 即 a[0]+i 或 a[1]+i 或 a[2]+i，后再取 ∗ 表示取其相应地址空间中的内容 */
        printf("\n");
    }
    return 0;
}
```

指向指针的指针和二维数组示意图如图 7-13 所示。

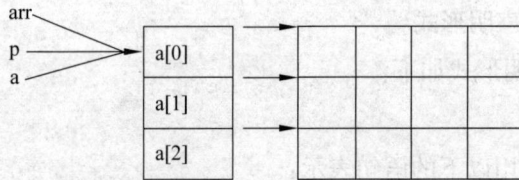

图 7-13　指向指针的指针和二维数组示意图

说明：

（1）数组 arr 是一个指针数组，它的每一个元素值是一个指针，指向二维数组的每一行第一个元素的地址 a[0]、a[1]、a[2]。

（2）变量 p 是一个指向指针的指针变量。

7.8　命令行参数

到目前为止，编写的一切程序都没有涉及与操作系统的联系。下面思考一个问题：请编写一个程序实现 DOS 的 copy 命令。其使用格式是 "copy c:\mycprg*.c d:\mybak"，把 C 盘下的相应文件复制到 d:\mybak 中，问题是如何把两个文件名传入程序中？

使用命令行参数可以解决该问题，当操作系统调用程序时，C 语言程序从主函数 main( ) 开始执行，可以从操作系统命令行获得参数，传给主函数 main( )。

main( ) 函数是整个可执行程序的入口（执行起点）。main( ) 函数也与其他函数一样可以带参数，指针数组的一个重要应用是作为 main( ) 函数的形参。人们习惯将 argc、argv 这两个形式参数作为 main( ) 函数的形参名。

带参数 main( ) 函数的完整原型如下：

```
int main(int argc,char *argv[]);
```

其中：

（1）argc 是传递给 main( ) 的参数的个数（包括可执行程序名）。

（2）argv 是传递给 main( ) 的字符指针数组，该数组各个元素是字符指针，分别指向调用 main( ) 时在操作系统命令行输入的各个字符串（包括可执行程序名），这样 main( ) 就可以取得命令行参数的内容。

上述 "copy c:\mycprg*.c d:\mybak" 会产生如图 7-14 所示的信息。

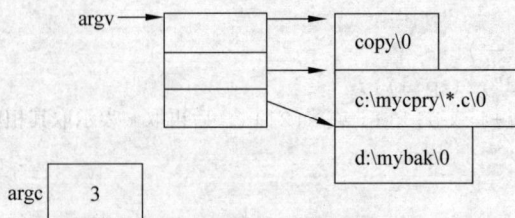

图 7-14　命令行参数信息

显然，argv 是指向指针数组的指针变量，argv[0] 是字符型指针变量，指向字符串

"copy"，argv[1] 指向字符串 "c:\mycprg*.c"，argv[2] 指向字符串 "d:\mybak"。

带参数的主程序非常有用，几乎所有的实用程序都涉及程序参数。C 语言程序在 DOS 操作系统下执行命令的形式如下：

可执行文件名　参数 1　参数 2　... 　参数 n

【例 7-19】 编写程序，输出命令行参数内容。

```c
#include<stdio.h>
int main(int argc,char *argv[])
{
  printf("argc=%d\n",argc);
  printf("command name:%s\n",argv[0]);
  for(int i=1;i<argc;i++)
    printf("the parameters of %d is:%s\n",i,argv[i]);
  return 0;
}
```

给该文件命名为 ex718，如果执行该程序，在 DOS 操作系统下输入命令行：

```
ex718 this is a test!
Argc=5
command name:ex618
the parameters of 1 is: this
the parameters of 2 is: is
the parameters of 3 is: a
the parameters of 4 is: test!
```

7.9　案例分析与实现

下面对 7.1 节中的案例进行分析与实现。

案例 7-1：数据排序问题。

案例分析：按顺序输出，一般采用数据的两两交换，先将前 3 个数两两进行比较，找出其中的最小值放到第一个变量里，然后对后两个数进行比较，将最大的放在最后一个变量里。这样三个数据就按从小到大的顺序排列。定义 exchange( ) 函数对 3 个整数按大小顺序排序，在执行 exchange( ) 函数过程中，需嵌套调用 swap( ) 函数，swap( ) 函数的作用是对 2 个整数按大小排序，通过调用 swap( ) 函数实现 3 个整数的排序。

```c
#include<stdio.h>
int main()
{
  void exchange(int *q1, int *q2, int *q3);
  int a,b,c,*p1,*p2,*p3;
  printf( "please enter three numbers:" );
  scanf("%d,%d,%d",&a,&b,&c);
  p1=&a;p2=&b;p3=&c;
  exchange(p1,p2,p3);
```

```
        printf( "The orders is:%d,%d,%d\n",a,b,c);
        return 0;
        }
        void exchange(int *q1, int *q2, int *q3)
{
void swap(int *pt1, int *pt2);
    if(*q1<*q2) swap(q1,q2);
    if(*q1<*q3) swap(q1,q3);
    if(*q2<*q3) swap(q2,q3);
}
    void swap(int *pt1,int *pt2)
{
int temp;
    temp=*pt1;
    *pt1=*pt2;
    *pt2=temp;
    }
```

运行结果：

```
please enter three numbers:20,-54,67
The orders is:67,20,-54
```

案例 7-2： 有 n 个整数，使其前面各数顺序向后移 m 个位置，最后 m 个数变成最前面的 m 个数。

案例分析：

（1）定义函数 move( ) 来实现前面各数顺序向后移 m 个位置，最后 m 个数变成最前面的 m 个数，在主函数里实现数据的输入和输出。

（2）在 move( ) 中用数组 array 来保存数据，数据顺序向后移动。首先把数组最后一个数据 array[n+1] 保存在临时变量 array_end 中。移动数据时，采用指针变量 p 来实现，指针变量首先指向数组中需要移动的最后一个数据（p=array+n-1），用其前面的数据 $*(p-1)$ 覆盖该数据 $*p$，循环下去，不断改变指针变量的指向，就实现了数组整体向下移动一个位置。然后把保存在临时变量 array_end 中的数据赋给数组的第一个空间 *array=array_end。这样，就完成了数据顺序向后移动 1 个位置，最后 1 个数变成最前面的 1 个数。

（3）如果要使其前面各数顺序向后移 m 个位置，最后 m 个数变成最前面的 m 个数，可以采用递归算法，即把移动 m 个位置这个大问题，分解为移动 m-1 个位置这个小问题，这样问题逐渐分解下去，直到递归结束条件 $m<0$ 成立为止。

程序如下：

```
#include<stdio.h>                    /* 采用递归算法实现函数功能 */
void move(int array[20],int n,int m)
{
    int *p,array_end;               /* 把数组的最后一个数据保存到临时变量 array_end 中 */
    array_end=*(array+n-1);
    /* 用指针变量 p 指向最后一个数据，当 p>array 条件成立时指针不断前移 */
```

```
    for(p=array+n-1;p>array;p--)        /* 用 p 前面的数据覆盖后面的一个 */
     *p=*(p-1);                         /* 把临时变量的值赋给数组的第一个元素 */
    *array=array_end;                   /* 移动一次 m 就自减一次 */
    m--;                /* 当递归条件 m>0 成立时，调用函数自身实现 m-1 个数据的移动 */
    if(m>0) move(array,n,m);
}
int main()
{
    void move(int array[],int n,int m);
    int number[20],n,m,i;
    printf("the total numbers is:");
    scanf("%d",&n);
    printf("back m:");
    scanf("%d",&m);
    printf("enter the numbers(total=%d):",n);
    for(i=0;i<n;i++)
        scanf("%d,",&number[i]);        /* 数据的输入 */
    move(number,n,m);
/* 调用 move() 实现 n 个整数前面各数顺序向后移 m 个位置，最后 m 个数变成最前面的 m 个数 */
    for(i=0;i<n;i++)
        printf("%d,",number[i]);        /* 数据的输出 */
    printf("\n");
    return 0;
}
```

案例 7-3： 约瑟夫环问题。

案例分析：先输入人数和出圈的数，定义一个数并将其初始化为 0，用来计数。同时作为循环条件，再定义一个全为 0 的数组，若出圈则让其为 1，在算出圈数的时候自动跳过为 1 的数组元素。num 用来计数，自动跳过出圈的人。若 num=3，则让其出圈输出并归零。

程序如下：

```
#include <stdio.h>
int main()
{
    int i,n,remain,num=0;
    int *p;
    int people[200]={0};
    printf(" 请输入人数：\n");
    scanf("%d",&n);
    for(i=0;i<n;i++)
        people[i]=i+1;      /* 对每个人顺序排号 */
    remain=n;
    while(remain>1)
    {
        p=people;              /* 当数组遍历一遍时，再从头遍历 */
        while(p!=people+n)/* 每次从第一个位置开始，直到最后一个位置，报数是一直递增的 */
        {
```

```
        if((*p)!=0)        /* 若这个位置还有人 */
        {
          num++;           /* 则报数 */
          if(num==3)       /* 如果当前的人即将要报的数字是 3*/
          {
            *p=0;          /* 则这个人出圈 */
            num=0;         /* 重新开始计数 */
            remain--;      /* 剩余人数减 1*/
          }
        }
      p++;
    }
  }
  for(i=0;i<n;i++)
  {
    if(people[i]!=0)
      printf(" 最后剩的人的序号是 %d 号 \n",people[i]);
  }
  return 0;
}
```

小　结

本项目主要介绍了指针的概念和相关操作，并对指针与变量、指针与数组、指针与字符串、指针与函数之间的关系进行了详细介绍，只要掌握了它们的关系，就能够正确地理解指针概念及其操作，从而正确地使用指针。

应当说明的是，指针是 C 语言中重要的概念，是 C 语言的一个特色。使用指针的优点如下：

· 提高效率；

· 在调用函数时，被调函数可以通过指针得到主调函数中的数值并可以改变它；

· 可以实现动态内存分配。

但是同时也应该看到，指针使用实在太灵活，对熟练的程序人员来说，可以利用它编写出颇有特色的、质量优良的程序，实现许多用其他高级语言难以实现的功能，但也十分容易出错，而且这种错误往往难以发现。因此，使用指针要十分小心谨慎，要多上机调试程序，以求弄清细节，积累经验。

习　题

一、选择题

1. 有以下程序段：

```
int a[10]={1,2,3,4,5,6,7,8,9,10},*p=&a[3],b;
b=p[5];
```

b 中的值是（　　　）。

　　A. 5　　　　　　　　B. 6　　　　　　　　C. 8　　　　　　　　D. 9

2. 有以下定义：

```
#include<stdio.h>
char a[10],*b=a;
```

不能给数组 a 输入字符串的语句是（　　　）。

　　A. gets(a);　　　　　B. gets(a[0]);　　　　C. gets(&a[0]);　　　　D. gets(b);

3. 有以下程序：

```
int main()
{
  char *p[10]={"abc","aabdfg","dcdbe","abbd","cd"};
  printf("%d\n",strlen(p[4]));
  return 0;
}
```

执行后的输出结果是（　　　）。

　　A. 2　　　　　　　　B. 3　　　　　　　　C. 4　　　　　　　　D. 5

4. 有以下程序：

```
#indude<stdio.h>
int a=2;
int f(int *a)
{
  return (*a)++;
}
int main()
{
  int s=0;
  {
    int a=5;
    s+=f(&a);
  }
  s+=f(&a);
  printf("%d\n",s);
  return 0;
}
```

执行后的输出结果是（　　　）。

　　A. 10　　　　　　　B. 9　　　　　　　　C. 7　　　　　　　　D. 8

5. 若以下程序所生成的可执行文件名为 FILE1.EXE。

```
#include<stdio.h>
int main(int argc,char *argv[])
{
```

```
while(argc-->0)
{
    ++argv;
    printf("%s",*argv);
}
return 0;
}
```

当输入以下命令执行该程序时：

FILE1 CHINA BEIJING SHANGHAI

程序的输出结果是（   ）。

    A. CHINA BEIJIANG SHANGHAI   B. FILE1 CHINA BEIJING

    C. C B S   D. F C B

6. 以下程序的运行结果是（   ）。

```
#include<stdio.h>
int main()
{
    int a[]={1,2,3,4,5,6,7,8,9,10,11,12};
    int *p=a+5,*q=NULL;
    *q=*(p+5);
    printf("%d %d \n",*p,*q);
    return 0;
}
```

    A. 运行后报错   B. 6 6   C. 6 12   D. 5 5

7. 若已定义：

int a[9],*p=a;

并在以后的语句中未改变 p 的值，不能表示 a[1] 地址的表达式是（   ）。

    A. p+1   B. a+1   C. a++   D. ++p

8. 以下程序的输出结果为（   ）。

```
int main()
{
    char *alpha[6]={"ABCD","EFGH","IJKL","MNOP","QRST","UVWX"};
    char **p;
    int i;
    p=alpha;
    for(i=0;i<4;i++)
        printf("%s",p[i]);
    printf("\n");
    return 0;
}
```

    A. ABCDEFGHIJKL   B. ABCD

    C. ABCDEFGHIJKLMNOP   D. AEIM

9. 设有以下语句：

```
char str1[]="string",str2[8],*str3,*str4="string";
```

则下面选项（　　）不是对库函数 strcpy( ) 的正确调用，此库函数用于复制字符串。

   A. strcpy(str1,"HELLO1");   B. strcpy(str2,"HELLO2");

   C. strcpy(str3,"HELLO3");   D. strcpy(str4,"HELLO4");

10. 若有以下定义和语句：

```
#include<string.h>
int main()
{
  char *s1="12345",*s2="1234";
  printf("%d\n",strlen(strcpy(s1,s2)));
  return 0;
}
```

则输出结果是（　　）。

   A. 4   B. 5   C. 9   D. 10

二、程序分析题

1. 以下 4 个程序中，哪一个不能对两个整型变量的值进行交换？

（1）

```
#include<stdlib.h>
void swap(int *p,int *q);
{
  int *t;
  t=p;p=q;q=t;
}
int main()
{
  int a=10,b=20;
  swap(&a,&b);
  printf("%d %d\n",a,b);
  return 0;
}
```

（2）

```
#include<stdlib.h>
void swap(int *p,int *q);
{
  int t;
  t=*p;*p=*q;*q=t;
}
int main()
{
  int a=10,b=20;
  swap(&a,&b);
```

```
      printf("%d %d\n",a,b);
      return 0;
}
```

（3）

```
#include<stdio.h>
#include<stdlib.h>
void swap(int *p,*q);
{
   int t;
   t=*p;*p=*q;*q=t;
}
int main()
{
   int *a=NULL,*b=NULL;
   *a=10,*b=20;
   swap(a,b);
   printf("%d %d\n",*a,*b);
   return 0;
}
```

（4）

```
#include<stdio.h>
void swap(int *p,int *q);
{
   int t;
   t=*p;*p=*q;*q=t;
}
int main()
{
   int a=10,b=20;
   int*x=&a,*y=&b;
   swap(x,y);
   printf("%d %d\n",a,b);
   return 0;
}
```

2. 分析下列程序，并给出执行结果。

```
#include<stdio.h>
void padd(int *p,int n)
{
   int i;
   for(i=0;i<n;i++)
   {
      (*p)++;
      p++;
   }
}
```

```
}
int main()
{
  static int a[]={0,1,2,3,4,5,6,7,8,9};
  int i;
  for(i=0;i<10;i++)
    printf("%4d",a[i]);
  printf("\n");
  padd(a,10);
  for(i=0;i<10;i++)
    printf("%4d",a[i]);
  printf("\n");
  return 0;
}
```

3. 分析下列程序，并给出执行结果。

```
#include<stdio.h>
void invert(int *a,int n)
{
  int *p,*pi,*pj;
  int temp,m;
  m=(n-1)/2;
  pi=a;
  pj=a+n-1;
  p=a+m;
  while(pi<=p)
  {
    temp=*pi;
    *pi=*pj;
    *pj=temp;
    ++pi;
    --pj;
  }
}
int main()
{
  int i;
  static int arr[]={1,2,3,4,5,6,7,8,9,10};
  for(i=0;i<10;i++)
    printf("%4d",arr[i]);
  printf("\n");
  invert(arr,10);
  for(i=0;i<10;i++)
    printf("%4d",arr[i]);
  printf("\n");
  return 0;
}
```

三、编程题

1. 从键盘上输入 3 个字符串，按从小到大的顺序显示出来。要求利用函数和指针来完成。

2. 在 main( ) 函数中输入一个字符串，在 pcopy( ) 函数中将此字符串从第 n 个字符开始到第 m 个字符为止所有字符都显示出来。

3. 利用指针编写求字符串长度的函数 strlen( )。

4. 从键盘上输入 10 名学生的成绩，显示其中的最低分、最高分及平均分，要求利用指针编写。

5. 从键盘上输入数组，最大的与第一个元素交换，最小的与最后一个元素交换，并输出数组。

项目8 结构体、共用体与枚举类型

在前面学习的程序中，所用的变量大多数是互相独立、没有内在联系的。例如，使用基本数据类型，如 int、float 等定义的单一变量都是单独存在的变量，在内存中的存储位置也是互不相干的。学习了数组后，可以构造数组，定义一组相同类型的数据。数组可以批量处理数据，在内存中占据一块连续的存储单元，但数组也不能反映数组元素之间的联系。实际生活和工作中，有些数据是有内在联系的，需要成组出现。例如，一名学生的学号、姓名、性别、年龄、专业、班级、成绩等数据项具有不同的基本数据类型，但都属于一位同学的信息。可以利用结构体存储如学生信息这样的数据，解决复杂的问题。在 C 语言中，允许用户根据自己的需要建立一些数据类型，并用建立的数据类型来定义变量。本项目主要介绍如何声明结构体、共用体与枚举类型这样的用户自己建立的数据类型，并使用它们来定义变量，最后解决实际问题。

8.1 案 例 引 入

案例 8-1：打印车票。

在我国，高铁是人们便利、舒适的交通工具。高铁车票上一般包含车次、出发地、目的地、开车时间、乘车人等信息。如何设计程序，并定义数据，打印出车票信息，包含车次、出发地、目的地、开车时间以及乘车人姓名 5 项信息？

案例 8-2：C 语言程序设计课程成绩单。

一个班有 30 位同学，现在想要通过程序设计先录入学生成绩信息，然后输出学生 C 语言程序设计课程的成绩单，最后计算 30 位同学该课程的平均成绩。成绩单应包含每位学生的学号、姓名、专业班级、课程名称、成绩、通过与否（获得学分或安排补考）6 项信息，还需要显示最高分、最低分、平均分。

可以看出，在工作和生活中的许多应用问题都需要处理复杂的数据，这些数据之间具有内在联系。后面会介绍结构体的概念、结构体类型的声明、结构体类型变量的定义与初始化、元素的引用等，学完相关知识后读者很容易就能实现上述案例。本项目还会介绍共用体、枚举类型，学习完本项目内容，读者可以利用 C 语言程序设计解决更多的实际问题。

8.2 结 构 体

8.2.1 结构体类型的定义

C 语言中允许用户在程序中自己建立由不同数据类型组成的组合型的数据结构，称作结构体（structure）。如果需要在程序中处理学生成绩单数据，可以建立如下的结构体类型：

```
struct student
{ int num;                      // 学号为整型
  char name[20];                // 姓名为字符串（用字符数组保存）
  char class1[20];              // 专业班级为字符串（用字符数组保存）
  char course[20];              // 课程名称为字符串（用字符数组保存）
  float score;                  // 成绩为实型数据
};                              // 注意大括号后有一个分号
```

上面由用户指定了一个结构体类型 struct student（struct 是声明结构体类型时必须使用的关键字，不能省略；student 是结构体类型的名字）。经过上面的声明，struct student 在该程序中就是一个合法的类型名称，它向编译系统说明：这是一个结构体类型，它包括 num、name、class1、course、score 不同类型的成员。如同 int、float、char 等基本数据类型，struct student 也可以用来定义变量；不同的是，int、float、char 等基本数据类型是由编译系统声明的，而结构体类型是由用户根据需要在程序中自己建立的。

声明一个结构体类型的一般形式如下：

```
struct   结构体名
{ 成员列表 };
```

例如：

```
struct student
{ int num;
  char name[20];
  char class1[20];
  char course[20];
  float score;
};
```

表示定义了一个名称为 student 的结构体，包括 5 个成员，分别是整型的学号，字符串类型的姓名、专业班级、课程名称，以及实型的成绩。结构体 struct student 的结构如图 8-1 所示。

num	name	class1	course	score

图 8-1 结构体 struct student 的结构

注意：

（1）结构体类型的名字由一个关键字 struct 和结构体名（如 student）组合而成，结构体名是区别于其他结构体类型的标志。结构体名是由用户指定的，命名规则与普通标识符相同。

（2）大括号内是结构体所包含的子项，称为结构体的成员（member）。上文中 num、name、class1 等都是结构体的成员。对各成员都需要进行类型声明，即

类型名　成员名；

例如：

```
int num;
```

成员名的命名规则和普通变量命名规则相同。

（3）声明结构体类型只是建立了一个结构体类型，并不占据内存单元，只有用声明的类型定义了该类型的变量，系统才会为变量开辟存储空间。

说明：

（1）结构体类型并不是只有一种，结构体名不同，建立的结构体类型就不同。根据需要可以建立许多种结构体类型。比如，除了建立上述的 struct student 结构体类型外，还可以建立 struct teacher、struct worker、struct class1、struct ticket、struct date、struct time 等结构体类型，各自包含不同的成员。

（2）结构体成员可以是基本数据类型，还可以是结构体类型的变量。例如：

```
struct date                    //声明一个结构体类型 struct date，表示日期
{ int year;                    //年
  int month;                   //月
  int day;                     //日
};
struct time                    //声明一个结构体类型 struct time，表示时间
{ int hour;                    //时
  int minute;                  //分
};
struct ticket                  //声明一个结构体类型 struct ticket，表示车票信息
{ char num[5];                 //车次
  char dep[10];                //出发地存在字符数组中
  char des[10];                //目的地存在字符数组中
  struct date d;               //乘车日期 d 属于 struct date 类型
  struct time t;               //开车时间 t 属于 struct time 类型
  char name[20];               //乘车人存在字符数组中
};
```

上述示例中，先声明 struct date 和 struct time 两个结构体类型，分别表示日期和时间。struct date 类型包含 year（年）、month（月）、day（日）3 个成员；struct time 类型包含时（hour）和 minute（分）两个成员。然后声明 struct ticket 类型，指定成员 d 为 struct date 类型，指定成员 t 为 struct time 类型。说明已声明的结构体类型和其他类型（如 int、float、char 等）一样可以用来定义变量。结构体 struct ticket 的结构如图 8-2 所示。

num	dep	des	d			t		name
			year	month	day	hour	minute	

图 8-2　结构体 struct ticket 的结构

8.2.2 结构体类型变量

前面建立了结构体类型，只是声明了结构体类型的名字和成员。此时建立的结构体类型中并没有具体的数据，因此不占据内存单元。为了能在程序中使用结构体类型的变量，可以利用建立的结构体类型定义结构体类型的变量，并在变量中存放具体的数据。

1. 定义结构体类型变量

可以采用以下 3 种方法定义结构体类型变量。

（1）先声明结构体类型，再使用该类型定义变量。

在 8.2.1 小节开始已经声明了一个结构体类型 struct student，可以用该类型来定义变量。例如：

```
struct student  student1, student2;     // 定义 struct student 类型的变量
```

这种形式和定义其他类型的变量形式（如 "int a, b;"）是类似的，struct student 是类型名，student1、student2 是变量名。上面定义的 student1 和 student2 都是 struct student 类型的变量，因此 student1 和 student2 就具有 struct student 类型的结构，如图 8-3 所示。

10101	Li Hua	2401B	C Programing	90.5

(a) student1

10102	Zhang Li	2401B	C Programing	92

(b) student2

图 8-3 struct student 类型变量的结构

定义了结构体类型变量后，系统会为该类型变量分配存储单元。根据该结构体类型中包含的成员情况，在 Dev C++ 编译环境中占 68（4+20+20+20+4=68）字节。

这种方式是将声明类型和定义变量分离，在声明类型后可以随时定义变量类型，比较灵活。

（2）在声明类型的同时定义变量。

例如：

```
struct student
{ int num;
  char name[20];
  char class1[20];
  char course[20];
  float score;
} student1, student2;
```

上述定义与第一种方法作用相同，但是在定义 struct student 类型的同时定义了两个 struct student 类型的变量 student1 和 student2。这种定义方法的一般形式为

```
struct 结构体名
{ 成员列表
} 变量名列表;
```

声明类型和定义变量放在一起，能够直观地看到结构体的结构，在写小程序时比较方便；但在写大程序时，需要灵活定义新变量，一般要求将对类型的声明和变量的定义分别放在不同的地方，以使程序结构清晰，便于维护。因此，这种定义方式一般不多用。

（3）不指定结构体类型名而直接定义结构体类型变量。

这种定义方式的一般形式为

```
struct
{ 成员列表
} 变量名列表;
```

指定了一个无名的结构体类型，在声明结构体类型时不出现结构体名。在此定义之后，显然不能再以此结构体类型去定义其他变量。这种定义结构体变量的方式用得不多。

说明：

（1）结构体类型与结构体变量是不同的概念。只能对变量赋值、存取或运算，不能对一个类型赋值、存取或运算。在程序编译时，对类型是不分配存储空间的，只对变量分配存储空间。

（2）结构体类型中的成员名可以和程序中的变量名相同，但二者表示的不是同一个对象。例如，程序中其他地方可以另定义一个变量 num，这与 struct student 中的 num 是两回事，互不影响赋值和引用。

2. 结构体变量的初始化与引用

在定义结构体变量时，可以对它初始化，即赋初值。然后可以引用这个结构体变量，如输出结构体变量成员的值。

结构体变量的初始化与引用

【例 8-1】 把一名学生的 C 语言程序设计课程成绩信息存放在一个结构体变量中，然后输出这位学生的信息及成绩。

分析：根据需要，先在程序中定义一个学生成绩单信息的结构体，包括学生的学号、姓名、班级、课程、成绩 5 个成员；然后利用声明的结构体类型定义结构体变量，同时赋初值；最后输出该结构体变量的各成员。

程序如下：

```
#include <stdio.h>
int main()
{
  struct student        // 声明一个结构体类型 struct student
    { int num;          // 以下 5 行为结构体的成员
      char name[20];
      char class1[20];
      char course[20];
      float score;
    };
  struct student student1={10101,"Li Hua","2401B", "C Programing", 90.5};
    // 定义 struct student 类型的变量 student1 并赋初值
    printf(" 学号 :%d\n 姓名 :%s\n 班级 :%s\n 课程 :%s\n 成绩 :%lf\n", student1.
num, student1.name, student1.class1, student1.course, student1.score);
    // 引用 struct student 类型的变量 student1 各成员的值并输出
```

```
    return 0;
}
```

运行结果：

学号：10101
姓名：Li Hua
班级：2401B
课程：C Programing
成绩：90.5

说明：

（1）在定义结构体变量时可以对它的成员进行初始化。初始化列表是用大括号括起来的一些常量，将这些常量依次赋给结构体变量中的各成员。注意：是对结构体变量初始化，不是对结构体类型进行初始化；如同数组赋值一样，只能够在定义变量的同时赋值，否则只能通过引用成员逐个赋值。

（2）可以引用结构体变量中的成员的值，引用方式是

结构体变量名.成员名

例如，上例中定义了 struct student 类型的结构体变量 student1，student1.num 表示结构体变量 student1 的 num（学号）成员。

在程序中，如果先定义了结构体变量，可以对变量的成员赋值，例如：

```
student1.num = 10101;
```

"."是成员运算符，它在所有的运算符中优先级最高，因此可以把 student1.num 作为一个整体来看待，相当于一个变量。

注意：不能通过结构体变量名将整个结构体成员进行输入或输出，只能对结构体变量中的各成员分别进行输入和输出。

```
printf("%s\n ", student1);              // 错误引用方法
printf("学号:%d\n 姓名:%s\n 班级:%s\n 课程:%s\n 成绩:%f\n", student1.num,
student1.name, student1.class1, student1.course, student1.score);
                                        // 正确引用方法
```

（3）如果结构体变量的成员仍是一个结构体类型变量，可以利用多个成员运算符，一级一级地找到最低一级的成员。只能对最低一级的成员进行存取、赋值或者运算。例如，上述声明了 struct ticket 类型的结构体，并有定义 "struct ticket ticket1;"，则引用其成员的方式为

```
ticket1.num                    // 结构体变量 ticket1 中的成员 num
ticket1.d.day                  // 结构体变量 ticket1 中的成员 d 中的成员 day
```

不能通过 ticket1.d 引用结构体变量 ticket1 中的成员 d 中的所有成员。

（4）结构体变量的成员和普通变量地位一样，可以进行相应的各种运算。例如：

```
student2.score = student1.score;         // 赋值运算
sum = student2.score = student1.score;   // 加法运算
ticket1.d.day++;                         // 自增运算
```

需要注意的是，ticket1.d.day++ 是对 ticket1.d.day 进行自增运算，不是单纯地对 day 进行自增运算。因为成员运算符"."优先级高于自增运算符"++"。

（5）类型相同的结构体变量可以相互赋值，如：

```
struct student student1={10101,"Li Hua","2401B", "C Programing", 90.5},
student2;
student2 = student1;    // student1、student2 是类型相同的变量，可以将
                           student1 变量的值整体赋给 student2 变量
```

（6）可以引用结构体变量成员的地址，也可以引用结构体变量的地址。例如：

```
scanf("%s", &student1.name);              // 输入 student1.name 的值
printf("%o", &student1);                  // 输出结构体变量 student1 的起始地址
```

注意：利用以下语句输入一个结构体变量成员的值的做法是错误的。

```
scanf("%d %s %s %s %f ", &student1);      // 错误引用方法
```

8.2.3　结构体类型数组

一个结构体变量可以存放一组有内在联系，但数据类型不同的数据。如果需要批量处理多个结构体类型的数据，就要使用结构体类型数组了。结构体数组与前面学习的基本数据类型的数组使用方法类似，不同的是结构体类型数组每一个数组元素都是一个结构体类型的数据，包含若干个成员。

1. 定义结构体类型数组

定义结构体类型数组的一般形式如下。

（1）声明结构体类型的同时定义结构体数组。

```
struct 结构体名
{ 成员列表 } 数组名 [ 数组长度 ];
```

这种定义结构体数组的方式能直观显示结构体数组元素的成员结构，编写小程序时可以使用。在较大规模的程序设计中，往往会将类型定义和变量定义写在不同的位置上。注意：数组长度应是常量或常量表达式，不能包含变量。

（2）先声明一个结构体类型，再使用该类型定义结构体数组。

```
结构体类型 数组名 [ 数组长度 ];
```

例如：

```
struct candidate              // 声明一个 struct candidate 类型，包含两个成员
{ char name[10];
   int count;
};
struct candidate monitor[3];  // 定义一个名为 monitor 的数组，包含 3 个元素，每个
                                 元素都是 struct candidate 类型
```

2. 结构体类型数组初始化与引用

在定义结构体类型数组的同时，可以对结构体数组进行初始化，一般形式是在定义数

组后加上初始值列表：

=｛初始值列表｝;

例如：

```
struct candidate monitor[3]={"Li",0,"Zhang",0,"Xu",0};
```

注意：结构体数组初始化要保证数组长度和初始值列表相匹配，对应元素成员类型要一致。

在引用结构体数组元素时，可以利用数组脚标引用数组元素，运用成员运算符引用一个数组元素的具体成员。结构体数组元素引用的一般形式为

数组名[i].成员名;

例如：

```
monitor[0].name;        // 访问结构体数组第一个元素 monitor[0] 的成员 name
monitor[2].count;       // 访问结构体数组第三个元素 monitor[2] 的成员 count
```

说明：

（1）和基本数据类型数组引用规则一致，结构体数组脚标的变化范围是 0~[数组长度 −1]。

（2）"数组名 [i]. 成员名"是一个整体，地位和普通变量一样。

（3）结构体数组定义后再为数组赋值，需要利用循环访问数组元素，运用成员运算符访问最低一级的成员并逐个赋值。

3. 结构体类型数组应用举例

【例 8-2】 有 3 名同学作为班长候选人竞选班长，班级 30 名同学为他们投票，每位同学只能投票给一位候选人。要求编写一个统计选票的程序，先后输入候选人的名字，输出各位候选人的得票结果。

分析：有 3 名候选人，需要保存每名候选人的名字（字符串）和得票数（整数）。显然，需要定义一个结构体数组保存上述信息。输入被选人的姓名，然后与结构体数组元素中的"姓名"成员进行比较（用字符串比较函数 strcmp( ) 实现），如果相同，就给这个元素中的"得票数"成员的值加 1。最后输出结构体数组所有元素的信息。

程序如下：

```
#include <stdio.h>
#include <string.h>      // 调用字符串比较函数 strcmp( )，需包含字符串头文件
struct candidate        // 声明一个结构体类型 struct candidate，表示候选人信息
  { char name[10];      // 成员 name 表示候选人姓名
    int count;          // 成员 count 表示候选人得票数
  };
struct candidate monitor[3]= {"Li",0,"Zhang",0,"Xu",0};
// 定义结构体数组并初始化
int main()
{
  int i,j;
  char monitor_name[10];                  // 定义字符数组，保存得票人姓名
```

```
    for(i=1;i<=10;i++)
      {  scanf("%s", monitor_name);
                              // 输入所投的候选人姓名，此处用 10 位投票人演示程序
       for(j=0;j<3;j++)
         if(strcmp(monitor_name, monitor[j].name)==0)
            monitor[j].count++;
      }
    printf(" 投票结果如下：\n");
    for(i=0;i<3;i++)
      printf("%5s:%d\n", monitor[i].name, monitor[i].count);
    return 0;
}
```

运行结果：

```
Li
Li
Xu
Zhang
Zhang
Xu
Li
Xu
Zhang
Li
投票结果如下：
   Li:4
Zhang:3
   Xu:3
```

8.2.4　结构体类型指针

结构体类型指针就是指向结构体类型变量的指针，一个结构体类型变量的起始地址就是这个结构体变量的指针。如果把一个结构体变量的起始地址存放在一个指针变量中，则这个指针变量就是指向该结构体的指针变量。

1. 指向结构体类型变量的指针

结构体类型的指针变量可以指向结构体变量，一个指向结构体类型变量的指针是该结构体变量所占内存单元的起始地址。指针变量的基类型必须与该结构体变量的类型相同。例如：

结构体类型指针

```
struct student                      // 声明一个结构体类型 struct student
{ int num;                          // 以下 5 行为结构体的成员
  char name[20];
  char class1[20];
  char course[20];
```

```
     float score;
};
struct student student1={10101, "Li Hua", "2401B", "C Programing", 90.5};
// 定义一个名为 student1 的结构体类型变量并赋初值
struct student *pointer=&student1;
// 定义一个名为 pointer 且指向 struct student 类型变量的指针变量，并使它指向 student1
```

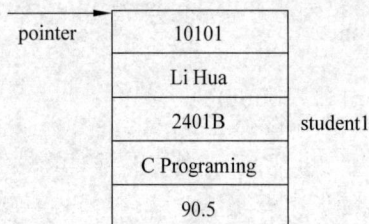

图 8-4　pointer 指向 student1 示意图

通过上述定义，指针变量 pointer 便指向 struct student 类型变量 student1，pointer 表示结构体变量 student1 的起始地址。指针变量 pointer 指向结构体变量 student1 示意图如图 8-4 所示。

说明：

（1）指针变量的基类型必须与其指向的结构体变量的类型相同，如此处 pointer 的基类型和 student1 的类型相同，都是 struct student 类型。

（2）通过上述代码定义，(*pointer).num 访问的是结构体变量 student1 的成员 num，同理，(*pointer).name 访问的是结构体变量 student1 的成员 name，以此类推。需要注意的是，(*pointer).num 中括号不可省略，因为成员运算符 "." 优先级高于运算符 "*"。

（3）为了使用方便和直观，C 语言中允许通过 pointer → num 形式访问 student1 的成员 num，其作用和 (*pointer).num 相同，表示 pointer 指向结构体变量 student1 中的成员 num。同样，(*pointer).name 等价于 pointer → num。"→" 代表一个箭头，称为指向运算符。下面 3 种表达方法等价。

① student. 成员名。

② (*pointer). 成员名。

③ pointer-> 成员名。

2. 指向结构体数组的指针

结构体指针既可以指向结构体变量，也可以指向结构体数组中的元素。例如：

```
struct student              // 声明一个结构体类型 struct student
{ int num;                  // 以下 5 行为结构体的成员
  char name[20];
  char class1[20];
  char course[20];
  float score;
};
struct student student[3]={{10101, "Li Hua", "2401B", "C Programing",
90.5}, {10102, "Zhang Li", "2401B", "C Programing", 92}, {10103, "Wang
Wei", "2401B", "C Programing", 95}};    // 定义一个名为 student、包含 3 个元素的
                                        结构体数组并赋初值
struct student *pointer=student;        // 定义一个名为 pointer 且指向 struct
                                        student 类型变量的指针变量，并使它指
                                        向数组 student
```

通过上述定义，指针变量 pointer 便指向 struct student 类型的数组 student，pointer 的值为结构体数组 student 的首地址。指针变量 pointer 指向结构体数组 student 示意图如图 8-5 所示。

说明：

（1）结构体类型数组名 student 表示数组首地址，即数组第一个元素 student[0] 的地址。student[0] 是一个结构体类型的数据，所以，student 表示 student[0] 元素的起始地址。

（2）结构体数组 student[3] 一旦定义，在程序本次运行期间，首地址 student 是一个指针常量，其值不可修改，故表达式 student++ 不合法；定义指针变量 pointer 指向 student，pointer 值可以修改，pointer++ 是合法的。

（3）在 Dev C++ 环境中，若 pointer 值为 2000H，则 pointer+1 的值为 2068H。因为 pointer 指向数组第一个元素，则 pointer+1 指向数组第二个元素。一个 struct student 类型数组元素占用存储空间为 68（4+20+20+20+4）字节。

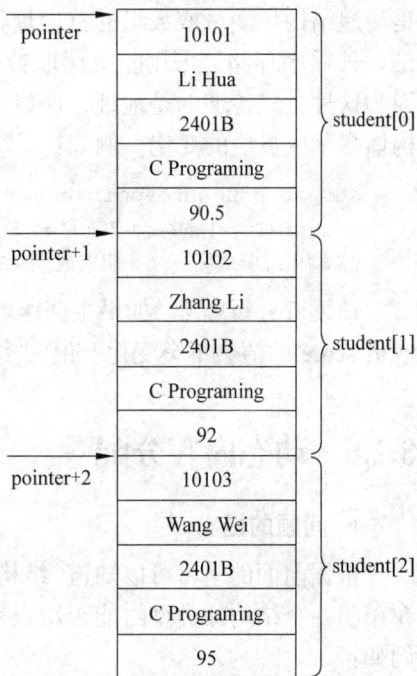

图 8-5　**pointer** 指向数组 **student** 示意图

8.2.5　结构体与函数

如同基本数据类型的变量一样，结构体变量也能够作为函数参数进行传递。将结构体变量传递给函数一般有以下 3 种方式。

（1）把结构体变量的某个成员作为函数参数。例如：

```
printf(" 学号 :%d\n 姓名 :%s\n 班级 :%s\n 课程 :%s\n 成绩 :%f\n", student1.num,
student1.name, student1.class1, student1.course, ++student1.score);
// 分别引用结构体变量 student1 的成员作为 printf 函数的参数进行输出
```

用结构体成员作为函数调用的实参，与基本数据类型的变量作为函数参数的值传递没有区别，都是单向的值传递，在函数内部对参数的操作不会引起结构体变量的成员值的改变。如上述代码片段中，printf 函数输出的值是 student1.score+1，函数调用结束后，student1 的成员 score 的值没有改变。

（2）把结构体变量或结构体数组作为函数参数。这种方式会将结构体变量或结构体数组元素的所有成员（有些成员不需要使用）都传递给被调函数，因此，这种传递方式效率较低，使用较少。同时，这种传递方式在函数内部对结构体成员值的修改，也不会引起主调函数中该结构体变量成员值的改变。

（3）把结构体指针作为函数参数。结构体指针既能够指向结构体变量的起始地址，还能够指向结构体数组的首地址，即数组第一个元素的起始地址。这种参数传递方式实际上

结构体与函数

219

是传递结构体变量或数组的首地址，并不是把结构体的全部成员内容复制给被调函数。这是一种顺序存储，采用随机读取数据的方式，所以该方法比传递结构体变量高效。而且，因为这种方式传递的是地址，所以在函数内部对结构体成员值的修改会引起主调函数中结构体变量成员值的变化。例如：

```
struct student *pointer=&student;
printf(" 学生的综合成绩为:%f\n", (*pointer).score*=0.7*90+95*0.3);
// 输出综合成绩 =70% 期末成绩 +30% 平时成绩
```

请读者分析思考：如果主调函数中成员 score 的值为 90.5，上述 printf 函数调用结束后，成员 score 的值会不会变化？值为多少？

8.2.6　动态内存分配

1. 问题的提出

根据前面的学习可以知道，结构体类型可以包含不同或者任意数据类型的成员。那么，在声明一个结构体类型时能否用正在声明的结构体类型自身来定义结构体成员的类型呢？例如：

```
struct linknode
{ int data;
  struct linknode next;
};
```

上述代码在编译时会给出错误提示：error field 'next' has incomplete type，即是说变量 next 的类型不完整。

在一个结构体类型的定义中，如果包含这个结构体类型的成员，那么由于这个结构体类型还没有定义结束，则这个结构体类型所占的内存字节数就没有确定，因此系统无法为这个类型的变量分配内存。

虽然在声明结构体类型时不能包含自身类型的成员，但是可以包含指向自身结构体类型的指针变量。因为指针变量存放的数据是地址，系统分配的存放指针变量的空间大小是固定的，即存放地址值所需的内存字节数是一定的。因此，如下定义是合法的：

```
struct linknode
{ int data;
  struct linknode *next;
};
```

上述声明结构体类型时，包含了指向自身结构体类型的指针变量。上述定义的结构体类型包含了两个成员：一个是整型的数据 data，叫作数据域；另一个是指向自身类型的指针变量 next，叫作指针域。

在实际应用中，很多问题都无法提前确定问题规模的大小。例如，利用结构体数组对学生成绩信息进行管理，由于事先无法知道学生总数（每年都有新生入学），程序设计中通常会设定一个最大的数组元素个数（如 10000），并为该数组分配相应存储空间，然后期望学生总数不要超过数组元素最大个数。需要注意的是，数组属于静态内存分配，程序一旦编译运行，该数组就不能改变。如果想改变数组，只能修改程序，重新编译运行，对程序的用户（不是程序员）而言，这是不能接受的。因此，对于静态内存分配的存储方式，如数组，存在以下不足：一方面，在上述例子中，如果学生总数超过数组最大元素个数，学生成绩信息管理程序将无法正常运行；另一方面，如果学生总数远小于数组元素最大个数，将会造成存储空间的极大浪费。

能否采用某种方法，在增加一个元素时，程序会自动添加一个存储单元；减少一个元素时，程序会自动释放这个元素原来占据的存储单元？在无法确定问题规模的情况下，动态内存分配既能保证程序正常运行，又能保证系统资源的合理运用。动态内存分配函数 malloc( ) 能够实现该功能，例如：

（1）利用 malloc( ) 函数申请一个 struct student 类型的结构体变量的内存。

```
struct student *pointer;
pointer=(struct student *) malloc(sizeof(struct student));
```

注意：malloc( ) 函数的返回值是 void 类型的指针，"(struct student *)" 表示强制类型转换，将 malloc( ) 函数的返回值类型强制转换为结构体指针类型。

（2）利用 free( ) 函数释放用 malloc( ) 函数申请的内存空间。

```
free(pointer);
```

现在能够动态分配与释放内存空间了，那如何动态存储数据呢？可以借助链表实现。

2. 链表的定义

链表（linked table）是数据结构中的重要概念。为何在这里讲解此数据结构呢？因为链表的定义中融合了结构体、数组、指针等 C 语言基本元素。链表可分为单链表和双链表等形式，这里以单链表为例讲解链表这种数据结构。单链表的实现原理如图 8-6 所示。

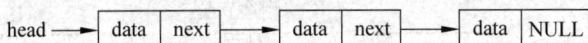

图 8-6 单链表的实现原理

链表的每个元素称为一个节点（node）。每个节点都包含两个部分：data 和 next。data 存放的是用户需要的数据，可以是一个成员分量，也可以是多个成员分量，该部分称为节点的数据域（data field）；next 存放的是下一个节点的地址，是指向下一个节点的指针，称为节点的指针域（pointer field）。单链表有一个头指针变量 head，指向链表第一个节点。可以看到，单链表中有 3 类位置明确的节点：头节点（由头指针指向）、中间节点、尾节点（该节点的指针域的值为空地址 NULL，表示链表结束）。

链表是一种顺序存取元素的线性数据结构。链表的头指针指向链表的第 1 个节点，链表是通过指针将一个节点链接着下一个节点，每个节点都存储在内存中的不同位置（一般不是连续的，也不是顺序的）。先找到第 1 个节点，通过第 1 个节点找到第 2 个节点，通过第 2 个节点找到第 3 个节点，以此类推。尾结点的指针域为空地址，不指向任何节点，表示链表结束。

由上述分析可知，链表结构中包含不同类型的数据成员，且必须包含指针变量，该指针变量指向自身结构体类型的变量。可以用如下结构体描述一种链表结构：

```
struct linknode            // 声明名为 linknode 的结构体类型
{ int data;                // 整型的数据域
  struct linknode *next;   //struct linknode 类型的指针域，指向自身类型的节点
};
```

3. 链表的操作原理

链表是数据结构中的概念，本小节只介绍结构体在链表中的应用。此处通过链表的两种典型操作——插入和删除，简单说明链表的操作原理。

如图 8-7 所示，在已有链表第 1 个节点和第 2 个节点之间插入一个新节点，需要断开第 1 个节点指向第 2 个节点的链接，使第 1 个节点新指向待插入的节点；然后，使待插入节点的指针域指向原来的第 2 个节点。如果要在第 1 个节点的位置上插入新节点，只需要让头指针指向新节点，使新节点的指针域指向原来第 1 个节点即可。

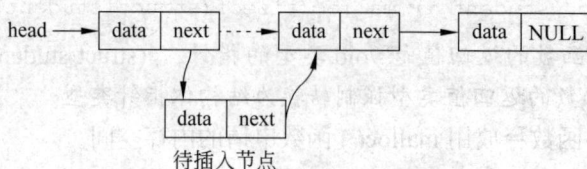

图 8-7 单链表的插入操作图示

如图 8-8 所示，在已有链表中删除第 2 个节点，需要断开原来第 1 个节点的指针域指向第 2 个节点的关系和第 2 个节点指向第 3 个节点的关系；再使第 1 个节点的指针域指向原来的第 3 个节点，释放第 2 个节点的存储空间。如果要删除尾节点，只需要将原来尾节点前一个节点的指针域置为空地址，并释放原尾节点的存储空间即可。

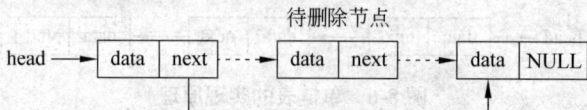

图 8-8 单链表的删除操作图示

8.3 共 用 体

1. 共用体类型的定义

有时想要用同一段内存单元存放不同类型的数据，可以定义一个共用体类型来实现。

共用体（union）又称为联合体，是将不同的数据类型组合在一起，共同占用同一段内存单元的用户自定义数据类型。共用体类型的声明方法与结构体类似，只是关键字为 union。例如：

```
union data      // 声明一个名为 union data 的共用体类型
{ int i;        // 3 个成员，表示 i、ch、f 三个类型的数据可以存放在同一段内存单元中
char ch;
  float f;
};              // 最后的分号";"不能省略
```

共用体

上述定义的共用体分配的内存单元示意图如图 8-9 所示。

说明：

（1）共用体采用与起始地址对齐的方式分配内存空间，不同类型的成员数据都是从同一起始地址开始存放的。例如，在 Dev-C++ 环境中，上例共用体成员 i 占 4 字节，ch 占 1 字节，f 占 4 字节，i 的第 1 字节是共用体成员 ch 的空间，共用体成员 f 占用的内存空间和 i 相同。所以，共用体所占的内存大小由占用

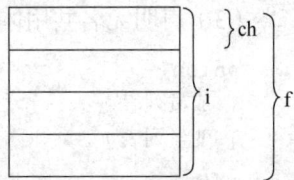

图 8-9　共用体分配的内存单元示意图

空间字节数最大的成员所占的字节数决定，即上例中 union data 类型的共用体变量占用的字节数为 max(sizeof(i), sizeof(ch), sizeof(f))=max(4, 1, 4)=4 字节，而不是 4+1+4=9 字节。

（2）共用体使用的覆盖技术使得在对成员 i 进行赋值操作时，成员 ch 和 f 将失去其自身意义，它们中的内容也会被改变；同理，在对 ch 或 f 赋值操作时，另外两个成员也将失效。因此，同一时刻，共用体的成员只有一个是有效的，无法同时引用共用体的全部成员。

（3）共用体成员同一时刻的唯一有效性可以避免逻辑上的冲突。例如，课程考试成绩及格能获得相应学分；成绩不及格，会安排补考时间。如果获得学分，则不用安排补考；如果安排了补考，则说明还没有获得学分。显然，可以定义一个共用体类型描述学生考试及格与否。

共用体类型变量的定义与结构体变量十分类似，用共用体类型定义变量也可采取以下 3 种方式。

（1）声明共用体类型的同时，定义共用体类型变量。一般形式为

```
union 共用体名
{ 成员列表
} 变量列表；
```

例如：

```
union data              //声明一个名为 union data 的共用体类型
{ int i;                //包含 3 个成员
  char ch;;
  float f;
}a, b, c;               //定义 3 个 union data 类型的变量 a、b、c
```

（2）先声明共用体类型，再用该类型定义变量。一般形式为

```
union 共用体名
{ 成员列表
};
union 共用体名 变量列表；
```

例如：

```
union data              //声明一个名为 union data 的共用体类型
{ int i;                //包含 3 个成员
  char ch;;
  float f;
};
union data a, b, c;     //定义 3 个 union data 类型的变量 a、b、c
```

（3）声明无名共用体类型，同时定义共用体类型的变量。一般形式为

```
union
{ 成员列表
} 变量列表；
```

例如：

```
union data                    // 声明一个共用体类型，不出现共用体名
{ int i;                      // 包含 3 个成员
  char ch;
  float f;
}a, b, c;                     // 定义 3 个该类型的变量 a、b、c
```

声明的共用体类型不占用内存单元，只有用声明的类型定义了共用体类型的变量，共用体变量才会占用内存空间。只有先定义了共用体变量才能引用该类型的变量，需要注意的是，不能引用共用体变量整体，只能引用共用体变量的成员。如同结构体变量，共用体变量也用成员运算符"."引用其成员。上面定义了共用体变量 a，有如下引用方式：

```
printf("%d\n", a.i);          // 正确引用方法，向屏幕输出成员 i 的值
printf("%d\n ", a);           // 错误引用方法，不明确输出哪个成员
```

2. 共用体类型的数据特点

共用体与结构体有许多相同之处，但也存在区别，使用共用体类型变量时要注意以下一些特点。

（1）共用体使用同一段存储单元存放几种不同类型的成员，共享内存空间的方式有助于节省程序数据所需的内存空间。这种覆盖技术使得共用体类型的成员在同一时刻只有一个有效，即共用体类型变量中只能存放一个值。有如下定义：

```
union data                    // 声明一个名为 union data 的共用体类型
{ int i;                      // 包含 3 个成员
  char ch;
  float f;
}data1;                       // 定义一个 union data 类型的变量 data1
data1.i=97;                   // 给 data1 的成员 i 赋值为整数 97
```

意图输出 union data 类型变量 data1 各成员的值：

```
printf("%d\n", data1.i)       // 输出成员 i 的值为整数 97
printf("%c\n", data1.ch)      // 输出成员 ch 的值为字符 a
printf("%f\n", data1.f)       // 输出成员 f 的值为浮点数 0.000000
```

说明：在 Dev-C++ 环境中，int 型变量占用 4 字节，char 型变量占用 1 字节，float 型变量占用 4 字节。因此，变量 data1 的 3 个成员共享同一段存储空间（4 字节）。int 型变量在内存中存放的是其二进制数的补码；char 型变量在内存中存放的是其 ASCII 码值，实际为整型；float 型变量在内存中高 24 位存放小数部分和符号位，低 8 位存放指数部分。为成员 i 赋值为 97，data1 存储单元的第 1 字节（即低 8 位）中存放的是二进制数 01100001。如果想用 %d 格式输出 data1.i，则输出整数 97；如果想用 %c 格式输出 data1.ch，则输出 ASCII 码值 97 对应的字符 'a'；如果想用 %f 格式输出 data1.f，由于内存中低 8 位存的是浮

点数的指数部分，则其小数部分为 0，因此输出浮点数 0.000000（默认精度为 6 位小数）。

（2）可以在定义共用体类型变量的同时进行初始化，但初始化列表中只能有一个常量。例如：

```
union data                      // 声明一个名为 union data 的共用体类型
{ int i;                        // 包含 3 个成员
  char ch;
  float f;
};
union data data1={97, 'a', 97}          // 错误方式的初始化
union data data1={97}                   // 正确方式的初始化
```

（3）共用体类型变量中有效成员是最后一次被赋值的成员。在对共用体类型变量的任意一个成员赋值后，共用体类型变量存储空间中原来的内容就会被取代。例如：

```
union data                      // 声明一个名为 union data 的共用体类型
{ int i;                        // 包含 3 个成员
  char ch;
  float f;
}data1;                         // 定义一个 union data 类型的变量 data1
data1.f=90.5;                   // 第 1 次给 data1 的成员 f 赋值为 90.5
data1.ch='A';                   // 第 2 次给 data1 的成员 ch 赋值为 'A'
data1.i=33;                     // 第 3 次给 data1 的成员 i 赋值为 33
```

完成上述赋值运算后，共用体变量 data1 存储单元中存放的内容是第 3 次存放的整数 33，即此时成员 i 是有效的，第 1 次存入的 90.5 依次被 'A' 和 33 覆盖。此时，输出 data1 各成员的值说明如下：

```
printf("%d\n", data1.i)   // 输出成员 i 的值为整数 33
printf("%c\n", data1.ch)  // 输出成员 ch 的值为字符 '!',ASCII 码值 33 对应字符为 '!'
printf("%f\n", data1.f)   // 输出成员 f 的值为浮点数 0.000000,指数为 33,小数为 0
```

因此，在引用共用体变量时，一定要注意当前是变量的哪一个成员的值有效。

（4）与结构体变量不同的是，共用体变量的地址和它各成员的地址相同，都是同一起始地址。

（5）共用体类型变量可以作为结构体类型的成员，可以定义共用体数组。同理，结构体类型变量和数组也可以作为共用体的成员。

3. 共用体变量应用举例

在程序设计中，有时需要对同一段存储单元安排不同的用途，此时用共用体类型比较方便，可以增加程序处理的灵活性。

【例 8-3】 请编写程序录入并处理班级学生的课程成绩。学生的数据包括：学号、姓名、班级、课程、成绩、通过与否。其中通过与否数据项中，如果学生成绩大于或等于 60 分，需要录入获得的 2 个学分；如果学生成绩小于 60 分，需要安排补考日期。

分析：学号、姓名、班级、课程、成绩、通过与否属于不同的数据类型，可以定义结构体数组保存录入的学生数据。通过与否数据项有两个内容，它们不能同时生效，即如果获得学分，则不用安排补考；如果安排了补考，则说明还没有获得学分，可以定义共用体

描述。共用体的补考日期这一项成员，可以定义结构体表示，即在共用体中嵌套定义结构体。

程序如下：

```c
#include<stdio.h>
struct date                    // 声明一个结构体类型 struct date，表示补考日期
{ int year;
  int month;
  int day;
};
union pass                     // 声明一个共用体类型 union pass，表示课程是否通过
{ float credit;                // 成员 credit 表示获得学分
  struct date resit;           // 成员 resit 为结构体 struct date 类型，表示补考日期
};
struct student                 // 声明一个结构体类型 struct student
{ int num;                     // 以下 6 行为结构体的成员
  char name[20];
  char class1[20];
  char course[20];
  float score;
  union pass pass;             // 成员 pass 为 union pass 类型，表示学生是否通过考试
};
struct student student[2];
// 定义一个名为 student 的 struct student 结构体类型数组，用两名学生数据模拟
int main()
{
  int i;
  for(i=0;i<2;i++){
    printf(" 请输入学生数据：\n");
    scanf("%d %s %s %s %f",&student[i].num, &student[i].name,
    &student[i]. class1, &student[i].course, &student[i].score);
                              // 录入学生的前 5 项数据
    if(student[i].score>=60)
      scanf("%f", &student[i].pass.credit);    // 如果成绩及格，录入学分
    else if(student[i].score<60)
      scanf("%d %d %d", &student[i].pass.resit.year, &student[i].pass.
      resit.month, &student[i].pass.resit.day);// 如果成绩不及格，录入补考日期
    else
      printf(" 录入数据有误，请检查！");    // 如果录入的不是学分或日期，提示录入出错
  }
  printf("\n");
  printf(" 学号      姓名      班级      课程      成绩      学分 / 补考日期 \n");
  for(i=0;i<2;i++){
    if(student[i].score>=60)                    // 成绩及格
    printf("%-8d%-10s%-10s%-15s%-8.1f%-8.1f\n", student[i].num, student
    [i]. name, student[i]. class1, student[i].course, student[i].score,
    student[i].pass. credit);
    else                      // 成绩不及格
```

```
    printf("%-8d%-10s%-10s%-15s%-8.1f%d-%d-%d\n", student[i].
    num, student [i]. name, student[i]. class1, student[i].course,
    student[i].score, student[i].pass.resit.year, student[i].pass.
    resit.month, student[i].pass.resit.day
}
return 0;
}
```

运行结果：

请输入学生数据：

```
10101 Li Hua 2401B C Programing 90.5  2.0
```

请输入学生数据：

```
10105 Wang Lin 2401B C Programing 55  2024 9 12
```

学号	姓名	班级	课程	成绩	学分 / 补考日期
10101	Li Hua	2401B	C Programing	90.5	2.0
10105	Wang Lin	2401B	C Programing	55.0	2024-9-12

8.4 枚 举 类 型

如果一个变量只能从几种可能的值中取值，那么这类变量可以定义为枚举（enumeration）类型。枚举的意思是，把可能的值——列举出来，枚举类型的变量值只限于列举出来的值的范围内。

1. 枚举类型与枚举类型变量

用关键字 enum 声明枚举类型。例如：

```
enum weekday{Monday, Tuesday, Wednesday, Thursday, Friday, Saturday,
Sunday};
```

上述声明了一个名为 enum weekday 的枚举类型，该类型列举了 7 个成员，表示一周的 7 天。Monday、Tuesday、Wednesday、Thursday、Friday、Saturday、Sunday 是该类型的枚举元素，或称为枚举常量，是该类型变量的取值范围。声明枚举类型之后，枚举元素的值便不能再改变。

如同结构体和共用体，枚举类型也是用户自定义数据类型，枚举类型不唯一。声明类型并不占用存储空间，只有用声明的枚举类型定义变量，枚举类型变量才会占用存储空间。

声明枚举类型的一般形式为

```
enum [枚举类型名] {枚举元素列表};
```

说明：

（1）枚举类型名用方括号括起来，表示在声明枚举类型时，枚举类型名是可选选项，声明类型时可出现枚举类型名，也可以不出现。

（2）枚举类型一旦定义，C 语言编译系统就会将枚举元素当作常量处理，枚举元素不能重新赋值。所以，枚举元素又叫作枚举常量。枚举元素名命名方式和普通标识符一致。

（3）每一个枚举元素都代表一个整数，C语言编译系统会按照枚举类型定义时枚举元素的顺序默认枚举元素的值依次为 0, 1, 2, ⋯。

与结构体和共用体类似，定义枚举类型变量一般也有 3 种形式。

（1）在声明枚举类型的同时定义枚举类型变量。一般形式为

enum 枚举类型名｛枚举元素列表｝变量列表；

例如：

```
enum weekday{Monday, Tuesday, Wednesday, Thursday, Friday, Saturday,
Sunday} workday, weekend; //定义2个enum weekday类型的变量workday、weekend
```

（2）先声明枚举类型，再用该类型定义变量。一般形式为

enum 枚举类型名｛枚举元素列表｝；
enum 枚举类型名 变量列表；

例如：

```
enum weekday{Monday, Tuesday, Wednesday, Thursday, Friday, Saturday,
Sunday};
enum weekday workday, weekend; //定义2个enum weekday类型的变量workday、
                                                      weekend
```

（3）声明无名枚举类型，同时定义枚举类型的变量。一般形式为

enum｛枚举元素列表｝变量列表；

例如：

```
enum {Monday, Tuesday, Wednesday, Thursday, Friday, Saturday, Sunday}
workday, weekend;              //定义2个枚举类型的变量workday、weekend
```

2. 枚举类型变量的特点

使用枚举类型数据时需要注意以下特点。

（1）枚举变量和其他数值型变量不同，它们的值只限于枚举元素列表指定的值之一。例如：

```
enum weekday{Monday, Tuesday, Wednesday, Thursday, Friday, Saturday,
Sunday};
enum weekday workday, weekend;      //定义2个enum weekday类型的变量workday、
                                                      weekend
workday=Monday;                    //正确赋值方式
workday=monday;                    //错误赋值方式，monday不在枚举元素列表中
```

（2）每个枚举元素都对应一个整数，默认按照枚举元素列表次序对应 0, 1, 2, ⋯。C语言编译系统允许在定义枚举类型时，用户自行指定枚举元素对应数值。例如：

```
enum weekday{Monday, Tuesday, Wednesday, Thursday, Friday, Saturday,
Sunday};
// Monday、Tuesday、Wednesday、Thursday、Friday、Saturday、Sunday依次默认对应值0、
    1、2、3、4、5、6
enum weekday{Monday=1, Tuesday=2, Wednesday, Thursday, Friday, Saturday,
Sunday};
```

// Monday、Tuesday、Wednesday、Thursday、Friday、Saturday、Sunday 依次对应整数值 1、2、3、4、5、6、7

（3）枚举常量可以进行关系运算，用来进行比较判断。例如：

```
enum weekday{Monday, Tuesday, Wednesday, Thursday, Friday, Saturday,
Sunday};
enum weekday workday, weekend;// 定义 2 个 enum weekday 类型的变量 workday、
                                                weekend
```

以下表达合法：

```
if(weekend==Sunday)
if(workday>Friday)
```

3. 枚举变量应用举例

【例 8-4】 假设今天是星期一，请编写程序计算 n 天后星期几。要求：n 的值要从键盘上输入。

分析：可以定义枚举类型 enum weekday{Monday, Tuesday, Wednesday, Thursday, Friday, Saturday, Sunday} 表示一周的 7 天，默认情况下 Monday、Tuesday、Wednesday、Thursday、Friday、Saturday、Sunday 依次对应整数 0、1、2、3、4、5、6。用 n 对 7 求余，运用 switch...case 语句匹配枚举元素，即可得 n 天后是星期几。

程序如下：

```
#include <stdio.h>
enum weekday{Monday, Tuesday, Wednesday, Thursday, Friday, Saturday,
Sunday};          // 定义枚举类型 enum weekday，枚举常量值依次为 0、1、2、3、4、5、6
int main()
{
  int n, mod=0;
  printf(" 请输入 n 的值: ");
  scanf("%d", &n);                // 按要求从键盘上输入 n 的值
  mod=n%7;
  switch(mod){
    case Monday: printf("%d 天后是星期一。\n",n);break;
    case Tuesday: printf("%d 天后是星期二。\n",n);break;
    case Wednesday: printf("%d 天后是星期三。\n",n);break;
    case Thursday: printf("%d 天后是星期四。\n",n);break;
    case Friday: printf("%d 天后是星期五。\n",n);break;
    case Saturday: printf("%d 天后是星期六。\n",n);break;
    case Sunday: printf("%d 天后是星期日。\n",n);break;
  }
  return 0;
}
```

运行结果：

请输入 n 的值：31
31 天后是星期四。

8.5 用 typedef 定义类型

在前面学习的程序中，使用了 C 语言编译系统库定义的基本数据类型（如 int、float、double、char 等），以及自己建立了数据类型（结构体、共用体、枚举类型）。程序中除了使用上述类型来定义变量外，还可以使用 typedef 指定新的类型名来代替已有的类型名或复杂的类型定义。

1. 使用 typedef 声明新类型名

有以下两种情况可以使用 typedef 声明新类型名。

（1）简单地使用一个新类型名替换原有的类型名。

在程序中为了个性化设置或者更好地反映数据的属性或作用，可以使用 typedef 定义新类型名。例如：

```
typedef int N;          // 指定用 N 替代 int，表示整型，类比在中学数学中整数集的表示
typedef float R;        // 指定用 R 替代 float，表示浮点型，类比在中学数学中实数集的表示
```

以下两种定义方式等价：

① int i,j;
　N i,j;
② float a,b;
　R a, b;

又如，在一些程序中会使用整数来计数，使用浮点数表示价格，则可以用新名称 Count 替代 int 类型，用 Price 替代 float 类型。

① typedef int Count;
　Count n;
② typedef float Price;
　Price p;

上述"Count n;"和"Price p;"分别等价定义了"int n;"和"float p;"，但前者在程序中的表达更明确，更能体现变量 n 和 p 的含义。

（2）使用一个简单的类型名替代复杂的类型表示方法。

C 语言程序中还会用到形式上较为复杂的类型，如结构体类型、共用体类型、枚举类型、指针类型、数组类型等。例如：

```
int [ ]                  // 整型数组
float *[ ]               // 指针数组，数组元素为指向 float 型的指针
float (*)[5]             // 指向包含 5 个 float 型元素的一维数组的指针
struct                   // 不体现结构体名的结构体类型
{ int num;
  char name[20];
  char class1[20];
  char course[20];
```

```
    float score;
};
enum {Monday, Tuesday, Wednesday, Thursday, Friday, Saturday, Sunday};
// 不体现枚举类型名的枚举类型
```

这些类型形式复杂，难以理解，容易写错。直接使用这些复杂的类型定义变量，不便于编程，程序可读性差。C 语言中允许使用一个简单的类型名来替代复杂形式的类型。举例如下。

① 命名一个新的类型名以替代数组类型 int [ ]。

```
typedef int Num[10];              // 声明 Num 为包含 10 个整数的数组类型
Num a;                            // 定义 a 为整型数组名，它有 10 个元素
```

② 命名一个新的类型名以替代字符数组类型 char *。

```
typedef char * String;            // 声明 String 为字符指针类型
String p, s[10];                  // 定义 p 为字符指针变量，s 为字符指针数组名
```

③ 命名一个新的变量名以替代无名结构体类型。

```
typedef struct                    // 声明 Student 为结构体类型，包含 5 个成员
{ int num;
  char name[20];
  char class1[20];
  char course[20];
  float score;
}Student;
Student student1;                 // 定义 Student 类型结构体变量 student1
```

说明：

（1）用 typedef 声明新类型名时并没有定义新的类型。

（2）上述示例中，新类型名标识符都是首字母大写，这并不是语法要求，只是区别于其他标识符的习惯写法。

（3）用 typedef 声明新类型名的方法是：按定义变量的方式，把变量名换上新类型名，并且在最前面加上 typedef。

2. 利用 typedef 声明新类型名应用举例

下面通过一个例子来说明如何利用 typedef 声明一个新类型名，并用新类型名定义变量。

【例 8-5】　建立一个单链表，保存 3 名学生的成绩，每个节点包括学生学号、成绩，以及下一个节点的地址。要求输出每位学生的学号和成绩。

分析：每个节点包含整型、浮点型和指针，可以用结构体类型 struct student 定义每个节点。结构体类型形式相对复杂，可以在声明结构体类型的同时用 typedef 声明新类型名 Student 以替代原结构体类型，用新类型名 Student 定义节点。

程序如下：

```
#include <stdio.h>
typedef struct student       // 声明 struct student 结构体类型，包含 3 个成员
```

链表的
建立

```
{ int num;
  float score;
  struct student *next;                  // 定义指向自身类型的指针 next，表示指针域
}Student;                                 // 用新类型名 Student 表示 struct student 类型
int main()
{ Student a,b,c;                          // 定义 struct student 类型的变量 a、b、c
  Student *head, *p;                      // 定义指向 struct student 类型变量的指针
  a.num=10101; a.score=90.5;             // 对节点 a 的成员 num 和 score 赋值
  b.num=10102; b.score=92;               // 对节点 b 的成员 num 和 score 赋值
  c.num=10103; c.score=95;               // 对节点 c 的成员 num 和 score 赋值
  head=&a;                                // 将节点 a 的起始地址赋给头指针 head
  a.next=&b;                              // 使节点 a 的指针域指向节点 b
  b.next=&c;                              // 使节点 b 的指针域指向节点 c
  c.next=NULL;                            // 给节点 c 的指针域赋值为空地址，表示链表结束
  printf(" 请输出三位学生的数据 :\n");
  p=head;                                 // 使 p 指向节点 a
  do
    { printf("%6d%5.1f\n",p->num,p->score); // 输出 p 指向节点的成员 num 和 score
      p=p->next;                          // 使 p 指向单链表下一个节点
    }while(p!=NULL);                      // 输出节点 c 的 num 和 score，p 为 NULL，循环结束
return 0 ;
}
```

运行结果：

```
请输出三位学生的数据 :
10101 90.5
10102 92
10103 95
```

8.6 案例分析与实现

下面对 8.1 节中的案例进行分析与实现。

案例 8-1：打印车票。

案例分析：高铁车票上的车次、出发地、目的地、开车时间，以及乘车人姓名 5 项信息属于不同类型的数据，可以定义结构体类型 struct ticket 描述车票信息；由于开车时间包含日期和具体时间，可以声明 struct date 和 struct time 类型分别描述日期和时间，用此类型定义变量作为结构体 struct ticket 类型的成员。可以用 typedef 声明新的类型名以替代结构体类型，从而使程序编写更加简便。运用结构体类型定义变量，运用成员运算符引用变量。

程序如下：

```
#include<stdio.h>
typedef struct                           // 声明一个结构体类型，表示日期
{ int year;                              // 年
  int month;                             // 月
  int day;                               // 日
```

```
}Date;                              // 用新类型名 Date 表示该结构体类型
typedef struct                      // 声明一个结构体类型，表示时间
{ int hour;                         // 时
  int minute;                       // 分
}Time;                              // 用新类型名 Time 表示该结构体类型
typedef struct                      // 声明一个结构体类型，表示车票信息
{ char num[5];                      // 车次
  char dep[10];                     // 出发地存在字符数组中
  char des[10];                     // 目的地存在字符数组中
  Date d;                           // 乘车日期 d 属于 struct Date 类型
  Time t;                           // 开车时间 t 属于 struct Time 类型
  char name[20];                    // 乘车人存在字符数组中
}Ticket;                            // 用新类型名 Ticket 表示该结构体类型

int main()
{
  Ticket ticket = { "G802","Wuhan","Beijing",2024,9,1,10,19,"Li Hua"};
  printf("%s     %s to %s\n", ticket.num, ticket.dep, ticket.des);
  printf("%d-%d-%d %d:%d\n", ticket.d.year, ticket.d.month, ticket.d.day,
  ticket.t.hour, ticket.t.minute);
  printf("%s\n", ticket.name);
  return 0;
}
```

运行结果：

```
G802     Wuhan to Beijing
2024-9-1 10:19
Li Hua
```

案例 8-2： C 语言程序设计课程成绩单。

案例分析：学号、姓名、班级、课程、成绩、通过与否属于不同的数据类型，可以定义 struct student 结构体数组保存录入的学生数据。通过与否数据项有两个内容，它们不能同时生效，即如果获得学分，则不用安排补考；如果安排了补考，则说明还没有获得学分，可以定义共用体描述。共用体的补考日期这一项成员，可以定义结构体表示，即在共用体中嵌套定义结构体。

引用结构体数组元素的 score 成员，即 student[i].score。可以利用条件判断 if(student[i].score>=60)，确定获得学分或者安排补考；利用 student[i].score 累加除以学生数求平均分 average；利用"打擂台算法"求最高分 max 和最低分 min。

程序如下：

```
#include<stdio.h>
struct date                         // 声明一个结构体类型 struct date，表示补考日期
{ int year;
  int month;
  int day;
};
```

```
union pass                      // 声明一个共用体类型 union pass，表示课程是否通过
{ float credit;                             // 成员 credit 表示获得学分
  struct date resit;        // 成员 resit 为结构体 struct date 类型，表示补考日期
};
struct student                      // 声明一个结构体类型 struct student
{ int num;                              // 以下 6 行为结构体的成员
  char name[20];
  char class1[10];
  char course[20];
  float score;
  union pass pass;              // 成员 pass 为 union pass 类型，表示学生是否通过考试
};
struct student student[5];
// 定义一个名为 student 的 struct student 结构体类型数组，用 5 名学生数据模拟班级
int main()
{
  int i;
  float sum=0, average, max, min;
  for(i=0;i<5;i++){
    printf(" 请输入学生数据: \n");
    scanf("%d %s %s %s %f",&student[i].num, &student[i].name, &student[i].
    class1, &student[i].course, &student[i].score);
                                        // 录入学生的前 5 项数据
    if(student[i].score>=60)
      scanf("%f", &student[i].pass.credit);        // 如果成绩及格，录入学分
    else if(student[i].score<60)
        scanf("%d %d %d", &student[i].pass.resit.year, &student[i].pass.
resit.month, &student[i].pass.resit.day); // 如果成绩不及格，录入补考日期
      else
        printf(" 录入数据有误，请检查! ");    // 如果录入的不是学分或日期，提示录入出错
  }
  printf("\n");
  printf(" 学号      姓名      班级      课程      成绩      学分 / 补考日期 \n");
  for(i=0;i<5;i++){
    if(student[i].score>=60)          // 成绩及格
      printf("%-8d%-20s%-10s%-20s%-8.1f%-8.1f\n", student[i].num,
      student[i]. name, student[i]. class1, student[i].course, student[i].
      score, student[i].pass. credit);
    else                              // 成绩不及格
      printf("%-8d%-20s%-10s%-20s%-8.1f%-4d-%2d-%2d\n", student[i].
      num, student [i]. name, student[i]. class, student[i].course,
      student[i].score, student[i].pass.resit.year, student[i].pass.
      resit.month, student[i].pass.resit.day
  }
  max=student[0].score; min=student[0].score;        // 打擂台，设置第一个守擂选手
  for(i=0;i<5;i++){
    sum+=student[i].score;
```

```
    if(max<=student[i].score) max=student[i].score;        // 打擂台，求最高分
    if(min>=student[i].score) min=student[i].score;        // 打擂台，求最低分
}
average=sum/5;
Printf(" 最高分:%f      最低分:%f       平均分:%5.1f\n",max,min,average);
return 0;
}
```

运行结果：

请输入学生数据：

10101 Li Hua 2401B C Programing 90.5　2.0

请输入学生数据：

10102 Zhang Li 2401B C Programing 92　2.0

请输入学生数据：

10103 Xu Kai 2401B C Programing 95　　2.0

请输入学生数据：

10104 Chen Ji 2401B C Programing 89　2.0

请输入学生数据：

10105 Wang Lin 2401B C Programing 55　2024 9 12

学号	姓名	班级	课程	成绩	学分 / 补考日期
10101	Li Hua	2401B	C Programing	90.5	2.0
10102	Zhang Li	2401B	C Programing	92	2.0
10103	Xu Kai	2401B	C Programing	95	2.0
10104	Chen Ji	2401B	C Programing	89	2.0
10105	Wang Lin	2401B	C Programing	55	2024-9-12

最高分：95　　最低分：55　　平均分：84.3

小　　结

本项目主要讲述 3 种用户自定义类型：结构体、共用体、枚举。详细讲解了结构体、共用体、枚举类型的概念，类型声明方法以及变量定义与引用方法。重点讲解了结构体数组、结构体指针的使用方法，以及介绍了结构体在函数参数与动态内存分配中的应用。本项目首先引入案例；然后讲解新知，在知识讲解过程中结合例题进行详细讲解；最后，运用本项目所讲知识解决案例并总结。

本项目需要重点掌握以下易混易错的知识点。

（1）结构体、共用体、枚举类型是用户自己建立的数据类型，数据类型名由关键字（struct、union、enum）和相应名称标识符共同组成。相应名称标识符不同，自定义的数据类型则不同。因此，结构体、共用体、枚举类型这些用户自己建立的数据类型不唯一。

（2）声明的结构体、共用体、枚举类型并不占用内存空间。只有将数据类型实例化，即用该类型定义变量，变量才会占用内存空间，才能使用该类型。用自定义数据类型定义变量的方法和基本数据类型一致。

（3）结构体类型变量占用内存字节数等于所有成员占用内存字节数之和。结构体指针

指向结构体变量的起始地址。结构体数组和基本数据类型数组相似，只是数组元素包含若干成员。结构体变量、结构体数组元素都运用成员运算符"."引用其成员。

（4）共用体类型的成员共享同一段内存空间，其成员地址和共用体变量起始地址相同。共用体变量所占内存字节数由占用内存字节数最多的成员决定。

（5）枚举类型变量取值仅局限于枚举元素列表中的值，且枚举元素都对应一个整数，枚举元素又称为枚举常量。

（6）使用 typedef 只是声明了一个新的类型名，并没有定义新的数据类型。

习　　题

一、选择题

1. 声明如下结构体，以下叙述中错误的是（　　　）。

```
struct data{
  int a;
  float b;
}data1;
```

　　A. struct 是结构体类型的关键字　　　　B. struct 是用户自定义的数据类型

　　C. data1 是用户自定义的结构体名　　　D. a、b 都是结构体类型的成员名

2. 关于结构体的论述，下面说法正确的是（　　　）。

　　A. 结构体类型只有一个　　　　　　　　B. 结构体类型名就是结构体名

　　C. 成员运算符可以访问结构体成员　　　D. 结构体变量可以直接引用全部成员

3. 设有以下定义，则变量 s 在内存中占（　　　）字节。

```
struct st
{ char num[10];
  int age;
  float score; } s;
```

　　A. 3　　　　　　　　B. 9　　　　　　　　C. 18　　　　　　　　D. 20

4. 根据下述定义，能输出字母 M 的语句是（　　　）。

```
struct person {char name[9]; int age;};
struct person class[10]={"Johu",17,"Paul",19,"Mary",18,"Adam",16};
```

　　A. printf("%c",class1[3].name);　　　　B. printf("%c",class1[2].name[0]);

　　C. printf("%c",class1[3].name[1]);　　D. printf("%c",class1[2].name[1]);

5. 以下（　　　）定义不会分配实际的存储空间。

　　A.

```
   struct {
     char name[10] ;
     int age ;
   } student;
```

　　B.

```
   struct STUDENT {
     char name[10] ;
     int age ;
   } student ;
```

C.
```
struct STUDENT {
  char name[10] ;
   int age ;
} ;
   struct STUDENT student;
```

D.
```
struct STUDENT {
  char name[10] ;
   int age ;
} ;
```

6. 当定义一个共用体变量时，系统分配给它的内存量是（　　）。

　　A. 各成员所需内存量的总和　　　　　B. 共用体变量中第一个成员所需内存量

　　C. 成员中占内存量最大的容量　　　　D. 共用体变量中最后一个成员所需内存量

7. 若有定义"union data {char ch;int x;} a;"，下列语句中（　　）是不正确的。

　　A. a={'x',10};　　　　　　　　　　B. a.x=10;a.x++;

　　C. a.ch='x';a.ch++;　　　　　　　　D. a.x=10;a.ch='x'

8. 有以下说明和定义，以下叙述中错误的是（　　）。

```
union dt {
  int a; char b; double c;
} data;
```

　　A. data 的每个成员起始地址都相同

　　B. 变量 data 所占的内存字节数与成员 c 所占字节数相等

　　C. 程序段"data.a=5;printf("%f",data.c);"的输出结果为 5.000000

　　D. data 可以作为函数的实参

9. 若有定义"enum week {sun, mon, tue, wed, thu, fri, sat} day;"，以下正确的赋值语句是（　　）。

　　A. sun=0;　　　　　B. sun=day　　　　C. mon=sun+1　　　D. day=sun

10. 若有定义"typedef struct {int n;char ch[8];} PER;"，以下叙述中正确的是（　　）。

　　A. PER 是结构体变量名　　　　　　　B. PER 是结构体类型名

　　C. typedef struct 是结构体类型　　　D. struct 是结构体类型名

二、编程题

1. 编写程序，用结构体存放表 8-1 中的数据，然后输出每人的姓名和工资实发数（基本工资＋浮动工资－支出）。

表 8-1　工资明细

姓　　名	基本工资 / 元	浮动工资 / 元	支出 / 元
Li Hua	3000.00	2000.00	300.00
Zhang Li	3200.00	2400.00	600.00

2. 定义一个结构体变量（包括年、月、日）。计算该日在本年中是第几天，注意闰年问题。

3. 定义一个结构体变量，描述如表 8-2 所示。编写程序，显示题目，读入用户答案，计算正确答案。比较用户答案和正确答案：若一致，输出 right；若不一致，输出 wrong。

表 8-2　数据

题　目	用户答案	正确答案	正确与否
10+20=	30	30	right

4. 定义下面结构表示复数：

```
typedef struct complex {
    double r;      // 实部
    double i;      // 虚部
} COMPLEX;
```

编写 4 个函数分别实现复数的和、差、积、商计算，在主函数中输入数据并调用这些函数得到复数运算结果。

5. 有 3 个学生的数据，学生数据包括：学号、姓名、语数英 3 科成绩。编写程序，从键盘输入上述数据，计算学生总成绩并排序。

项目9 文 件

在编写程序过程中，我们常常会遇到如下问题：

（1）在调试过程中，每运行一次程序就要从键盘上输入一次数据，如果在输入的过程中出错，则必须重新输入。这使得调试变得相当麻烦。尤其是当程序涉及结构体类型时，因为要求输入的数据量较大，调试过程更加烦琐。

（2）从键盘上输入的数据经程序加工后产生新的数据，程序一旦运行结束，这些数据便会随之丢失。也就是说，在程序的两次运行之间，运行结果是不能被保留的。但是，在实际应用中，常常需要保留程序的运行结果，以便下次继续处理。

为了解决第1个问题，可以将测试数据保存在外存储器上，使用时只要将它们从外存储器调入内存储器即可，这样就可以避免许多重复性的劳动。同样，对于第2个问题也可以这样处理，即将程序的运行结果保存在外存储器上，在下次运行程序前，将上次程序的运行结果从外存储器调入内存储器，这样便可以继续对数据进行处理，这些保存在外存储器上的数据集合便构成一个个文件。

本项目将从文件的概述入手，讲述在C语言中如何对文件进行各种操作。

9.1 案 例 引 入

案例 9-1: 整理药名。

医生在书写药品名的时候经常不注意大小写，格式比较混乱。现要求写一个程序，将医生书写混乱的药品名整理成统一规范的格式，即如果药品名的第一个字符是字母，要大写，其他字母要小写。例如，将 ASPIRIN、aspirin 整理成 Aspirin。

输入：

```
4
AspiRin
cisapride
2-PENICILLIN
Cefradine-6
```

输出：

```
Aspirin
Cisapride
2-penicillin
Cefradine-6
```

案例分析：从这个问题我们可以看出，整理药名并不难，我们只需要利用之前所学的知识即可解决。但是在输入样例时是比较烦琐的，需要多次调试和输入样例。如果我们能把样例保存到一个文本文件中，调试时读取一下就可以了，这样就可以减少很多的工作量。

同样，为了后期对程序的输出结果进行检验，我们也可以把所有调试的结果以文本文件的形式保存，这样就更方便我们验证程序的正确性了。

9.2 文 件 概 述

9.2.1 文件的概念

所谓文件，是指存储在外部介质上的数据的集合，是一批逻辑上有联系的数据，如一个程序、一篇文章、一幅图片或一首歌曲等。这个数据集有一个名称，称作文件名。实际上在前面已经多次使用了文件。例如，编辑后存在磁盘上的源程序文件 *.c、经编译后得到的目标文件 *.obj、链接之后形成的可执行文件 *.exe、C 语言程序中用到的头文件 *.h 等。

从不同的角度可对文件进行不同的分类。

（1）从用户的角度看，文件可分为普通文件和设备文件两种。

普通文件是指存储在外部介质上的数据的有序集合。可以是源文件、目标文件和可执行程序，也可以是一组待输入处理的原始数据，或者是一组输出的结果。源文件、目标文件、可执行程序可以称作程序文件，输入 / 输出数据可称作数据文件。

设备文件是指在计算机中与主机相连的各种外围设备，如显示器、打印机和键盘等。在操作系统中，把外围设备也看作一个文件来进行管理，把它们的输入 / 输出等同于对磁盘文件的读和写。通常把显示器定义为标准输出文件，一般情况下，在屏幕上显示有关信息就是向标准输出文件输出。例如，前面经常使用的 printf( ) 和 putchar( ) 就是这类输出。键盘通常被指定为标准的输入文件，从键盘上输入就意味着从标准输入文件上输入数据，scanf( ) 和 getchar( ) 就属于这类输入。

（2）从文件中数据的组织形式来看，文件可分为字符代码文件（也称字符文件或文本文件）和二进制文件两种。

字符代码文件是指文件的内容是由一个个字符组成的，这种文件在磁盘中存放时每个字符对应 1 字节，用于存放对应的 ASCII 码值，所以有时也称 ASCII 码值文件。例如，ASCII 码值文件中的一个整数 344，输出在纸上有 3 个字符；当输出到磁盘上时，一个字符占 1 字节，共占 3 字节。ASCII 码值文件可在屏幕上按字符显示。例如，源程序文件就是 ASCII 码值文件，用 DOS 命令 TYPE 可显示文件的内容。由于是按字符显示，因此能读懂文件内容。

二进制文件是指以数据在内存中的存储形式原样输出到磁盘上。例如，整数 344 在内存中以整数形式存放，占 2 字节；当以二进制文件形式输出到磁盘上时，也是占 2 字节，而不是 3 字节。二进制文件虽然也可以在屏幕上显示，但无法读懂其内容。

一般来说，二进制文件节省存储空间并且输入或输出的速度较快。在应用中，如果数据只作为中间结果，还待后续处理，一般用二进制文件；如果数据是要进行输出以便让人们阅读，一般用字符代码文件。

9.2.2　C 语言的文件系统

C 语言的文件系统可分为缓冲文件系统和非缓冲文件系统两大类。

缓冲文件系统又称为标准文件系统或高层文件系统。其特点是：在调用这种文件处理函数时，系统会自动在用户内存区中为每一个正在使用的文件开辟一片存储区域，称为缓冲区。从磁盘文件中输入的数据首先进入缓冲区，然后从缓冲区依次将数据送给程序中的变量；在向磁盘文件输出数据时，先将程序中变量或表达式的值送到缓冲区中，到缓冲区满时才将数据输出到磁盘文件中。设立缓冲区的原因是磁盘的读 / 写速度比内存的处理速度要慢得多，设立一个缓冲区作为文件数据输入或输出的中转站，可以减少对磁盘的读 / 写操作，以节省时间，从而提高效率。

非缓冲文件系统中的缓冲区系统不会自动创建，而是由用户根据解决问题的需要自行创建，所以非缓冲文件系统也称为低层文件系统。

ANSI C 标准只建议使用缓冲文件系统对文件进行各种操作，所以本书只介绍缓冲文件系统的有关知识。

9.3　标准文件操作

在 C 语言中，没有输入 / 输出语句，对文件的操作都是由库函数来完成的。

一般来说，标准文件操作有 3 个步骤。

（1）在使用文件之前要调用 fopen( ) 将文件打开，若打开成功，可得到一个指针，称为文件指针，利用它可以继续对文件进行各种操作；若打开失败，会得到一个空指针（NULL），对文件的操作终止。

（2）若文件打开成功，可调用各种有关文件读 / 写函数，利用文件指针对文件进行各种操作。

（3）在对文件的操作完成时，要及时调用 fclose( ) 将文件关闭，以防止数据丢失或文件的内容遭到破坏。

本节主要介绍文件类型指针、文件的打开、文件的关闭、文件的顺序读 / 写和随机读 / 写以及文件检测等。

9.3.1　文件类型指针

缓冲文件系统在处理文件时，会为每一个文件开辟一个"信息区"，用来存放文件的一系列信息，如文件的当前读 / 写位置、缓冲区的地址、缓冲区"满"或"空"的程度和文件状态标志等。在内存中，这个"信息区"是一个特定结构体类型的变量，这种特定的结构体类型称为文件类型，它是在头文件 stdio.h 中由系统定义的。其定义如下：

```
typedef struct
{
    short level;                      /*缓冲区"满"或"空"的程度*/
    unsigned flags;                   /* 文件状态标志 */
    char fd;                          /* 文件描述符 */
    unsigned char hold;               /* 如无缓冲区则不读取字符 */
    short size;                       /* 缓冲区的大小 */
    unsigned char *buffer;            /* 数据缓冲区的位置 */
    unsigned char *curp;              /* 当前活动指针 */
    unsigned istemp;                  /* 文件临时指示器 */
    short token;                      /* 用于有效性检查 */
}FILE;
```

有了 FILE 类型之后，就可以定义文件类型指针变量。在缓冲文件系统中，存储文件信息的 FILE 类型的结构体变量不用变量名来标识，而是设置一个指向该结构体变量的指针变量，即文件指针。

定义文件指针的一般形式为

FILE *指针变量名；

其中，FILE 应为大写。

例如：

FILE *fp;

表示定义了一个文件类型的指针变量 fp，只要将一个文件类型的结构体变量的地址赋给 fp，fp 便指向该文件类型的结构体变量。也可以认为 fp 指向该文件，那么便可以利用 fp 实现对该文件的各种操作。

9.3.2 文件的打开

文件的打开用 fopen( ) 函数实现，其调用的一般形式为

fopen(文件名，文件打开方式)；

例如：

```
FILE *fp;
fp=fopen("file1.txt","w");
```

其意义是在当前目录下打开文件 file1.txt,只允许进行"写"操作,并使 fp 指向该文件。

又如：

```
FILE *fp1;
fp1= fopen("d:\\program\\exm1.dat","rb");
```

其意义是打开 D 磁盘驱动器的 program 目录下的文件 exm1.dat，只允许按二进制方式进行读操作，并使 fp1 指向该文件。

可以看出，在打开一个文件时，程序通知编译系统 3 个方面的信息。

（1）要打开哪一个文件，以"文件名"指出。

文件的打开与关闭

（2）文件的使用方式。

（3）用哪一个文件指针指向被打开的文件。

文件的使用方式共有 12 种，表 9-1 给出了它们的符号和意义。

表 9-1　文件的使用方式

文件的使用方式	含　　义
r（只读）	打开一个字符文件，只允许读数据
w（只写）	打开或建立一个字符文件，只允许写数据
a（追加）	打开一个字符文件，并在文件末尾写数据
rb（只读）	打开一个二进制文件，只允许读数据
wb（只写）	打开或建立一个二进制文件，只允许写数据
ab（追加）	打开一个二进制文件，并在文件末尾写数据
r+（读/写）	打开一个字符文件，允许读和写
w+（读/写）	打开或建立一个字符文件，允许读和写
a+（读/写）	打开一个字符文件，允许读，或在文件末尾追加数据
rb+（读/写）	打开一个二进制文件，允许读和写
wb+（读/写）	打开或建立一个二进制文件，允许读和写
ab+（读/写）	打开一个二进制文件，允许读，或在文件末尾追加数据

对于文件使用方式有以下几点说明。

（1）凡用 r 打开一个文件时，该文件必须已经存在，且只能从该文件读出。

（2）用 w 打开的文件只能向该文件写入。若打开的文件不存在，则以指定的文件名建立该文件；若打开的文件已经存在，则将该文件删去，重建一个新文件。

（3）若要向一个已存在的文件追加新的信息，只能用 a 方式打开文件，但此时该文件必须是存在的，否则将会出错。

（4）在打开一个文件时，如果出错，fopen( )将返回一个空指针值 NULL，在程序中可以用这一信息来判别是否成功地打开一个文件，并进行相应的处理。因此，常用以下程序段打开文件：

```
if((fp=fopen("c:\\file1.txt","r"))==NULL)
{
  printf("\nerror on open file1.txt!\n");
  getch();
  exit(1);
}
```

这段程序的意义是，用"只读"的方式打开 C 盘根目录下的 file1.txt 文件，如果返回的指针为空，表示不能打开文件，且给出提示信息"error on open file1.txt!"。getch( )的功能是从键盘输入一个字符，但不在屏幕上显示。在这里，该行的作用是等待，只有当用户从键盘按下任意键时，程序才继续执行，因此用户可利用这个等待时间阅读出错提示，按键后执行 exit(1) 语句退出程序。

（5）表 9-1 中的文件使用方式是在 ANSI C 的标准中规定的，但目前有些 C 语言编译系统可能不完全提供这些文件的使用方式，因此在用到有关这些方式时要注意查阅系统的规定。

（6）终端设备也属于文件（设备文件），系统自动地定义了 3 个指针变量，即 stdin、stdout、stderr，分别指向标准输入文件（键盘）、标准输出文件（显示器）和标准出错输出（出错信息）。为了使用方便，允许不在程序中指定这 3 个文件，即系统隐含的标准输入或输出文件是指终端。

9.3.3 文件的关闭

在对一个文件操作完成后，应及时将该文件关闭。文件关闭由 fclose( ) 来完成，其调用的一般形式为

```
fclose( 文件指针变量名 );
```

该函数的功能是将文件指针指向的文件关闭，释放相应的文件信息区，刷新作为数据中转站的缓冲区。这样，文件指针不再指向该文件，即不能再通过该文件指针来访问该文件。

用 fclose( ) 关闭文件，可以将缓冲区中可能遗留的未装满送走的数据输出至磁盘文件，这样可以防止丢失原本要写入磁盘文件中的数据，因此，文件用完后必须关闭。

fclose( ) 返回一个整型值，返回 0 表示关闭成功，返回非 0 值表示关闭错误。一般而言，只有在驱动器无盘或盘空间不够时，fclose( ) 才调用失败。

9.3.4 文件的顺序读 / 写

对文件的读和写是最常用的文件操作。在 C 语言中提供了多种文件读 / 写的函数，具体如下。

- 字符读 / 写函数：fgetc( ) 和 fputc( )。
- 字符串读 / 写函数：fgets( ) 和 fputs( )。
- 格式化读 / 写函数：fscanf( ) 和 fprintf( )。
- 数据块读 / 写函数：fread( ) 和 fwrite( )。

使用以上函数都要求包含头文件 stdio.h。

在文件内部有一个位置指针，用来指向文件的当前读 / 写字节。在文件打开时，该指针总是指向文件的第 1 字节，使用读 / 写函数后，位置指针将向后移动相应的字节，因此可连续多次使用读 / 写函数读 / 写多个字符。应注意，文件指针和文件内部的位置指针不是一回事。文件指针是指向整个文件的，需在程序中定义说明，只要不重新赋值，文件指针的值是不变的；文件内部的位置指针用以指示文件内部的当前读 / 写位置，每读 / 写一次，该指针均向后移动，无须在程序中定义说明，而是由系统自动设置。

下面分别介绍上述 8 种文件读 / 写函数。

1. fputc( )

用 fputc( ) 可以将指定的单个字符输出到磁盘文件中，其调用的一般形式为

```
fputc( 字符变量或常量，文件指针变量 );
```

该函数的功能是将参数中指定的字符输出到文件指针所指向的磁盘文件中。如果函数执行成功，返回被输出的字符；否则返回 EOF（文件结束标志，是系统预定义的符号常量，其值为 −1）。

【例 9-1】 将指定的字符输出到磁盘文件中。

```c
#include <stdio.h>
#include <stdlib.h>
#include <conio.h>
int main()
{
  FILE *fp;
  char ch;
  if((fp=fopen("d:\\program\\exa1.txt","w"))==NULL)
  {
    printf("\nCannot open file!\n");
    getch();
    exit(1);
  }
  while((ch=getchar())!='\n')
    fputc(ch,fp);
  fclose(fp);
  return 0;
}
```

运行结果：

```
This is a sample C program!✓
```

输入字符被输出到磁盘文件 d:\program\exa1.txt 中。可以用 DOS 的 TYPE 命令显示该文件的内容。

本程序以"只写"的方式打开文件 d:\program\exa1.txt，并使文件指针 fp 指向该文件，利用 while 循环每次从键盘上读入一个字符，赋值给变量 ch，然后将变量 ch 的值输出到 fp 所指向的磁盘文件中，直到从键盘上接收一个回车符为止。

2. fgetc( )

用 fgetc( ) 可以一次从磁盘文件中读取一个字符，其调用的一般形式为

字符变量 =fgetc(文件指针变量名);

该函数的功能是从文件指针所指向的文件中读取一个字符并把它赋值给字符变量，fgetc( ) 的返回值就是该字符。如果在执行 fgetc( ) 时遇到文件结束符，则返回 EOF。可以利用该函数来判断文件中的数据是否被读完。

【例 9-2】 从磁盘文件中读取一个字符。

```c
#include <stdio.h>
#include <stdlib.h>
#include <conio.h>
```

```
int main()
{
    FILE *fp;
    char ch;
    if((fp=fopen("d:\\program\\exa1.txt","r"))==NULL)
    {
        printf("\nCannot open file!\n");
        getch();
        exit(1);
    }
    while((ch=fgetc(fp))!=EOF)
        putchar(ch);
    fclose(fp);
    return 0;
}
```

运行结果：

```
This is a sample C program!
```

本程序以“只读”的方式打开文件 d:\program\exa1.txt，并使文件指针 fp 指向该文件，利用 while 循环每次从文件中读取一个字符，赋值给变量 ch。然后将变量 ch 的值输出到终端设备（显示器）上，如果在读取的过程中遇到了文件结束标志，则循环终止。最后，将打开的文件关闭，程序结束。

例 9-2 中的程序只能用来显示文件 d:\program\exa1.txt 中的内容，缺乏通用性。可以利用 main( ) 函数的参数，把文件名从命令行送入程序，以实现对任意文件的内容显示。因此，可以对例 9-2 进行如下修改：

```
#include <stdio.h>
#include <stdlib.h>
#include <conio.h>
int main(int argc,char *argv[ ])
{
    FILE *fp;
    char ch;
    if((fp=fopen(argv[1],"r"))==NULL)
    {
        printf("\nCannot open file %s!\n",argv[1]);
        getch();
        exit(1);
    }
    while((ch=fgetc(fp))!=EOF)
        putchar(ch);
    fclose(fp);
    return 0;
}
```

假设程序经过编译、链接后生成可执行文件 exa.exe，并存放在 C 盘根目录下，需要

显示内容的文件为 D 盘 program 目录下的文件 exa1.txt, 则命令行应为

```
C:\>exa.exe d:\program\exa1.txt ↙
```

运行结果:

```
This is a sample C program!
```

3. fputs( )

用 fputs( ) 可以将字符数组中的字符串输出到磁盘文件中, 其调用的一般形式为

```
fputs(字符串,文件指针变量);
```

其中, 字符串可以是字符串常量, 也可以是字符数组名或指针变量。

该函数的功能是将字符串输出到文件指针所指向的文件中, 但字符串结束标志 '\0' 不输出。

【例 9-3】 从键盘上输入 3 个字符串, 将它们输出到一个磁盘文件中。

```c
#include <stdio.h>
#include <stdlib.h>
#include <conio.h>
int main()
{
  FILE *fp;
  int i;
  char str[31];
  if((fp=fopen("d:\\program\\exa2.txt","w"))==NULL)
  {
    printf("\nCannot open file!\n");
    getch();
    exit(1);
  }
  for(i=1;i<=3;i++)
  {
    gets(str);
    fputs(str,fp);
    fputs("\n",fp);         /*在输出的字符串后加上一个 "\n"*/
  }
  fclose(fp);
  return 0;
}
```

运行结果:

```
Is this you handbag? ↙
Yes,it is. ↙
Thank you very much. ↙
```

以上 3 个字符串均输出到磁盘文件 d:\program\exa2.txt 中。可以用 DOS 系统的 TYPE 命令来查看文件 d:\program\exa2.txt 中的内容, 以验证程序是否运行成功。

4. fgets( )

用 fgets( ) 可以从一个磁盘文件中读取一个字符串到字符数组中，其调用的一般形式为

fgets（字符数组名 ,n, 文件指针变量 ）；

其中，n 是一个正整数。

该函数的功能是从文件指针所指向的文件中读取 n-1 个字符，并把它存放到字符数组中。如果在读入 n-1 个字符完成之前遇到换行符 '\n' 或文件结束标志 EOF，则结束读取。但它会将遇到的换行符 '\n' 也作为一个字符送入字符数组。在读入字符串后会自动加上一个字符串结束标志 '\0'。该函数的返回值为字符数组的首地址，若出错将返回 NULL。

【例 9-4】 从磁盘文件中读入字符串并在屏幕上显示。

```c
#include <stdio.h>
#include <stdlib.h>
#include <conio.h>
int main()
{
  FILE *fp;
  char str[31];
  if((fp=fopen("d:\\program\\exa2.txt","r"))==NULL)
  {
    printf("\nCannot open file!\n");
    getch();
    exit(1);
  }
  while(fgets(str,31,fp)!=NULL)
    printf("%s",str);
  fclose(fp);
  return 0;
}
```

运行结果：

```
Is this you handbag?
Yes,it is.
Thank you very much.
```

5. fprintf( )

用 fprintf( ) 可以将数据以一定的格式输出到磁盘文件中，其调用的一般形式为

fprintf（文件指针变量 , 格式控制字符串 , 输出项列表 ）；

该函数的功能是将各输出项以格式控制字符串中所指定的格式输出到文件指针所指向的文件中。

【例 9-5】 格式化数据并输出到磁盘文件中。

```c
#include <stdio.h>
#include <stdlib.h>
#include <conio.h>
```

```
int main()
{
  FILE *fp;
  char ch;
  int x;
  float f;
  printf("Please input data:");
  scanf("%c%d%f",&ch,&x,&f);
  if((fp=fopen("d:\\program\\exa3.txt","w"))==NULL)
  {
    printf("\nCannot open file!\n");
    getch();
    exit(1);
  }
  fprintf(fp,"%c%04d%07.2f",ch,x,f);
  fclose(fp);
  return 0;
}
```

运行结果：

```
Please input data:A 3 6.7✓
```

则这 3 个数就输出到磁盘文件 d:\program\exa3.txt 中，用 TYPE 命令显示其内容为

```
A00030006.70
```

6. fscanf()

用 fscanf() 可以以一定的格式将数据从磁盘文件中读取出来，其调用的一般形式为

fscanf (文件指针变量，格式控制字符串，变量地址列表);

该函数的功能是以格式控制字符串中所指定的格式将数据从文件指针所指向的文件中读取出来，然后分别送给指定的变量。

【例 9-6】 以一定的格式从磁盘文件中读取数据并在屏幕上显示。

```
#include <stdio.h>
#include <stdlib.h>
#include <conio.h>
int main()
{
  FILE *fp;
  char ch;
  int x;
  float f;
  if((fp=fopen("d:\\program\\exa3.txt","r"))==NULL)
  {
    printf("\nCannot open file!\n");
    getch();
    exit(1);
```

```
    }
    fscanf(fp,"%c%4d%7f",&ch,&x,&f);
    printf("%c%04d%07.2f",ch,x,f);
    fclose(fp);
    return 0;
}
```

运行结果：

A00030006.70

7. fwrite( )

用 fwrite( ) 可以将一批数据（如数组所有元素值、结构体变量的值）作为一个整体一次性写入磁盘文件，其调用的一般形式为

```
fwrite(buffer,size,count,fp);
```

其中，buffer 是一个指针，存放输出数据块的首地址；size 表示数据块的字节数；count 表示输出的次数；fp 是文件指针，用来指向目标磁盘文件。

该函数的功能是从 buffer 所代表的起始地址开始，每次输出字节大小为 size 的数据块，共输出 count 次，输出到 fp 所指向的磁盘文件中，若函数执行成功则返回 count 的值。

注意： fwrite( ) 是按"块"进行操作，必须采用二进制方式。

【例 9-7】 从键盘上输入一批学生信息并输出到磁盘文件中。

```c
#include <stdio.h>
#include <stdlib.h>
#include <conio.h>
struct stud
{
    long num;
    char name[20];
    char sex;
    float score;
}student;
int main()
{
    FILE *fp;
    char numstr[20],ch;
    if((fp=fopen("d:\\program\\record.dat","wb"))==NULL)
    {
        printf("\nCannot open file!\n");
        getch();
        exit(1);
    }
    do
    {
        printf("\nenter num:");gets(numstr);student.num=atol(numstr);
        printf("\nenter name:");gets(student.name);
```

```
    printf("\nenter sex(m/f):");student.sex=getchar();getchar();
    printf("\nenter score:");gets(numstr);student.score=atof(numstr);
    fwrite(&student,sizeof(student),1,fp);
    printf("\ninput continue(y/n)?");
    ch=getchar();getchar();
  }while(ch=='y'||ch=='Y');
  fclose(fp);
  return 0;
}
```

运行结果:

```
enter num:9708001✓
enter name:wang lin✓
enter sex(m/f):m✓
enter score:456.5✓
input continue(y/n)?y✓

enter num:9708004✓
enter name:zhang fan✓
enter sex(m/f):f✓
enter score:470✓
input continue(y/n)?y✓

enter num:9708007✓
enter name:li ning✓
enter sex(m/f):m✓
enter score:480✓
input continue(y/n)?n✓
```

则这 3 组数据就输出到磁盘文件 d:\\program\\record.dat 中，因为是用二进制方式操作文件，因此不能用 TYPE 命令显示其内容。

当然，可以将数组中的所有元素作为一个数据块并用 fwrite( ) 写入磁盘文件。

8. fread( )

用 fread( ) 可以将磁盘文件中的一批数据（如数组所有元素值、结构体变量的值）作为一个整体一次性读取出来，其调用的一般形式为

```
fread(buffer,size,count,fp);
```

其中，buffer 是一个指针，用来指定从磁盘文件中读取的数据块在内存中的存放位置；size 表示数据块的字节数；count 表示读取的次数；fp 是文件指针，用来指向源磁盘文件。

该函数的功能是从 fp 所指向的磁盘文件中每次读取字节大小为 size 的数据块，共读取 count 次，存放到以 buffer 为起始地址的内存空间中，若函数执行成功则返回 count 的值。

注意：fread( ) 也是按"块"进行操作，必须采用二进制方式。

【例 9-8】 从磁盘文件中按"块"读取数据。

```
#include <stdio.h>
```

```c
#include <stdlib.h>
#include <conio.h>
struct stud
{
  long num;
  char name[20];
  char sex;
  float score;
}student;
int main()
{
  FILE *fp;
  if((fp=fopen("d:\\program\\record.dat","rb"))==NULL)
  {
    printf("\nCannot open file!\n");
    getch();
    exit(1);
  }
  while(fread(&student,sizeof(student),1,fp)==1)
  {
    printf("num:%ld\n",student.num);
    printf("name:%s\n",student.name);
    printf("sex(m/f):%c\n",student.sex);
    printf("score:%f\n",student.score);
    printf("\n");
  }
  fclose(fp);
  return 0;
}
```

运行结果：

```
num:9708001
name:wang lin
sex(m/f):m
score:456.5

num:9708004
name:zhang fan
sex(m/f):f
score:470

num:9708007
name:li ning
sex(m/f):m
score:480
```

由于 fread( ) 和 fwrite( ) 是以二进制的方式对文件进行读 / 写的，所以当文件中的数据以结构体类型组织或在内存与磁盘频繁交换数据的情况下，一般不用其他的文件读/写函数，而用按"块"读/写的 fread( ) 和 fwrite( )，以提高效率。

9.3.5 文件的随机读/写

前面介绍的对文件的读/写方式都是顺序读/写，即读/写文件只能从头开始，顺序读/写各个数据,但在实际中常要求只读/写文件中某一指定的部分。从前面的学习中可知，在文件内部有一个系统自动设置的"读/写位置指针"，只要将位置指针移动到需要的地方，就能实现文件的随机读/写。实现文件随机读/写的关键是要准确地移动位置指针，这称为文件的定位。在 C 语言中，文件的定位及相关操作也是由库函数来完成的。

1. fseek( )

利用 fseek( ) 可以将位置指针移动到所需位置，其一般调用形式为

```
fseek( 文件指针变量，位移量，起始点 );
```

该函数的作用是以"起始点"为基准，将文件指针所指向的文件中的位置指针按指定的"位移量"进行移动。其中，"位移量"为 long 类型的数据，表示要移动的字节数，可正可负。若位移量为正数,表示从文件开头向文件末尾移动；否则移动方向相反。"起始点"指的是以什么地方为基准进行移动，它可用数字表示，也可用宏名来表示，其表示方法如表 9-2 所示。如果函数执行成功，返回值为 0；否则返回非 0 值。

表 9-2 起始点的宏名表示

起 始 点	宏 名 表 示	数 字 表 示
文件开头	SEEK_SET	0
当前位置	SEEK_CUR	1
文件末尾	SEEK_END	2

例如：

```
fseek(fp,10L,0);        /*将位置指针从文件开头前移 10 字节 */
fseek(fp,-15L,1);       /*将位置指针从当前位置后移 15 字节 */
fseek(fp,-30L,2);       /*将位置指针从文件末尾后移 30 字节 */
```

需要注意的是，fseek( ) 一般用于二进制文件。在文本文件中由于要进行转换，计算的位置往往会出现错误。

2. rewind( )

利用 rewind( ) 可以使位置指针重新返回文件的开头。其一般调用形式为

```
rewind( 文件指针变量 );
```

该函数没有返回值。

3. ftell( )

利用 ftell( ) 可以知道位置指针的当前指向。其一般调用形式为

ftell（文件指针变量）；

该函数的返回值为文件指针所指向的文件中位置指针的当前指向；如果出错，则返回 -1。

【例 9-9】 从例 9-7 所建立的磁盘文件 record.dat 中读取指定的学生记录并显示。

```c
#include <stdio.h>
#include <stdlib.h>
#include <conio.h>
struct stud
{
  long num;
  char name[20];
  char sex;
  float score;
}student;
int main()
{
  FILE *fp;
  int rec_no;
  long offset;
  char ch;
  if((fp=fopen("d:\\program\\record.dat","rb"))==NULL)
  {
    printf("\nCannot open file!\n");
    getch();
    exit(1);
  }
  do
  {
    printf("\nplease input record number:");
    scanf("%d",&rec_no);
    offset=(rec_no-1)*sizeof(student);
    rewind(fp);
    if(fseek(fp,offset,0)!=0)
    {
      printf("can not move there!\n");
      exit(1);
    }
    fread(&student,sizeof(student),1,fp);
    printf("num:%ld\n",student.num);
    printf("name:%s\n",student.name);
    printf("sex(m/f):%c\n",student.sex);
    printf("score:%f\n",student.score);
    printf("continue(y/n)?");
    ch=getchar();getchar();
  }while(ch=='y'||ch=='Y');
```

```
    fclose(fp);
    return 0;
}
```

运行结果：

```
please input record number:3↙
num:9708007
name:li ning
sex(m/f):m
score:480
continue(y/n)?y↙

please input record number:1↙
num:9708001
name:wang lin
sex(m/f):m
score:456.5
continue(y/n)?y↙

please input record number:2↙
num:9708004
name:zhang fan
sex(m/f):f
score:470
continue(y/n)?n↙
```

程序运行时，先输入记录号 rec_no，算出位移量 offset，然后用 fseek( ) 移动位置指针。若移动成功，就可以利用 fread( ) 读取出所要查找的记录。在进行下一次查找之前，要让位置指针移动到文件开头，以算出正确的位移量，因此在循环中用到 rewind( )。

9.3.6 文件检测

1. feof( )

调用的一般形式为

feof(文件指针变量);

其功能是判断文件是否处于文件结束位置，如文件结束，则返回值为 1；否则为 0。

2. ferror( )

在 C 语言中，大多数的文件操作函数并没有明确的出错信息返回。因此，C 语言提供了一个可以检测文件操作是否出错的 ferror( )，其调用的一般格式为

ferror(文件指针变量);

如果最近一次文件操作成功，则 ferror( ) 的返回值为 0；否则返回一个非 0 值。在打开一个文件时，系统会自动使 ferror( ) 的初值为 0。

需要注意的是，因为每个文件操作都设置错误条件，所以如果想检测文件操作是否出错，应在调用该文件操作函数之后马上用 ferror( ) 进行检测，以防止丢失错误状态。

9.4 案例分析与实现

下面对 9.1 节中的案例进行分析与实现。

案例 9-1: 整理药名。

案例分析: 我们可以将输入数据保存在 d:\program\ drug1.txt 中。第一行有一个数字 n，表示有 n 个药品名要整理，n 不超过 100。接下来有 n 行，每行有一个单词，长度不超过 20，表示输入的药品名的规范写法。药品名由字母、数字和"-"组成，输出结果保存到磁盘文件 d:\program\ drug2.txt 中。

首先可以确定，在文件 drug1.txt 中保存了 4 个药品的名字，其中第一个字符 4 表示的是药品名字的数量。我们要想获取到药品名称的数量，需要使用 fscanf( ) 函数。接下来的是药品的名字，是字符串，我们可以利用循环加上 fscanf( ) 读取字符串并保存到 Drug_name 数组中。药品名称读取完毕后就可以函数 tolower( ) 函数把所有字符转换为小写字母，然后统一把首字母转换为大写字母。接着就可以把 Drug_name 保存的药品名字以文件的形式输出了。

程序如下:

```c
#include <stdio.h>
#include <ctype.h>
int main() {
char Drug_name[100][100];
int  num;
int i=0,j;
  FILE *file = fopen("d:\\program\\drug1.txt", "r");
  FILE *out_file = fopen("d:\\program\\drug2.txt", "w");
    if (file == NULL) {
      printf("Failed to open file\n");
      return -1;
    }
fscanf(file,"%d",&num);
for(i=0;i<4;i++)
{
fscanf(file,"%s",Drug_name[i]);
}
for(i=0;i<4;i++)
{
j=0;
// 遍历整个字符串，直到遇到 '\0' 终止符
while (Drug_name[i][j]) {
  // 使用 isupper() 函数检测当前字符是否为大写字母
  if (isupper(Drug_name[i][j])) {
    // 若是大写字母，则调用 tolower() 将其转换为小写字母
```

```
                Drug_name[i][j] = tolower(Drug_name[i][j]);
            }
            // 移动到下一个字符
            j++;
        }
        if(islower(Drug_name[i][0]))
            // 使用 toupper()函数把首字母转换为大写字母
            Drug_name[i][0]=toupper(Drug_name[i][0]);
    }
    fprintf(out_file,"%d\n",num);
    for(i=0;i<4;i++)
    {
        fprintf(out_file,"%s\n",Drug_name[i]);
    }
    fclose(file);
    fclose(out_file);
    return 0;
}
```

小　　结

本项目介绍了文件的有关知识、C语言的文件系统和标准文件操作。

文件是指存储在外部介质上的数据的集合，是一批逻辑上有联系的数据。从不同的角度可对文件进行不同的分类：从用户的角度看，文件可分为普通文件和设备文件两种；从文件中数据的组织形式来看，文件可分为字符代码文件和二进制文件两种。

C语言的文件系统可分为缓冲文件系统和非缓冲文件系统两大类。两者的主要区别在于：缓冲文件系统的缓冲区是由系统自动开辟的，而非缓冲文件系统的缓冲区是用户自行创建的。

在C语言中，没有输入/输出语句，对文件的操作都是由库函数来完成的。文件的操作遵循以下过程。

（1）文件的定义。缓冲文件系统在处理文件时，会为每一个文件开辟一个"信息区"，用来存放文件的一系列信息。在内存中，这个"信息区"是一个特定结构体类型的变量，这种特定的结构体类型称为文件类型（FILE），它是在头文件 stdio.h 中由系统定义的。在缓冲文件系统中，存储文件信息的 FILE 类型的结构体变量不用变量名来标识，而是设置一个指向该结构体变量的指针变量，即文件指针。

（2）文件的打开。用 fopen( ) 实现按指定的方式打开某一路径下的文件。

（3）文件的操作。缓冲文件系统提供了4组用于文件操作的函数。

① 读/写一个字符：fgetc( ) 和 fputc( )。

② 读/写一个字符串：fgets( ) 和 fputs( )。

③ 格式化读/写：fscanf( ) 和 fprintf( )。

④ "块"读/写：fread( ) 和 fwrite( )。

（4）文件的关闭。文件使用完毕，需要使用 fclose( ) 关闭文件。

在文件内部有一个系统自动设置的"读 / 写位置指针"，利用 fseek( ) 可以将位置指针移动到需要的地方，进而实现文件的随机读 / 写；利用 rewind( ) 可以将位置指针移动到文件开头；利用 ftell( ) 可以知道位置指针的当前指向；利用 feof( ) 可以判断位置指针是否在文件末尾。

在 C 语言中提供了一个 ferror( )，它可以用来检测文件操作是否出错。

习　题

一、选择题

1. 若 fp 已正确定义并指向某个文件，当未遇到文件结束标志时函数 feof(fp) 的值为（　　）。

    A. 0　　　　　　　　　B. 1　　　　　　　　　C. –1　　　　　　　　　D. 一个非 0 值

2. 下列关于 C 语言数据文件的叙述中正确的是（　　）。

    A. 文件由 ASCII 码值字符序列组成，C 语言只能读 / 写文本文件

    B. 文件由二进制数据序列组成，C 语言只能读 / 写二进制文件

    C. 文件由记录序列组成，可按数据的存放形式分为二进制文件和文本文件

    D. 文件由数据流形式组成，可按数据的存放形式分为二进制文件和文本文件

3. 以下叙述中不正确的是（　　）。

    A. C 语言中的文本文件以 ASCII 码值形式存储数据

    B. C 语言中对二进制文件的访问速度比文本文件快

    C. C 语言中，随机读 / 写方式不适用于文本文件

    D. C 语言中，顺序读 / 写方式不适用于二进制文件

4. 以下程序试图把从终端输入的字符输出到名为 abc.txt 的文件中，直到从终端读入字符"#"时结束输入和输出操作，但程序有错。

```c
#include <stdio.h>
int main()
{
FILE *fout;
char ch;
fout=fopen('abc.txt','w');
ch=fgetc(stdin);
  while(ch!='#')
  {
    fputc(ch,fout);
    ch=fgetc(stdin);
  }
  fclose(fout);
return 0;
}
```

出错的原因是（　　　）。

 A. 函数 fopen( ) 调用形式错误　　　　　B. 输入文件没有关闭

 C. 函数 fgetc( ) 调用形式错误　　　　　D. 文件指针 stdin 没有定义

5. 以下叙述中错误的是（　　　）。

 A. 二进制文件打开后可以先读文件的末尾，而顺序文件不可以

 B. 在程序结束时，应当用 fclose( ) 关闭已打开的文件

 C. 利用 fread( ) 从二进制文件中读数据，可以用数组名给数组中所有元素读入数据

 D. 不可以用 FILE 定义指向二进制文件的文件指针

6. 要建立一个字符文件，只允许写数据，正确的语句为（　　　）。

 A. fp=fopen("file","r");　　　　　　　　B. fp=fopen("file","a+");

 C. fp=fopen("file","w");　　　　　　　　D. fp=fopen("file","r+");

7. C 语言中标准函数 fgets(str,n,p) 的功能是（　　　）。

 A. 从文件 fp 中读取长度为 n 的字符串并存入指针 str 指向的内存

 B. 从文件 fp 中读取长度不超过 n−1 的字符串并存入指针 str 指向的内存

 C. 从文件 fp 中读取 n 个字符串并存入指针 str 指向的内存

 D. 从文件 fp 中读取长度不超过 n 的字符串并存入指针 str 指向的内存

8. 若 fp 是指向某文件的指针，且已读到该文件的末尾，则函数 feof(fp) 的返回值是（　　　）。

 A. EOF　　　　　　B. −1　　　　　　C. 1　　　　　　D. NULL

9. 若 fp 为文件指针，且文件已正确打开，以下语句的输出结果为（　　　）。

```
fseek(fp,0,SEEK_END);
i=ftell(fp);
printf("i=%d\n",i);
```

 A. fp 所指的文件记录长度

 B. fp 所指的文件长度，以 byte 为单位

 C. fp 所指的文件长度，以 bit 为单位

 D. fp 所指的文件当前位置，以 byte 为单位

10. 当顺利执行了文件关闭操作时，fclose( ) 的返回值是（　　　）。

 A. −1　　　　　　B. TURE　　　　　　C. 0　　　　　　D. 1

11. 系统的标准输入文件是指（　　　）。

 A. 键盘　　　　　　B. 显示器　　　　　　C. 软盘　　　　　　D. 硬盘

12. 若执行 fopen( ) 时发生错误，则函数的返回值是（　　　）。

 A. 地址值　　　　　　B. 0　　　　　　C. 1　　　　　　D. EOF

13. 若要用 fopen( ) 打开一个新的二进制文件，该文件要既能读也能写，则文件方式字符串应是（　　　）。

 A. "ab+"　　　　　　B. "wb+"　　　　　　C. "rb+"　　　　　　D. "ab"

14. 若以 "a+" 方式打开一个已存在的文件，则以下叙述正确的是（　　　）。

 A. 文件打开时原有文件内容不被删除，位置指针移到文件末尾，可做添加和读操作

 B. 文件打开时原有文件内容不被删除，位置指针移到文件开头，可做重写和读操作

C. 文件打开时，原有文件内容被删除，只可做写操作

D. 以上各种说法皆不正确

15. 在 C 语言程序中，可把整型数以二进制形式存放到文件中的函数是（　　　）。

A. fprintf( )　　　　　　B. fread( )　　　　　　C. fwrite( )　　　　　　D. fputc( )

二、程序分析题

1. 以下程序运行后的输出结果是什么？

```
#include <stdio.h>
int main()
{
  FILE *fp;
  int i=20,j=30,k,n;
  fp=fopen("d1.dat","w");
  fprintf(fp,"%d\n",i);
  fprintf(fp,"%d\n",j);
  fclose(fp);
  fp=fopen("d1.dat","r");
  fscanf(fp,"%d%d",&k,&n);
  printf("%d %d\n",k,n);
  fclose(fp);
  return 0;
}
```

2. 下面的程序运行后，文件 test 中的内容是什么？

```
#include <stdio.h>
#include <string.h>
void fun(char *fname,char *st)
{
  FILE *myf;
  int i;
  myf=fopen(fname,"w" );
  for(i=0;i<strlen(st);i++)
    fputc(st[i],myf);
  fclose(myf);
}
int main()
{
  fun("d:\\test.txt","new world");
  fun("d:\\test.txt","hello,");
  return 0;
}
```

3. 设有如下程序：

```
#include <stdio.h>
int main(int argc,char *argv[])
```

```
{
  FILE *fp;
  void fc(FILE*ifp);
  int i=1;
  while(--argc>0)
  if((fp=fopen(argv[i++],"r"))==NULL)
  {
    printf("Cannot open file!\n");
    return 0;
  }
  else
  {
    fc(fp);
    fclose(fp);
  }
  return 0;
}
void fc(FILE *ifp)
{
  char c;
  while((c=getc(ifp))!='#')
    putchar(c-32);
}
```

上述程序经编译、链接后生成可执行文件，名为 cpy.exe。假定磁盘上有 3 个文本文件，其文件名和内容分别如表 9-3 所示。

表 9-3　文件名和内容

文 件 名	内 容
a	aaaa#
b	bbbb#
c	cccc#

如果在 DOS 下输入：

```
cpy a b c<CR>
```

则程序的输出结果是什么？

4. 以下程序执行后的输出结果是什么？

```
#include <stdio.h>
int main()
{
  FILE *fp;
  int i,k=0,n=0;
  fp=fopen("d1.dat","w");
  for(i=1;i<4;i++)
    fprintf(fp,"%d",i);
```

```
    fclose(fp);
    fp=fopen("d1.dat","r");
    fscanf(fp,"%d%d",&k,&n);
    printf("k=%d,n=%d\n",k,n);
    fclose(fp);
    return 0;
}
```

5. 以下程序执行后的输出结果是什么？

```
#include <stdio.h>
int main()
{
    FILE *fp;
    int i,a[4]={1,2,3,4},b;
    fp=fopen("data.dat","wb");
    for(i=0;i<4;i++)
        fwrite(&a[i],sizeof(int),1,fp);
    fclose(fp);
    fp=fopen("data.dat","rb");
    fseek(fp,-2L*sizeof(int),SEEK_END);
    fread(&b,sizeof(int),1,fp);
    fclose(fp);
    printf("%d\n",b);
    return 0;
}
```

三、编程题

1. 将磁盘文件 file1.dat 中的字符读入内存，将其中的小写字母全部改为大写字母，然后输出到磁盘文件 file2.dat 中。

2. 在文本文件 file1.txt 中有若干个句子，现在要求把它们按每行一个句子的格式输出到文本文件 file2.txt 中。

3. 统计文本文件 file.txt 中所包含的字母、数字和空白字符的个数。

4. 将磁盘文件 f1.txt 和 f2.txt 中的字符按从小到大的顺序输出到磁盘文件 f3.txt 中。

5. 统计磁盘文件 file.txt 中的单词个数。

项目 10　面向对象程序设计

前面介绍了结构化的程序设计（structure programming，SP）方法，本项目简单介绍面向对象的程序设计（object-oriented programming，OOP）的方法。

10.1　结构化程序设计与面向对象程序设计

10.1.1　结构化程序设计与面向对象程序设计概述

结构化程序设计的思路是：自顶向下、逐步求精，其程序结构是按功能划分为若干个基本模块，这些模块形成一个树状结构；各模块之间的关系尽可能简单，在功能上相对独立；每个模块内部均是由顺序、选择和循环 3 种基本结构组成；模块实现的方法是调用子模块。

结构化程序设计由于采用了模块化分解与功能抽象以及自顶向下、分而治之的方法，从而有效地将一个复杂的程序系统设计任务分解成易于控制和处理的子任务，便于开发和维护。

虽然结构化程序设计方法具有很多优点，但它仍是一种面向过程的程序设计方法。它把数据和处理数据的过程分离为相互独立的实体，当数据结构发生改变时，所有相关的处理过程都要进行相应的修改，每一种新方法都要带来额外的开销，程序的可重用性差。

针对结构化程序设计在开发管理大型系统方面面临的困难，从 20 世纪 70 年代开始，程序设计人员便开始追求实现"数据抽象"的概念。经过不断的研究和改进，于 1980 年推出商品化的 Smalltalk-80。这种程序设计语言引入了对象、类、方法等概念，引入了动态联编和继承机制，它标志着面向对象编程语言已经建立了较为完整的概念和理论体系，这为解决大型软件管理问题以及提高软件可靠性、可重用性、可扩充性和可维护性提供了有效的手段和途径。随后，又逐渐推出了面向对象的程序设计语言，C++ 便是其中最为常用的一种。

面向对象方法的出现，实际上是程序设计方法发展的一个返朴归真过程。软件开发从本质上讲，就是对软件所要处理的问题域进行正确的认识，并把这种认识正确地描述出来。面向对象方法所强调的基本原则，就是直接面对客观存在的事物进行软件开发，将人们日常生活习惯、思维方式和表达方式应用在软件开发中，使软件开发从过分专业化的方法、规则和技巧回到客观世界，符合人们通常的思维方式。

10.1.2　结构化程序设计和面向对象程序设计解决问题的比较

举一个简单的实例，比如解决一个设置时钟的时间，并显示出来的问题。步骤如下：

（1）建立结构；

（2）定义全局变量；

（3）定义设置时间函数；

（4）定义显示时间函数；

（5）定义主程序，分别调用相关函数。

【例 10-1】　对时钟设置时间并显示时间。

程序如下：

```
// 用结构化程序设计的思路解决
#include<stdio.h>
struct time
{
  int hour,minute,second;
}t1;
void showtime()
{
  printf("%d:%d:%d\n",t1.hour,t1.minute,t1.second);
}
void settime(int hour,int minute,int second)
{
  t1.hour=hour;
  t1.minute=minute;
  t1.second=second;
}
int main()
{
  settime(8,30,30);
  showtime();
  return 0;
}
```

上面程序的可读性比较强，但是有缺点存在，即程序完全暴露在外，任何人都可以修改程序，不能保证程序在运行中不被意外修改。对于使用者来说还需要具备解决问题的能力，一旦程序变得越来越大，每一个参与开发的程序员都需要通读程序的所有部分，程序完全不具备黑盒效应，给多人的协作开发带来了很大的麻烦，几乎每个人都做了同样的工作。这种为了解决一个分支问题而写成相对独立的函数，再用这些函数组合成的程序来解决问题的方法叫作结构化程序设计，结构化编程同过程化编程相比可读性是提高了，但程序不能轻易地被分割来解决大问题。在主函数中使用它们的时候，总是这个函数调用那个函数，如果你并不是这些函数的作者，就很难正确方便地使用这些函数，而且程序的变量重名问题也很让人头痛。

那么面向对象的程序设计又是如何解决这些问题的呢？面向对象的程序设计的思路是这样的：

程序 = 对象 + 对象 + 对象 + …

对于上面的时钟问题，可以采用如下的方法进行解决，如图 10-1 所示。由图 10-1 可以看出：面向对象的程序设计是由对象组合而成的，其中对象是用类来定义的，程序之间的交互主要是通过对象与对象之间的消息传递进行的。

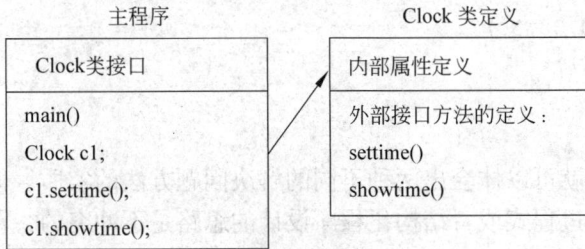

图 10-1　时钟问题面向对象程序设计结构图

由于我们用 Clock 类来解决时钟问题，在主函数中，用户只需要使用 Clock 类设计其对象和知道 Clock 类的外部接口函数，也就是操作该对象的方法 settime( ) 和 showtime( ) 就可以了，至于 Clock 的内部实现，使用者一概不需要知道，这样的程序设计很好地保护了各类成员数据的安全。主函数代码调用极其简单，只有建立对象和调用对象方法这两步而已。以后一旦需要修改类，只修改类本身就可以，而不需要对主函数做任何修改，这样就很好地做到了什么人做的事情什么人处理，互不冲突。

【例 10-2】用面向对象的方法设置并显示时间。

（1）Clock.h 文件主要描述 Clock 类的定义。

程序如下：

```
#include<iostream>
using namespace std;
class Clock                // Clock 类的定义
{
  int hour,minute,second;
public:
  Clock()                  // 构造函数以完成数据成员的初始化
  {
    hour=0;minute=0;second=0;
  }
  void settime(int h,int m,int s)
  {
    hour=h;minute=m;second=s;
  }
}
```

```
    void showtime()
    {
        cout<<hour<<":"<<minute<<":"<<second<<endl;
    }
};
```

（2）主函数的定义。

```
#include"Clock.h"
int main()
{
    Clock c1;
    c1.settime(8,30,30);
    c1.showtime();
    return 0;
}
```

读者仔细推敲，就可以体会出两种不同的解决问题方法的实质。但总的来说，面向对象的程序设计其实和过程式或者结构化程序设计的思路是不冲突的，在不同的地方可使用不同的方法，做到优势互补。

10.2 面向对象程序设计的基本概念

面向对象的思想认为，客观世界是由各种各样的对象构成的，每种对象都有各自的属性和行为，不同对象之间的相互作用和联系构成了不同的系统。面向对象的方法就是要面对现实世界的实体，并将其抽象为对象，以对象为基本单位，分析、设计和实现一个系统。面向对象的程序设计支持封装性、继承性和多态性。封装性使对象的内部实现与外界隔离，提供了更理想的模块化机制，减少了程序间的互相干扰；继承性使得软件具有更高度的可重用性；多态性使得编程方法更易扩充，从而大大提高了程序的开发效率。

面向对象程序设计中有许多常用的概念和术语，在这里，对其中一些基本的概念做简单的介绍。

1. 对象

对象是指现实世界中无所不在的各种各样的实体。每一个实体包括特定的、静态的属性和动态的行为，在面向对象的程序设计中将该实体的属性（用数据成员表示）和行为（用操作数据的函数成员表示）封装在一个整体里；每一个实体都有所属的类，在该类中还有许多其他的不同实体，因此在建立对象时，必须给对象赋予唯一的标识符，用来标识该对象。

2. 类

类是对一组对象共同具有的属性和行为的抽象，它提供了一个具有特定功能的模块和一种代码共享的手段。它具有以下特性。

（1）封装和隐藏：类将数据的结构和对数据的操作封装在一起，实现了类的外部特性和类的内部实现相隔离。类的内部实现对用户来说是隐藏的，用户只需了解类的外部特性，而不必关心内部实现的细节。

（2）继承：类具有层次性。即类的上层可以有父类，下层可以有子类，一个类继承其父类的所有特性，且这种继承具有传递性。

类是实现数据抽象和封装的工具。类是一组对象的抽象，而对象则是类的一个实例。在程序中，从语法来看，类和对象的关系相当于数据类型和变量的关系。例如，先定义汽车类，那么各种小轿车、卡车、面包车等都是汽车类的对象。

3. 消息

消息是向某对象请求服务的一种表达式，如果用户或其他对象提出服务请求，便可以称为向该对象发送消息。在面向对象的程序中，程序执行是靠对象之间传递消息来完成的。消息实现了对象与外界、对象与其他对象之间的联系，消息传递一般由如下部分组成：

- 接收消息的对象，又称为目标对象；
- 请求对象的方法；
- 一个或多个参数。

4. 方法

方法是一个函数成员，是对某个对象接收了某一消息后所采取的一系列操作的描述。

10.3　面向对象程序设计的基本特点

面向对象程序设计兼容了结构化程序设计的优点，同时又在节省程序开发时间、提高程序开发效率上做了很大的改进，程序的可靠性、代码的可重用性也大大增强。以下分别对面向对象程序设计的几个基本特征进行简单介绍。

1. 抽象性

抽象性是指忽略一类事物中与当前处理问题的主题无关的细节，包括数据抽象和代码抽象两方面：数据抽象定义了对象的属性，而代码抽象则定义了某类对象的共同行为特征。在面向对象的程序设计中，类是实现抽象的工具。

2. 封装性

封装性是将抽象得到的数据和代码集合在一个整体的过程，它还具有对内部细节隐藏保护的能力，类内某些成员可以通过对外隐藏的属性被保护起来。在 C++ 的内部，类是实现封装的工具，封装保证了类具有较好的独立性，防止外部程序破坏类的内部数据，同时便于程序的维护和修改。

3. 继承性

继承性是一个形象的、易于理解的术语。比如，子承父业、继承遗产等都涵盖了这一名词所连接的两个类层次之间的关系，即继承者拥有被继承者所有的相关属性及行为。在面向对象程序设计中，继承是一种连接类与类的层次模型，利用现有类派生新类的过程称为类的继承。新类（子类，也称派生类）拥有原有类（父类，也称基类）的特性，又增加了自身新的特性。设计程序时，只需为新增加的内容或对原内容的修改设计代码。除了共享机制，继承还具有传递机制，即最下层的子类可继承其上各层父类的全部特性。可见，继承性显著简化了类和对象的创建工作量，并进一步增强了代码的可重用率，从而大大提高了软件的开发效率和系统的可靠性。

4. 多态性

多态性是指同样的消息被不同类型对象接收时导致的完全不同的行为，即当向不同的对象发出相同的服务请求时，会得到不同的响应。多态性允许每个对象以适合自身的方式去响应共同的消息，不必为相同功能的操作作用于不同的对象而去特意识别，为软件开发和维护提供了极大的方便。多态性还增强了软件的灵活性和重用性，允许用户以更明确、更易懂的方式建立通用软件。多态性通常表现为函数重载、运算符重载、虚函数。

10.4 类 和 对 象

类是面向对象程序设计方法的核心，利用它可以实现对数据的封装、隐藏，通过类的继承与派生，能够实现对问题深入抽象的描述。类是逻辑上相关的函数与数据的封装，它是对所要处理的问题的抽象描述，类的集成程度高，适合大型复杂程序的开发。

从数据类型的角度出发，类实际上相当于用户自定义的类型，它和前面介绍的基本类型，如整型、实型有类似的特征。同样，我们可以声明某个类型的变量，这个变量称为类的对象（或实例），这个声明的过程称为类的实例化。类和基本类型的不同之处在于，类这个特殊类型中同时包含了对数据进行操作的函数。

10.4.1 类的定义

在 C++ 中，类定义的一般形式如下：

```
class 类标识符
{
  public:
  成员函数或数据成员说明；
  private:
  成员函数或数据成员说明；
  protected:
  成员函数或数据成员说明；
};
```

说明：

（1）class 为类的关键字，其后跟的类标识符为类名。

（2）类的定义包括说明和实现部分，说明部分用来说明类的成员，实现部分用来定义成员函数。若成员函数在说明部分已经给出定义，则实现部分可以省略。

（3）类的成员包括数据成员和函数成员（方法），数据成员主要描述本类事物的静态属性，函数成员是本类事物所具有的行为。

（4）public（公有）、private（私有）、protected（保护）被称为访问权限修饰符，没有规定出现的顺序、次数，默认为 private，它们决定了其后成员的访问属性。

（5）类的数据成员在声明时不能进行初始化。

还有另外一种实现方式，就是函数成员在类外实现，即

```cpp
class Clock
{
  int hour,minute,second;
  public:
  void settime(int h,int m,int s);
  void showtime();
};
void Clock::settime(int h,int m,int s)
{
  hour=h;minute=m;second=s;
}
void Clock::showtime()
{
  cout<<hour<<":"<<minute<<":"<<second<<endl;
}
```

10.4.2　对象的定义

类定义仅仅提供了一种类型定义，它本身不占用存储空间，只有在定义了属于类的变量后，系统才会为其分配空间，这种变量称为对象。对象是类的实例，存储着特定的信息和作用于这些信息之上的特定操作。比如，圆是一个类，以（1，1）为圆心且以 3 为半径的这个圆是圆类的一个对象。

1. 定义形式

类名　对象名列表；

例如，Clock 是已经定义过的一个时钟类，则可定义：

```cpp
Clock c1,c[5],*p;
```

其中，c1 是一个 Clock 类的对象，可以用来描述一个具体的时钟；c[5] 则表示一个包含 5 个对象的对象数组；而 p 是一个指向 Clock 类对象的指针。

2. 对象成员引用

对象成员是指该对象所属类中定义的成员，包括数据成员和函数成员，其表示形式与结构体变量成员的表示形式是相同的。值得注意的是：在类的外部，通过对象只能访问类的 public（公有）成员。

（1）一般对象成员引用。

数据成员：

对象名 . 成员名

函数成员：

对象名 . 成员名（参数列表）

（2）通过指针引用对象成员。

数据成员：

对象指针名→成员名

或

（＊对象指针名）. 成员名

函数成员：

对象指针名→成员名（参数列表）

或

（＊对象指针名）. 成员名（参数列表）

10.4.3　对象的初始化

在前面类定义的讨论中，已经知道类的数据成员不能在声明时进行初始化，通过例 10-2 可知，对象的数据成员的初始化是通过构造函数实现的。那么什么是构造函数？它的作用是什么？又是怎样使用的？

1. 构造函数

构造函数是类中特殊的成员函数，其功能是在创建对象时，使用给定的值初始化对象的数据成员。它具有如下一些特点。

（1）与类名相同且不能指定任何返回类型。

（2）可以重载，即可以定义多个参数类型或个数不同的构造函数。

（3）在创建对象时由系统自动调用，在程序中不能直接调用。

（4）当没有为一个类定义任何构造函数时，C++ 编译器总要为它建立一个无参的构造函数且其函数体为空，这种构造函数称为默认构造函数。

2. 析构函数

析构函数同构造函数一样，也是类中一种特殊的成员函数，其功能是用来释放对象。在对象的生存期结束时，系统会自动调用该对象的析构函数，来做一些清理工作。其特点如下。

（1）函数名与类同名，为了区别构造函数，在其前加一个“~”。

（2）构造函数没有参数，不能重载，即一个类只能定义一个析构函数。

（3）可以由系统调用，也可以由程序调用。

3. 拷贝构造函数

在程序中常常需要用一个已知的对象来初始化一个被创建的同类对象。拷贝构造函数作为一种特殊形式的构造函数，为对象之间的这种值传递提供了方便，它会将一个已知对象的数据成员的值拷贝给正在创建的另一个同类的对象。除了具有一般构造函数的特点外，它还具有如下特点。

（1）只有一个参数，参数类型为本类对象的引用（C++ 的一种特殊类型）。

（2）如果类中没有说明拷贝构造函数，则编译系统会自动生成一个默认的拷贝构造函数，其形式为

```
类名∷类名(const 类名 & 引用名)
```

4. 程序举例

【**例 10-3**】　定义一个点类，描述其平面上的坐标，得到并显示其 X 值和 Y 值。

```cpp
#include<iostream>
using namespace std;
// 定义 Point 类
class Point
{
  int X,Y;
  public:
  Point(int xx,int yy)              // 构造函数
  {
    X=xx;Y=yy;
    cout<<" 构造函数被调用!  \n";
  }
  Point(Point & p)                  // 拷贝构造函数
  {
    X=p.X;
    Y=p.Y;
    cout<<" 拷贝构造函数被调用!  \n";
  }
  ~Point(){cout<<" 析构函数被调用!  \n";}          // 析构函数
  int GetX(){return X;}
  int GetY(){return Y;}
};
int main()
{
  Point p1(3,4);                    // 生成对象 p1，自动调用构造函数
  Point p=p1;                       // 用 p1 初始化正要生成的对象 p，调用拷贝构造函数
  cout<<p.GetX()<<endl;             // 调用公开成员函数 GetX() 并输出其值
  cout<<p.GetY()<<endl;             // 调用公开成员函数 GetY() 并输出其值
  // 当 p 和 p1 的生存期结束时会两次自动调用析构函数
  return 0;
}
```

运行结果：

构造函数被调用!

拷贝构造函数被调用!

```
3
4
析构函数被调用！
析构函数被调用！
```

10.5　继承和派生

面向对象程序设计中提供了类的继承机制，是软件可重用性的一种体现，提供了一种无限重复利用程序资源的途径。C++ 程序用不同的类定义来表示一组数据以及对这些数据的操作与处理，而类之间往往具有某种关系，"继承和派生"就是类间的一种常用关系。例如，图 10-2 中交通工具、汽车、轿车、红旗轿车之间具有层次关系。其中：

图 10-2　交通工具类层次示意图

（1）汽车是一种特殊的交通工具；

（2）轿车是一种特殊的汽车；

（3）红旗轿车是一种特殊的轿车。

只要定义清楚了交通工具，那么在定义"汽车"时（注意，它就是交通工具），只需再说明它的特殊性（而不必重新定义）。同理，只要定义清楚了"轿车"，那么在定义"红旗轿车"时（注意，它就是轿车），只需再说明它的特殊性（根本不必重新定义）。

C++ 提供了类定义的派生和继承功能，能很好地解决上述问题，使代码可重用，避免重复。通过继承机制，可以利用现有的类来定义新类。一般来说，称已存在的用来派生新类的类为基类或父类，派生出的新类称为派生类或子类。

10.5.1　派生类的定义

派生类的定义格式如下：

```
class <派生类类型名> :<基类表>
{
  private:
    各私有成员说明；
  public:
    各公有成员说明；
  protected:
    各保护成员说明；
};
```

说明：

<基类表>的一般格式为

派生方式　基类名1,...,派生方式　基类名 n

只从一个基类派生的继承关系称为单基继承，从两个或两个以上的类派生的继承关系称为多基继承。

而派生方式又可分为 private、public 或 protected，不同的派生方式可以改变基类的成员在派生类中的访问属性。

（1）private 派生方式：使基类的公有成员和保护成员在派生类中都变为私有成员，而基类的私有成员不可在派生类中被访问。

（2）public 派生方式：使基类的公有成员和保护成员在派生类中仍然是公有成员和保护成员，而基类的私有成员不可在派生类中被访问。

（3）protected 派生方式：使基类的公有成员和保护成员在派生类中都变为保护成员，而基类的私有成员不可在派生类中被访问。

派生类中可出现 4 种成员。

（1）不可访问的成员：基类的 private 成员被继承过来后，这些成员在派生类中是不可访问的。

（2）私有成员：包括在派生类中新增加的 private 成员以及从基类私有继承过来的某些成员。这些成员在派生类中是可以访问的。

（3）保护成员：包括在派生类中新增加的 potected 成员以及从基类继承过来的某些成员。这些成员在派生类中是可以访问的。

（4）公有成员：包括在派生类中新增加的 public 成员以及从基类公有继承过来的基类的 public 成员。这些成员不仅在派生类中可以访问，而且在建立派生类对象的模块中，也可以通过对象来访问它们。

10.5.2　派生类程序举例

【例 10-4】　利用圆类派生出圆柱体类，在圆柱体类中增加一个新的数据成员，即圆柱体的高 h。

```cpp
#include<iostream>
using namespace std;
class Circle
  {
  double x,y,r;
  public:
  void SetC(double xx,double yy,double rr)
  {
    x=xx;
    y=yy;
    r=rr;
  }
void Disp()
{
  cout<<"Cirle("<<x<<','<<y<<')'<<endl;
  cout<<"radious="<<r<<endl;
}
};
```

```
class Cylinder:public Circle
{
  double h;
  public:
  void SetCY(double xx,double yy,double rr,double hh)
  {
    // 调用从基类派生过来的成员来对基类数据成员进行初始化
    SetC(xx,yy,rr);
    h=hh;
  }
  void Disp()
  {
    // 调用从基类派生过来的同名成员函数时，要指明成员函数所属的类
    Circle::Disp();
    cout<<"h="<<h<<endl;
  }
};
int main()
{
  Cylinder c1;
  c1.SetCY(0,0,4,6);
  c1.Disp();
  return 0;
}
```

10.6 多 态 性

多态性是面向对象程序设计的重要特征之一。所谓多态性，是指同一个操作作用于不同的对象就会产生不同的响应。多态性分为静态多态性和动态多态性，其中函数重载和运算符重载属于静态多态性，虚函数属于动态多态性。

10.6.1 函数重载

函数重载指的是允许多个不同函数使用同一个函数名，但要求这些同名函数具有不同的参数表，其特点如下：
- 参数表中的参数个数不同；
- 参数表中对应的参数类型不同；
- 参数表中不同类型参数的次序不同。

【例 10-5】 定义求一个数的绝对值的函数 abs。

```
int abs(int n)
{
  return (n<0?-n:n);
}
```

```
float abs(float n)
{
    if(n<0) n=-n;
    return n;
}
```

系统对函数重载这种多态性的分辨与处理，是在编译阶段完成的，即静态联编。

10.6.2　运算符重载

运算符重载是对已有的运算符赋予多重含义，同一个运算符作用于不同的对象导致不同行为，其实质就是函数重载。比如，运算符"＞＞"既可以作为流的插入运算符，又可以作为移位运算符，这就是我们已经用到的运算符重载概念。在 C++ 中，允许对大多数的运算符进行重载，通过重新定义运算符，使其能够用于特定类的对象以完成相应的功能。

运算符重载的规则如下。

（1）大多数 C++ 的运算符都可重载，但不允许重载非 C++ 的运算符，如 #、##。

（2）重载之后优先级及结合性不变。

（3）运算符重载是针对新类型数据的实际需要，对原有运算符进行适当的改造。

（4）运算符重载实质就是函数重载，故遵循函数重载的原则。

在 C++ 中提供了两种运算符重载，即重载为成员函数和重载为友元函数。下面简单介绍一下重载为成员函数形式。其语法定义形式如下：

```
函数类型 operator 运算符（形参表）
{
    函数体；
}
```

程序中出现形式如下（以双目运算符为例）：

```
c1 运算符 c2
```

编译程序解释形式如下：

```
c1. operator 运算符（c2）
```

其中，c1 和 c2 均为相关对象，而"operator 运算符"则是运算符重载函数名。

【例 10-6】　复数运算。

```
#include<iostream>
using namespace std;
class Complex
{
    public:
    Complex(double r=0.0,double i=0.0)
    {real=r;imag=i;}
    Complex operator+(Complex c2);
    Complex operator-(Complex c2);
    void display();
```

```
    private:
    double real;
    double imag;
};
Complex Complex::operator+(Complex c2)
{
    double x= real+c2.real;
    double y= imag+c2.imag;
    return Complex(x,y);
}
Complex Complex::operator -(Complex c2)
{
    double x= real-c2.real;
    double y= imag-c2.imag;
    return Complex(x,y);
}
void Complex::display()
{
    cout<<"("<<real<<","<<imag<<")"<<endl;
}
int main()
{
    Complex c1(5,4),c2(2,10),c3;
    cout<<"c1=";c1.display();
    cout<<"c2=";c2.display();
    c3=c1-c2;
    cout<<"c3=c1-c2=";c3.display();
    c3=c1+c2;
    cout<<"c3=c1+c2=";c3.display();
    return 0;
}
```

10.6.3 虚函数

虚函数是一种非静态的成员函数，反映了基类和派生类成员函数之间的一种特殊关系。虚函数是用关键字 virtual 修饰的某基类中的 public、protected 成员函数，它可以在派生类中重新定义，以形成不同的版本。若基类中某函数被说明为虚函数，则意味着其派生类中也要用到与该函数同名、同参数表、同返回类型，但函数体（实现）不同的函数。

注意：C++ 规定，基类指针可以指向其派生类的对象（即可将派生类对象的地址赋给其基类指针变量），但反过来不可以。这一点正是虚函数用法的基础。

在程序执行的过程中，依据指针具体指向哪个类对象，或引用哪个类对象，才能确定激活的函数版本，实现动态聚束，动态聚束与虚函数以及程序中使用指向基类的指针（变量）密切相关。

【例 10-7】 虚函数示例。

```cpp
#include<iostream>
using namespace std;
class Point
{
  private:
    float x,y;
  public:
    Point(){}
    Point(float i,float j)
    {x=i;y=j;}
    virtual float area()              // 声明为虚函数
    {return 0.0;}
};
const float Pi=3.141593;
class Circle:public Point
{
  private:
    float radius;
  public:
    Circle(float r)
    {radius=r;}
    float area()
    {return Pi*radius*radius;}
};
int main()
{
  Point p(3,4),*pp;                   // 定义指向基类的指针
  Circle c(5.4321);
  pp=&p;
  cout<<pp->area()<<endl;
  pp=&c;
  cout<<pp->area()<<endl;
  return 0;
}
```

运行结果：

```
0
92.7012
```

要实现动态多态性，需要说明以下 3 点。

（1）在基类中定义一个非静态函数为虚函数。

（2）在派生类中重新定义形成不同的版本。

（3）使用指向基类的指针实现动态联编，因为要靠执行程序时其基类指针的"动态"取值来确定调用的函数版本。

10.7 面向对象的软件开发

在整个软件开发过程中，编写程序只是相对较小的一个部分。软件开发的真正决定性因素来自前期概念问题的提出，而非后期的实现问题。只有识别、理解和正确表达了应用问题的内在实质，才能做出好的设计，然后才是具体的编程实现。

早期的软件开发所面临的问题比较简单，从认清要解决的问题到编程实现并不是太难的事。随着计算机应用领域的扩展，计算机所处理的问题日益复杂，软件系统的规模和复杂度空前扩大，以至于软件的复杂性和其中包含的错误已达到软件人员无法控制的程度，这就是20世纪60年代初期的"软件危机"。软件危机的出现促进了软件工程学的形成与发展。

学习面向对象的程序设计，首先应该对软件开发和维护的全过程有一个初步了解。因此，在这里先简要介绍一下什么是面向对象的软件工程。面向对象的软件工程是面向对象方法在软件工程领域的全面应用。它包括面向对象的分析（object-oriented analysis，OOA）、面向对象的设计（object-oriented design，OOD）、面向对象的编程（object-oriented programming，OOP）、面向对象的测试（object-oriented test，OOT）和面向对象的软件维护（object-oriented software maintenance，OOSM）等主要内容。

1. 面向对象的分析

在分析阶段，要从问题的陈述着手，建立一个说明系统重要特性的真实情况模型。为理解问题，系统分析员需要与客户一起工作。分析阶段应该扼要精确地抽象出系统必须做什么，而不是关心如何去实现。

在面向对象的分析（OOA）阶段，直接用问题域中客观存在的事物建立模型中的对象，无论是对单个事物还是对事物之间的关系都保留它们的原貌，不做转换，也不打破原有界限而重新组合，因此能够很好地映射客观事物。

2. 面向对象的设计

在面向对象的设计（OOD）阶段，运用面向对象的方法具体实现系统。其中包括两方面的工作：一是将OOA模型直接搬到OOD，作为OOD的一部分；二是针对具体实现中的人机界面、数据存储、任务管理等因素，补充一些与实现有关的部分。

3. 面向对象的编程

面向对象的编程（OOP）是面向对象的软件开发最终落实的重要阶段。在OOA和OOD理论出现之前，程序员要写一个好的面向对象的程序，首先要学会运用面向对象的方法来认识问题域，所以OOP被看作一门比较深的技术。现在，OOP的工作比较简单，认识问题域与设计系统成分的工作已经在OOA和OOD阶段完成，OOP工作就是用一种面向对象的编程语言把OOD模型中的每个成分书写出来。

4. 面向对象的测试

测试的任务是发现软件中的错误，任何一个软件产品在交付使用之前都要经过严格的测试。在面向对象的测试中继续运用面向对象的概念与原则来组织测试，以对象的类作为基本测试单位，可以更准确地发现程序错误，提高测试效率。

5. 面向对象的软件维护

无论经过怎样的严格测试，软件中通常还是会存在问题。因此，在使用软件的过程中，需要不断地维护。

使用面向对象的方法开发的软件，其程序与问题域是一致的，从而减少了维护人员理解软件的难度。无论是发现了程序中的错误而追溯到问题域，还是因需求发生变化而追踪到程序，方法都比较简单，而且对象的封装性使修改一个对象对其他对象的影响很小。因此，运用面向对象的方法可以大大提高软件维护的效率。

小　　结

本项目主要把结构化程序设计和面向对象程序设计做了比较分析，讲述了两种不同的程序设计方法和其优缺点；主要介绍了面向对象程序设计的基本概念——对象、类、消息和方法，并介绍了面向对象程序设计的基本特点——抽象性、封装性、继承性和多态性。

类是面向对象程序设计方法的核心，是逻辑上相关的函数与数据的封装，从数据类型的角度出发，类实际上相当于用户自定义的类型，可以声明某个类型的变量，这个变量称为类的对象（或实例），这个声明的过程称为类的实例化。

面向对象程序设计中提供了类的继承机制，是软件可重用性的一种体现，使代码可重用，避免重复。通过继承机制，可以利用现有的类来定义新类。一般称已存在的用来派生新类的类为基类或父类，派生出的新类为派生类或子类。

多态性是面向对象程序设计的重要特征之一，所谓多态性是指同一个操作作用于不同的对象就会产生不同的响应。函数重载指的是，允许多个不同函数使用同一个函数名。运算符重载实质就是函数重载，是对已有的运算符赋予多重含义，同一个运算符作用于不同的对象导致不同行为。虚函数是实现动态联编的基础，反映了基类和派生类成员函数之间的一种特殊关系，虚函数是用关键字 virtual 修饰的某基类中的 public、protected 成员函数，它可以在派生类中重新定义，以形成不同的版本。在程序执行的过程中，依据可以指向其派生类的对象的基类指针才能确定激活的函数版本，实现动态多态。函数重载和运算符重载属于静态多态性，虚函数属于动态多态性。

面向对象的软件工程是面向对象方法在软件工程领域的全面应用。它包括面向对象的分析（OOA）、面向对象的设计（OOD）、面向对象的编程（OOP）、面向对象的测试（OOT）和面向对象的软件维护（OOSM）等主要内容。

习　　题

一、选择题

1. 以下函数中不属于类的成员函数的是（　　　）。

A. 构造函数　　　　　B. 析构函数　　　　　C. 主函数　　　　　D. 拷贝构造函数

2. 关于析构函数的描述不正确的是（　　　）。

　　A. 析构函数是函数体为空的成员函数　　　B. 一个类中只能定义一个析构函数

　　C. 析构函数不能带参数　　　　　　　　　D. 析构函数不能指定类型

3. 下列函数中，不能重载的是（　　　）。

　　A. 构造函数　　　　　B. 析构函数　　　　　C. 成员函数　　　　　D. 非成员函数

4. 下列对派生类的描述中，错误的是（　　　）。

　　A. 一个派生类可以作为另一个派生类的基类

　　B. 派生类至少有一个基类

　　C. 派生类的成员除了其自身的成员外，还包含了其基类的成员

　　D. 继承的基类成员的访问权限到派生类中保持不变

5. 在私有继承中，基类的公有成员将成为其派生类的（　　　）成员。

　　A. 公有　　　　　　　B. 私有　　　　　　　C. 保护　　　　　　　D. 其他

6. 在公有继承中，派生类成员函数不可以访问（　　　）。

　　A. 基类中的私有成员　　　　　　　　　　B. 派生类中的私有成员

　　C. 基类中的保护成员　　　　　　　　　　D. 基类中的公有成员

7. 以下定义的关于重载函数的要求中，错误的是（　　　）。

　　A. 可以要求参数个数不同　　　　　　　　B. 可以要求至少有一个参数类型不同

　　C. 要求参数个数相同时，参数类型不同　　D. 要求函数的返回值必须不同

8. 下列关于运算符重载的描述中，正确的是（　　　）。

　　A. 运算符重载可以改变运算数的个数　　　B. 运算符重载可以改变优先级

　　C. 运算符重载可以改变结合性　　　　　　D. 运算符重载不可以改变语法结构

9. 下列关于虚函数的说明，错误的是（　　　）。

　　A. 虚函数可以是静态成员函数

　　B. 虚函数是动态多态性的体现

　　C. 虚函数是用关键字 virtual 修饰的某基类中的 public、protected 成员函数

　　D. 虚函数在同类层次中可以重新定义，已形成不同的版本

10. 下列关于多态性的说明，错误的是（　　　）。

　　A. 多态性是面向过程程序设计的重要特征之一

　　B. 多态性是指同一个操作作用于不同的对象就会产生不同的响应

　　C. 可以通过函数重载、运算符重载实现静态多态性

　　D. 可以通过虚函数实现动态多态性

二、程序分析题

1. 分析程序，注意函数重载的运用。

```
#include<iostream>
using namespace std;
int max(int a,int b)
{
    return((a>b)?a:b);
```

```
}
double max(double a,double b)
{
  return((a>b)?a:b);
}
int main()
{
  cout<<"the max of (x,y) is:"<<max(4,5)<<endl;
  cout<<"the max of (x,y) is:"<<max(3.4,5.6)<<endl;
  return 0;
}
```

2. 该程序中有几处错误？请找出来并改正。

```
#include<iostream>
using namespace std;
#include<string.h>
class person
{
  char name[10],sex;
  int age;
  public:
  void person(char *n,int a,char  s)
  {
    strcpy(name,n);
    age=a;
    sex=s;
  }
  void print()
  {cout<<name<<","<<age<<","<<sex<<endl;}
};
int main()
{
  class zh("aa",45,"m");
  zh.print();
  cout<<zh.age<<endl;
  return 0;
}
```

三、编程题

1. 定义一个 DOG 类，具有年龄、体重、颜色等属性，以及设置、显示这些属性。

2. 设计一个用于人事管理的人员类，抽象出其身份证号、姓名、性别，并对这些信息进行录入和显示。要求包括构造函数、析构函数和拷贝构造函数。

附录Ⅰ 常用字符与 ASCII 码对照表

ASCII 码值 （十进制）	字符	ASCII 码值 （十进制）	字符	ASCII 码值 （十进制）	字符	ASCII 码值 （十进制）	字符
0	NUL	32	(Space)	64	@	96	`
1	SOH	33	!	65	A	97	a
2	STX	34	"	66	B	98	b
3	ETX	35	#	67	C	99	c
4	EOT	36	$	68	D	100	d
5	EDQ	37	%	69	E	101	e
6	ACK	38	&	70	F	102	f
7	BEL	39	'	71	G	103	g
8	BS	40	(	72	H	104	h
9	HT	41	)	73	I	105	i
10	LF	42	*	74	J	106	j
11	VT	43	+	75	K	107	k
12	FF	44	,	76	L	108	l
13	CR	45	-	77	M	109	m
14	SO	46	.	78	N	110	n
15	SI	47	/	79	O	111	o
16	DLE	48	0	80	P	112	p
17	DC1	49	1	81	Q	113	q
18	DC2	50	2	82	R	114	r
19	DC3	51	3	83	S	115	s
20	DC4	52	4	84	T	116	t
21	NAK	53	5	85	U	117	u
22	SYN	54	6	86	V	118	v
23	ETB	55	7	87	W	119	w
24	CAN	56	8	88	X	120	x
25	EM	57	9	89	Y	121	y
26	SUB	58	:	90	Z	122	z
27	ESC	59	;	91	[	123	{
28	FS	60	<	92	\	124		
29	GS	61	=	93	]	125	}
30	RS	62	>	94	^	126	~
31	US	63	?	95	_	127	(del)

说明：上表中 ASCII 码值为 0~31 的是控制字符，32~127 的是可见字符。

附录 II C 语言关键字

在 C89 标准中定义了 32 个关键字。C99 新增了 5 个关键字。

1. 数据类型关键字（12 个）

序　号	关键字名	作　　用
1	char	声明字符型变量或函数
2	double	声明双精度变量或函数
3	enum	声明枚举类型
4	float	声明浮点型变量或函数
5	int	声明整型变量或函数
6	long	声明长整型变量或函数
7	short	声明短整型变量或函数
8	signed	声明有符号类型变量或函数
9	struct	声明结构体变量或函数
10	union	声明共用体（联合）数据类型
11	unsigned	声明无符号类型变量或函数
12	void	声明函数无返回值或无参数或无类型指针

2. 控制语句关键字（12 个）

序　号	关键字名	作　　用
1	for	计数型循环
2	do	直到型循环
3	while	循环结构的循环条件
4	break	跳出当前循环或 switch 开关语句
5	continue	结束当前循环，开始下一轮循环
6	if	条件语句
7	else	条件语句否定分支（与 if 连用）
8	goto	无条件跳转语句
9	switch	开关语句
10	case	开关语句分支
11	default	开关语句中的"其他"分支
12	return	函数返回语句

3. 存储类型关键字（4 个）

序　号	关键字名	作　　用
1	auto	声明自动变量（默认情况）
2	extern	声明变量是外部变量
3	register	声明寄存器变量
4	static	声明静态变量

4. 其他关键字（4 个）

序　号	关键字名	作　　用
1	const	声明符号常量
2	sizeof	计算数据类型或变量所占字节数
3	typedef	自定义数据类型（用以给数据类型取别名）
4	volatile	说明变量在程序执行中可被隐含地改变

5. C99 新增的关键字（5 个）

序　号	关键字名	作　　用
1	inline	定义内联函数
2	restrict	用于指针的类型限定
3	_Bool	定义逻辑类型，值为 0 或 1
4	_Complex	定义复数类型
5	_Imaginary	定义虚数类型

附录Ⅲ 运算符的优先级与结合性

优先级	运算符	名称或含义	使 用 形 式	结合方向	说 明
1	[]	数组下标	数组名 [常量表达式]	左到右	
	()	括号	(表达式)/ 函数名 (形参表)		
	.	成员选择（对象）	对象 . 成员名		
	->	成员选择（指针）	对象指针 -> 成员名		
2	−	负号运算符	− 表达式	右到左	单目运算符
	(类型)	强制类型转换	(数据类型) 表达式		
	++	自增运算符	++ 变量名 / 变量名 ++		单目运算符
	−−	自减运算符	−− 变量名 / 变量名 −−		单目运算符
	*	取值运算符	* 指针变量		单目运算符
	&	取地址运算符	& 变量名		单目运算符
	!	逻辑非运算符	! 表达式		单目运算符
	~	按位取反运算符	~ 表达式		单目运算符
	sizeof	长度运算符	sizeof(表达式)		
3	/	除	表达式 / 表达式	左到右	双目运算符
	*	乘	表达式 * 表达式		双目运算符
	%	余数（取模）	整型表达式 % 整型表达式		双目运算符
4	+	加	表达式 + 表达式	左到右	双目运算符
	−	减	表达式 − 表达式		双目运算符
5	<<	左移	变量 << 表达式	左到右	双目运算符
	>>	右移	变量 >> 表达式		双目运算符
6	>	大于	表达式 > 表达式	左到右	双目运算符
	>=	大于或等于	表达式 >= 表达式		双目运算符
	<	小于	表达式 < 表达式		双目运算符
	<=	小于或等于	表达式 <= 表达式		双目运算符
7	==	等于	表达式 == 表达式	左到右	双目运算符
	!=	不等于	表达式 != 表达式		双目运算符
8	&	按位与	表达式 & 表达式	左到右	双目运算符
9	^	按位异或	表达式 ^ 表达式	左到右	双目运算符
10	|	按位或	表达式 | 表达式	左到右	双目运算符
11	&&	逻辑与	表达式 && 表达式	左到右	双目运算符
12	||	逻辑或	表达式 || 表达式	左到右	双目运算符

续表

优先级	运算符	名称或含义	使 用 形 式	结合方向	说　明
13	?:	条件运算符	表达式 1? 表达式 2: 表达式 3	右到左	三目运算符
14	=	赋值运算符	变量 = 表达式	右到左	
	/=	除后赋值	变量 /= 表达式		
	*=	乘后赋值	变量 *= 表达式		
	%=	取模后赋值	变量 %= 表达式		
	+=	加后赋值	变量 += 表达式		
	—=	减后赋值	变量 — 表达式		
	<<=	左移后赋值	变量 <<= 表达式		
	>>=	右移后赋值	变量 >>= 表达式		
	&=	按位与后赋值	变量 &= 表达式		
	^=	按位异或后赋值	变量 ^= 表达式		
	|=	按位或后赋值	变量 |= 表达式		
15	,	逗号运算符	表达式 , 表达式 , ...	左到右	从左向右顺序运算

说明：同一优先级的运算符，运算次序由结合方向所决定。

由于 C 语言中运算符多，优先级复杂，难以记忆，故针对上述运算符，我们归纳成以下口诀，以便于记忆。

口　诀	说　明
括号成员排第一	括号运算符: ()、[]；成员运算符: ->、.
全体单目排第二	所有单目运算符: ++、--、+(正)、-(负)、*、&
乘除余三，加减四	"余"指取余运算符 %
移位五，关系六	移位运算符: <<、>>；关系运算符: <、<=、>、>=
等与不等排第七	即关系相等和不等: ==、!=
位与异或和位或，"三分天下"八九十	即位运算: &、^、|
逻辑或跟与，十二和十一	逻辑运算符: ||、&&
条件高于赋值	条件运算符排倒数第三，赋值运算符排倒数第二
逗号运算数最低	逗号运算符优先级最低

附录Ⅳ C语言常用库函数

1. 数学函数：math.h

函数名	函数类型和参数类型	功 能	返 回 值	说 明
acos	double acos(double x)	计算 cos−1(x) 的值	计算结果	x 应在 −1~1 之内
asin	double asin(double x)	计算 sin−1(x) 的值	计算结果	x 应在 −1~1 之内
atan	double atan(double x)	计算 tan−1(x) 的值	计算结果	
cos	double cos(double x)	计算 cos(x) 的值	计算结果	x 的单位为弧度
exp	double exp(double x)	计算 ex 的值	计算结果	
fabs	double fabs(double x)	计算 x 的绝对值	计算结果	
floor	double floor(double x)	求不大于 x 的最大整数	该整数的双精度实数	
log	double log(double x)	求 logex	计算结果	
log10	double log10(double x)	求 log10x	计算结果	
power	double power(double x,double y)	计算 xy 的值	计算结果	
sin	double sin(double x)	计算 sin(x) 的值	计算结果	x 的单位为弧度
sqrt	double sqrt(double x)	计算 x 平方根	计算结果	x≥0
tan	double tan(double x)	计算 tan(x) 的值	计算结果	x 的单位为弧度

2. 字符函数：ctype.h

函数名	函数类型和参数类型	功 能	返 回 值
isalnum	int isalnum(int ch)	检查 ch 是否是字母或数字	是字母则返回 1，否则返回 0
isalpha	int isalpha(int ch)	检查 ch 是否是字母	是则返回 1，否则返回 0
iscntrl	int iscntrl (int ch)	检查 ch 是否是控制字符	是则返回 1，否则返回 0
isdigit	int isdigit(int ch)	检查 ch 是否是数字	是则返回 1，否则返回 0
isgraph	int isgraph(int ch)	检查 ch 是否是可打印字符，不包括空格	是则返回 1，否则返回 0
islower	int islower(int ch)	检查 ch 是否是小写字母	是则返回 1，否则返回 0
isprint	int isprint(int ch)	检查 ch 是否是可打印字符，包括空格	是则返回 1，否则返回 0
ispunct	int ispunct(int ch)	检查 ch 是否是标点字符，不包括空格	是则返回 1，否则返回 0
isspace	int isspace(int ch)	检查 ch 是否是空格、跳格符或换行符	是则返回 1，否则返回 0
isupper	int isupper(int ch)	检查 ch 是否是大写字母	是则返回 1，否则返回 0
isxdigit	int isxdigit(int ch)	检查 ch 是否是一个十六进制数学字符	是则返回 1，否则返回 0
tolower	int tolower(int ch)	将 ch 字符转换为小写字母	返回 ch 所对应的小写字母
toupper	int toupper(int ch)	将 ch 字符转换为大写字母	返回 ch 所对应的大写字母

3. 字符串函数：string.h

函数名	函数类型和参数类型	功　能	返　回　值
strcat	char *strcat(char *str1,char *str2)	把字串 str2 接到 str1 后	返回 str1
strchr	char *strchr(char *str1,char ch)	找出字符 ch 在 str1 指向字符串中第一次出现的位置	返回指向该位置的指针，如找不到，则返回空指针
strcmp	char *strcmp(char *str1,char *str2)	比较字符串 str1、str2	str1<str2，返回负数；str1=str2，返回 0；str1>str2，返回正数
strcpy	char *strcpy(char *str1,char *str2)	把 str2 指向的字符串复制到 str1 中	返回 str1
strlen	char *strlen(char *str)	统计字符串 str 中字符的个数	返回字符个数
strstr	char *strstr(char *str1,char *str2)	找出字符串 str2 在字符串 str1 中第一次出现的位置	返回指向该位置的指针，如找不到，则返回空指针

4. 标准 I/O：stdio.h

函数名	函数类型和参数类型	功　能	返　回　值
clearerr	void clearerr(FILE *fp)	清除文件指针错误	无
close	int close(FILE *fp)	关闭文件	关闭成功则返回 0，否则返回 −1
creat	int creat(char *fname, int mode)	以 mode 方式建立文件	成功则返回正数，否则返回 −1
eof	int eof(FILE *fp)	判断文件是否结束	结束则返回 1，否则返回 0
fclose	int fclose(FILE *fp)	关闭 fp 所指的文件	有错则返回非 0，否则返回 0
feof	int feof(FILE *fp)	检查文件是否结束	结束则返回非 0，否则返回 0
fgetc	int fgetc(FILE *fp)	从指定的文件中取得下一个字符	返回所得到的字符
fgets	char *fgets(char *buf,int n,FILE *fp)	从 fp 所指向的文件中读取长度为 n−1 的字符串，存入 buf 中	返回地址 buf，若遇文件结束或出错，返回 NULL
fopen	FILE fopen(char *fname, *mode)	以 mode 指定的方式打开文件 fname	成功则返回文件指针，否则返回 0
fprintf	int fprintf(FILE *fp, char *format, args,…)	把 args 的值以 format 指定的格式输出到 fp 所指向的文件中	实际输出的字符数
fputc	int fputc(char ch, FILE *fp)	将字符 ch 输出到 fp 指向的文件中	成功则返回该字符，否则返回 EOF
fputs	int fputs(char *str,FILE *fp)	将 str 字符串输出到 fp 指向的文件中	成功则返回 0，否则返回非 0
fread	int fread(char *pt, unsigned size, unsigned n, FILE *fp)	从 fp 所指的文件中读取长度为 size 的 n 个数据项，存到 pt 所指向的内存区	返回所读的数据项个数，若遇文件结束或出错，返回 0
fscanf	int fscanf(FILE *fp,char format, *args)	从 fp 指定的文件中，按 format 给定的格式将输入数据送到 args 所指内存	已输入的数据个数
fseek	int fseek(FILE *fp,long offset, int base)	将 fp 所指向的文件的位置指针移到以 base 所指出的位置为基准，以 offset 为位移量的位置	返回 0，若出错则返回非 0

续表

函数名	函数类型和参数类型	功　　能	返　回　值
fiell	int fiell(FILE *fp)	返回 fp 所指向的文件中的读写位置	返回 fp 所指向的文件中的读写位置
fwrite	int fwrite(char *ptr, unsigned size, unsigned n, FILE *fp)	把 ptr 所指向的 n×size 个字节输出到 fp 所指向的文件中	写到 fp 文件中的数据项的个数
getc	int getc(FILE *fp)	从 fp 所指向的文件中读入一个字符	返回所读的字符，出错则返回 EOF
getchar	int getchar()	从标准输入设备中读取下一个字符	返回所读的字符，出错则返回 EOF
gets	char *gets(char *str)	从标准输入设备中读取下一个字符串，并把它们放到 str 指向的数组中	返回 str 的值，出错则返回 NULL
getw	int getw(FILE *fp)	从 fp 所指向的文件中读取下一个字符	返回输入的整数，出错则返回 –1
open	int open(char *fname, int mode)	以 mode 方式打开文件 fname	返回文件号，出错则返回负数
printf	int printf(char *format, args)	将输出列表的值输出到标准设备上	返回输出字符的个数，出错则返回负数
putc	int putc(int ch, FILE *fp)	把一个字符 ch 输出到 fp 所指向的文件	返回输出的字符 ch，出错则返回 EOF
putchar	int putchar(char ch)	将一个字符 ch 输出到标准设备上	返回输出的字符 ch，出错则返回 EOF
puts	int puts(char *str)	把 str 字符串输出到标准设备上	返回换行符，出错则返回 EOF
putw	int putw(int w, FILE *fp)	将一个整数 w 写到 fp 指向的文件中	返回输出的整数，出错则返回 EOF
read	int read(int fd, char *buf, unsigned count)	从文件号 fd 中读 count 字节到 buf 缓冲区	返回读入的字节数，出错则返回 –1
rename	int rename(char *oldn, *newn)	改名	成功则返回 0，出错则返回 –1
rewind	void rewind(FILE *fp)	将 fp 所指文件置于初始状态	无
scanf	int scanf(char *format, args)	从标准设备中读入数据	返回数据个数，出错则返回 0
write	int write(int fd, char *buf, unsigned count)	从 buf 指示的缓冲区输出 count 个字符到 fd 所指向的文件中	返回实际输出的字节数，出错则返回 –1

5. 动态存储分配函数：stdlib.h 或 alloc.h

函数名	函数与形参类型	功　　能	返　回　值
calloc	void *calloc(unsigned n, size)	分配 n 个数据项的内存连续空间，每个数据项的大小为 size	分配内存单元的起始地址，不成功则返回 0
free	void free(void *p)	释放 p 所指的内存区域	无
malloc	void *malloc(unsigned size)	分配 size 字节的内存区	所分内存区的地址，否则返回 0
realloe	void *realloc(void *p,unsigned size)	将 p 所指出的已分配的内存区的大小改为 size	返回指向该内存区的指针

6. 通用工具：stdlib.h

函数名	函数与形参类型	功　　能	返　回　值
abs	int abs(int num)	计算整数 num 的绝对值	返回 num 的绝对值
atof	double atof(char *str)	把 str 指向的 ASCII 字符串转换成一个 double 数据	返回双精度的结果
atoi	int atoi(char *str)	把 str 指向字符串转换成整数	返回整数的结果
atol	long atol(char *str)	把 str 指向字符串转换成长整数	返回长整数的结果
exit	void exit(int status)	使程序立即正常地终止，status 的值传给调用过程	无
labs	long labs(long num)	计算 num 的绝对值	返回整数的绝对值
rand	int rand()	产生一个伪随机数	返回一个 0 到 RAND_MAX 之间的整数

参 考 文 献

[1] 张玉生，刘炎，张亚红 . C 语言程序设计 [M]. 上海：上海交通大学出版社，2018.

[2] 张书云 . C 语言程序设计 [M]. 2 版 . 北京：清华大学出版社，2021.

[3] 张晶，田地 . C 语言编程实践从入门到精通 [M]. 郑州：郑州大学出版社，2021.

[4] 何钦铭，颜晖 . C 语言程序设计 [M]. 3 版 . 北京：高等教育出版社，2015.

[5] 苏小红，王宇颖，孙志岗 . C 语言程序设计 [M]. 4 版 . 北京：高等教育出版社，2019.

[6] 谭浩强 . C 语言程序设计（第五版）[M]. 北京：清华大学出版社，2017.